手绘效果图创意表现

(建筑·室内·园林景观)

刘 涛 编著

中国电力出版社
CHINA ELECTRIC POWER PRESS

内 容 提 要

手绘效果图是当今最热门的实用美术技能之一，徒手表现环境空间需要经过深入且长期训练，在创意中进行手绘就更能体现设计者的功力了。本书从零开始讲授手绘效果图的各种技法，将马克笔与彩色铅笔的创造能力发挥极致，综合多种绘画技法，让读者在短期内迅速提高效果图的表现水平，同时融入个人的创意表现能力。本书适合大中专院校艺术设计、建筑设计在校师生阅读，同时也是相关专业研究生入学考试的重要参考资料。

图书在版编目（CIP）数据

手绘效果图创意表现：建筑·室内·园林景观 / 刘涛编著. —北京：中国电力出版社，2016.9
ISBN 978-7-5123-9571-8

Ⅰ.①手… Ⅱ.①刘… Ⅲ.①建筑画－绘画技法 Ⅳ.①TU204

中国版本图书馆CIP数据核字（2016）第167758号

中国电力出版社出版发行
北京市东城区北京站西街19号 100005 http://www.cepp.sgcc.com.cn
责任编辑：胡堂亮 梁 瑶 联系电话：010-63412605
责任印制：蔺义舟 责任校对：李 楠
北京盛通印刷股份有限公司印刷·各地新华书店经售
2016年9月第1版·第1次印刷
889mm×1194mm 1/16·10印张·242千字
定价：58.00元

前言 Preface

手绘效果图是环境艺术设计师的必备基本功，改革开放以来，随着社会生活向快节奏方向发展，室内外环境艺术设计也提倡高效率，以往需要三五天时间完成的设计工作现在不到一天就结束了，大量设计项目给设计师们带来巨大的压力。于是，手绘效果图的绘制工具和绘画技法开始不断演进，以适应新时期的工作要求。

传统手绘效果图大多追求写实，极力发挥笔刷与颜料的表现力。20世纪90年代后期，计算机渲染技术开始普及，计算机效果图逐渐取代了精致而又消耗时间的手绘图。以一幅四开规格的室内设计效果图为例，采用严谨的透视技法和细腻的水粉颜料绘制，需要一周左右才能完成，现在熟练运用3ds Max软件只需3～5小时，并且还能随意更改，这种工作效率更适应商业竞争的需求。进入21世纪以来，社会上涌现出大量电脑软件培训机构，使渲染技术得到迅速推广，图面效果更加真实。手绘效果图开始成为设计师表达创意元素，以图代字的记录手段，以往复杂的水彩、水粉等流体颜料开始退出历史舞台，取而代之的是马克笔、彩色铅笔、快速绘图笔等。现代手绘效果图图面效果轻松洒脱，在把握透视关系的同时还能随意增减细节，强化空间层次，将以文字或口头表达的装饰细节全部转移到效果图中，真正做到图文一体化设计。

手绘效果图的快速表现技法很多，甚至因人而异，然而深入细节的技法却基本相同，学习手绘效果图很容易被优秀作品的表象风格和洒脱笔触所感染。在绘画中要将注意力放在运笔方式上，那些所谓的“风格”不能从本质上提升绘画水平，真正能提升水平的是效果图中的形体结构、透视空间、色彩搭配和绘图时的平静心态。

表现形体结构在于线条准确，横平竖直之间能塑造出端庄的棱角，要做到稳重绘制短线条，分段绘制长线条。透视空间要统一、自然，正确选用透视角度；表现简单的局部环境一般选用一点透视；表现复杂的整体环境可以选用两点透视；空旷的场景可以提升视点高度，以获得鸟瞰视角；紧凑的场景可以适当降低视点高度，以获得仰望视角，甚至形成三点透视，提升表现对象的宏伟气势。单幅画面中的色彩选配以70%同色系为主，强化画面基调，另外30%用于补充其他色彩，丰富画面效果，避免使用黑色来强化阴影，适度留白形成明快的对比。提升手绘水平的主观因素来源于绘图者的心理素质，优秀的手绘作品需要保持平和、稳定的心态去创作，一幅完整的作品由大量的线条和笔触组成，每一次落笔都要起到实质性作用，当这些线条和笔触全部到位时，作品也就完成了，无须额外增加修饰，绘图时要以平静的思维去应对这复杂的过程，不能急于求成。当操作娴熟后可以从局部入手，由画面的重点部位开始，逐步向周边扩展，当全局完成后再作统一调整，这样既能建立自信心，又能分清画面的主次关系，是平稳心态的最佳方式。此外，设计不同于纯粹的艺术创作，图面效果最终要迎合客户和施工员的审美倾向，优秀的手绘效果图不应融合过多个性特征，一切以客观事实为依据。在绘画中尽量减少书写笔迹特征，必要时可以在局部使用尺规辅助。

多年来，我们一直都在从事手绘效果图的研究，无论是教学还是实践，希望能总结出一套“极速秘籍”，革命性地提升工作效率，然而多次实践证明，深入的手绘图需要大量烦琐的线条和笔触来表现，而绘制这些线条就得花费时间。这部书中的手绘效果图均在极短的时间内完成，将形体结构、透视空间和色彩搭配通过平静的心态整合在一起，表现出深入而又完整的画面效果。

希望这部书能给从事手绘效果图工作的设计师、大中专院校同学、美术爱好者带来帮助，也希望大家提出宝贵意见，永远支持手绘事业。参与本书编写的还有：闫永祥、柏雪、鲍莹、杜海、付洁、付士苔、胡爱萍、蒋林、李恒、李平、李钦、刘波、刘敏、刘艳芳、卢丹、罗浩、吕菲、毛婵、马一峰、邱丽莎、权春艳、施艳萍、孙莎莎、孙未靖、唐茜、唐云、汤留泉、万阳、王红英、吴程程、吴方胜、肖萍、杨清、姚丹丽、张刚、张航、张慧娟、赵媛、周权、祖赫。

编者

目录 Content

第一章 手绘创意基础

一、手绘工具

1 铅笔

在手绘中，一般会选择2B的铅笔打草图。因为2B铅笔的硬度比较适合手绘的手感。太硬的话有可能在纸上留下划痕，如果修改重新画的时候纸上可能会有痕迹，影响美观度；而且摩擦力会比较大，手感不好。铅笔太软的话对于手绘来说可能力度又不够。

和传统铅笔相比，自动铅笔更适合手绘（图1–1）。因为选用自动铅笔的时候，绘画者可以根据个人的手绘习惯选择不同粗细的笔芯，一般认为0.7的笔芯比较适合，但是也有人选用0.5的笔芯，这主要看个人的手感和习惯。传统铅笔需要经常削，也不好控制粗细。

2 针管笔

针管笔的笔尖较软，用起来手感很好，比较舒服（图1–2）。而且针管笔画出来的线条十分均匀，画面显得很干净。型号一般选用0.1、0.2，还有粗一点的0.5、0.8型号的，但是用得不多，可以按需购买。品牌一般选用三菱、樱花，但是价格略高，初学者在练习比较多的时候可以选择英雄或者晨光，比较便宜。

虽然网络上有很多用圆珠笔手绘的图，但是我们学习专业的手绘是绝对不能用圆珠笔或者水性笔的。因为圆珠笔容易形成墨团而且会溶于马克笔，所以画出的效果图会让人觉得画面不干净。

▲ 图1–1　自动铅笔

▲ 图1–2　针管笔

3 钢笔

手绘美工钢笔的笔尖与普通钢笔的笔尖不一样，是扁平弯曲状的，适合勾线（图1–3、图1–4）。初学者可以选择便宜一点的国产钢笔，后期最好选择好一点的红环或lamy。

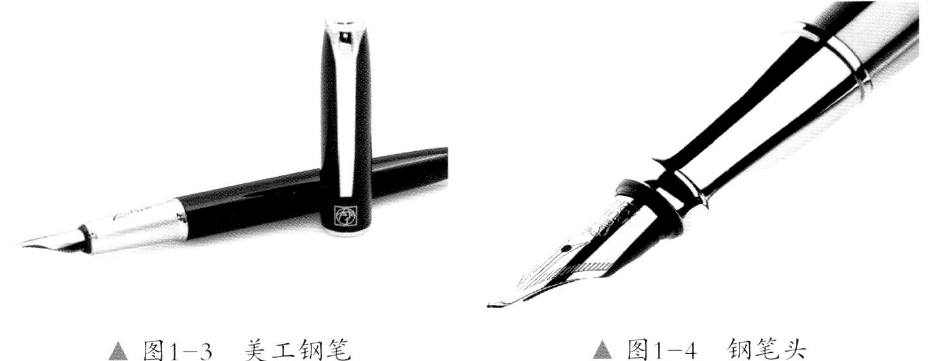

▲ 图1–3　美工钢笔　　▲ 图1–4　钢笔头

4 草图笔

草图笔画出来的线条比较流畅，但是比一般针管笔粗，也可以控制力度画出稍细的线条，一气呵成的画出草图（图1–5）。针管笔线条均匀，适合勾画细线条。目前日本派通的草图笔用得比较多。

5 马克笔

马克笔是手绘的主要上色工具。马克笔笔头是箱型，可以绘制粗细不同线条，而且适合手绘大面积上色（图1–6）。全套颜色可达200种，但是一般手绘根据个人需要购买几十枝就够了。初学者可以选购国产Touch3代或者4代，性价比比较高。好一点的可以选择犀牛、韩国Touch、AD等，其颜色更饱满，墨水更充足，但价格比较高。

▲ 图1–5　草图笔

▲ 图1–6　马克笔

6 彩色铅笔

彩色铅笔是一种非常容易掌握的涂色工具，画出来的效果以及长相都类似于铅笔（图 1–7）。有单支系列（129 色）、12 色系列、24 色系列、36 色系列、48 色系列、72 色系列、96 色系列等。选择马可 72 色系列的即可。

▲ 图1–7　彩色铅笔

7 高光笔

高光笔是在美术创作中提高画面局部亮度的好工具，也可选择修正液（图 1–8、图 1–9）。高光笔以日本樱花牌最为畅销，单只价格一般在 12~15 元左右。

▲ 图1–8　修正液

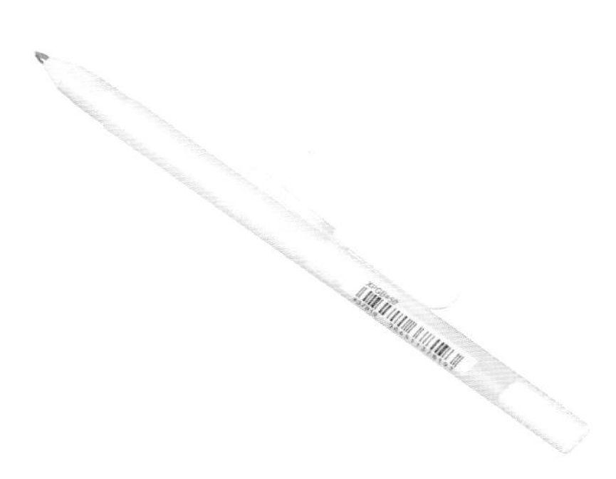

▲ 图1–9　高光笔

二、绘图习惯

手绘时需要注意的几个要点。握笔时，小拇指轻轻放在纸上，压低笔身，再开始画线，这样可以让手指起到一个支撑点作用，能稳住笔尖，画出比较直的线条；画快线，特别是画横线时，手臂要跟着手一起运动，这样才能保证画出的快线条直；当基础手绘练习得比较熟练时，可以把笔尖拿得离纸张远一点，提高手绘速度；运笔时要控制笔的角度，保证倾斜的笔头与纸张全部接触。

三、线条练习

直线

直线分快线和慢线（图1-10、图1-11）。画慢线是眼睛盯着笔尖画，容易抖，画出的线条不够灵动。画快线是一气呵成，但是容易出错，修改不方便。目前国内有很多用慢线画的效果图，慢线画的效果图的冲击力不够，给人比较严谨死板的感觉；但是快线要求有比较强的能力，需要大量的练习才能掌握到精髓（图1-12、图1-13）。

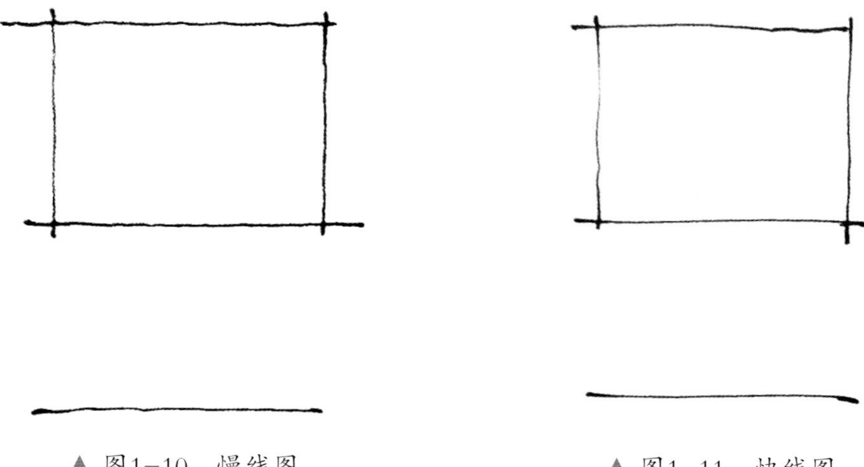

▲ 图1-10 慢线图

▲ 图1-11 快线图

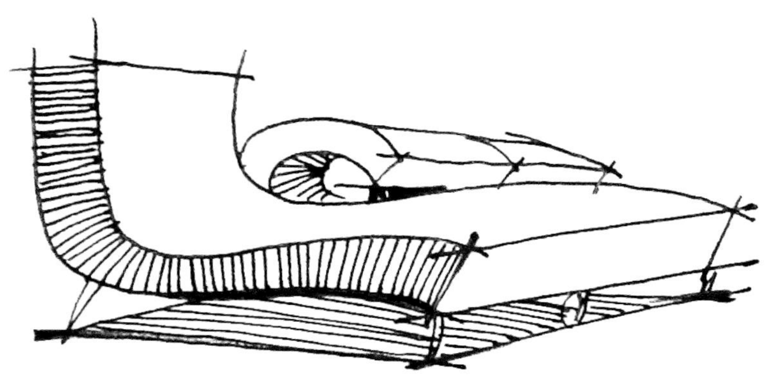

▲ 图1-12 慢线沙发图

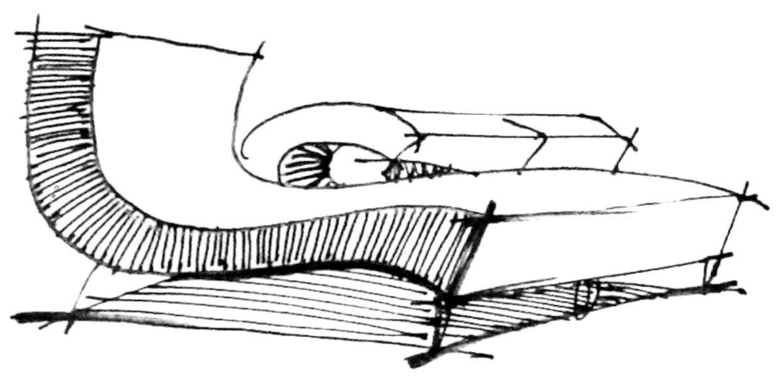

▲ 图1-13 快线沙发图

画长线的时候最好分段画。人的精神集中注意能够保持的时间不长，把长线分成几段断线来画肯定会比一口气画出的长线直。分段画的时候，短线之间需要留一定的空隙，不能连在一起（图1–14、图1–15）。

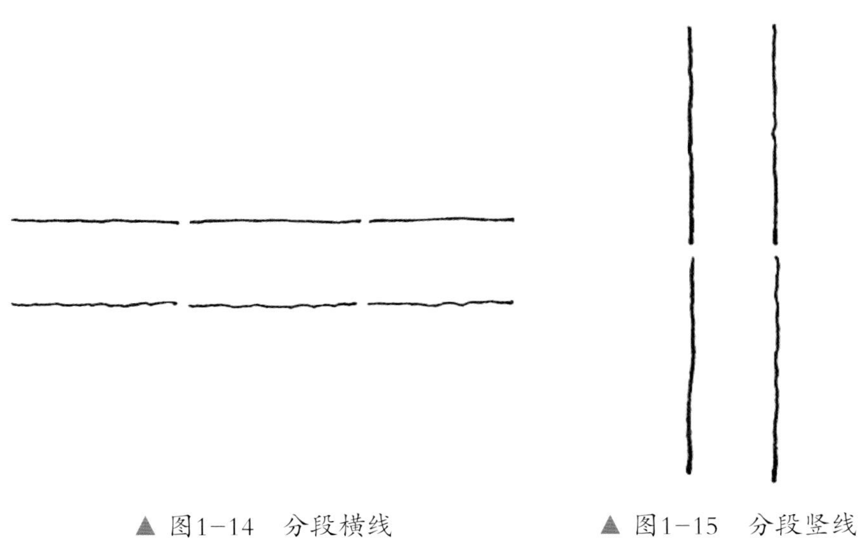

▲ 图1–14　分段横线

▲ 图1–15　分段竖线

画直线的时候起笔和收笔非常重要。起笔和收笔的笔锋能够体现绘画者的绘画技巧以及熟练程度（图1–16）。起笔收笔不同的大小往往能表现绘画者的绘画风格。

画交叉线的时候一定要注意的是两条线要有明显的交叉，最好是反方向延长的线，我们才能看得清（图1–17）。这样做交叉是为了防止两条线的交叉点出现墨团；交叉的方式也给了绘画者延伸的想象力。

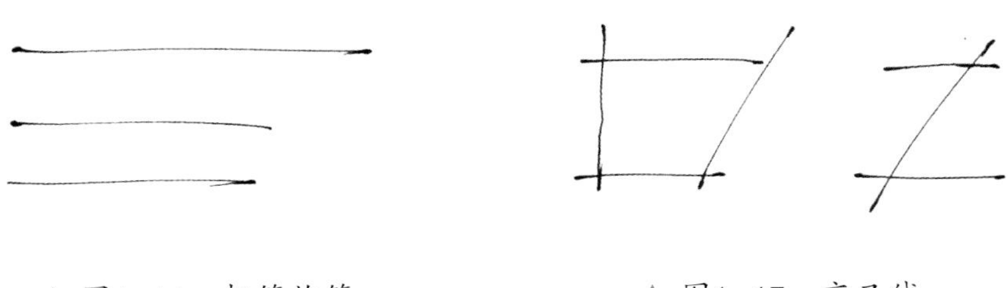

▲ 图1–16　起笔收笔

▲ 图1–17　交叉线

曲线

曲线和长线一样需要分段画，才能把比例画得比较好（图1-18）。如果一气呵成可能导致画得不符合正常比例，修改不方便。曲线需要一定的功底才能画好，线条才能流畅生动，所以需要大量的练习，才能熟练掌握手绘基础。

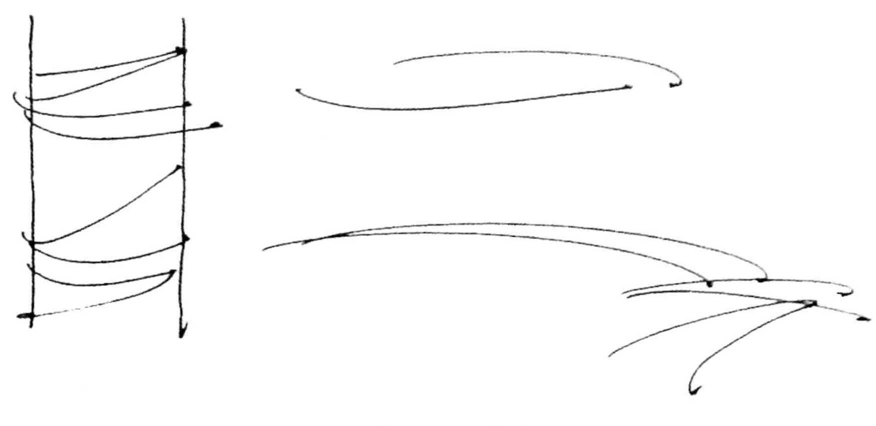

▲ 图1-18　曲线

3 乱线

乱线在表现植物、阴影等的时候会运用得比较多（图1-19）。画乱线有一个小技巧，直线曲线交替画，画出来的线条才会既有自然美又有规律美。

▲ 图1-19　乱线

四、基础透视

学习手绘效果图，不仅要练习基础线条，最重要的是要学会透视原理。透视效果图不难理解，但是真正画起来也容易出现各种小错误。学习效果图透视一定不要操之过急，先打好基础之后，才能画出符合基本规律的效果图，最后再发挥我们自己的创意与灵感。因为效果手绘图和真正的艺术是有区别的，要做到符合正常审美的透视图才可能是一个成功的手绘效果图（图1-20和图1-21）。

▲ 图1-20　一点透视图

▲ 图1–21　两点透视图（曹婕）

1 透视的三大要素

近大远小、近明远暗、近实远虚。离人的距离越近的物体画得越大，离人越远的物体画得越小，但是要注意比例。不平行于画面的平行线其透视交于一点。

2 一点透视

一点透视是当人正对着物体进行观察时所产生的透视范围。一点透视中人是对着消失点的，物体的斜线一定会延长相交于消失点，横线和竖线一定是垂直且相互间是平行的（图1–22）。通过这种斜线相交于一点的画法才能画出近大远小的效果。

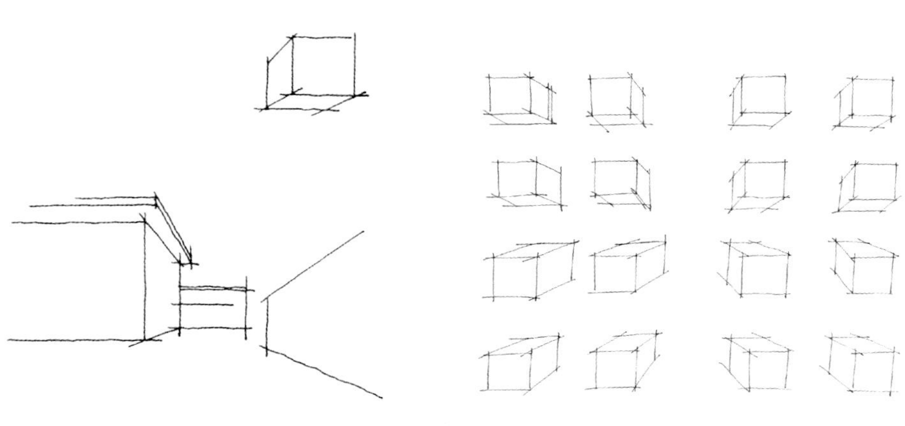

▲ 图1–22　一点透视练习图

3 两点透视

当人站在正面的某个角度看物体时，就会产生两点透视。两点透视更符合人的正常视角，比一点透视更加生动实用。

一点透视是所有的斜线消失于一点上，两点透视是所有的斜线消失于左右的两点上，物体的对角正对着人的视线，所以才叫作两点透视。

相较于一点透视，两点透视的难度更大，更容易画错（图1–23）。因为有两个消失点，所以左右两边的斜线既要相互交于一点，又要保证两边的斜线比例正常（图1–24）。

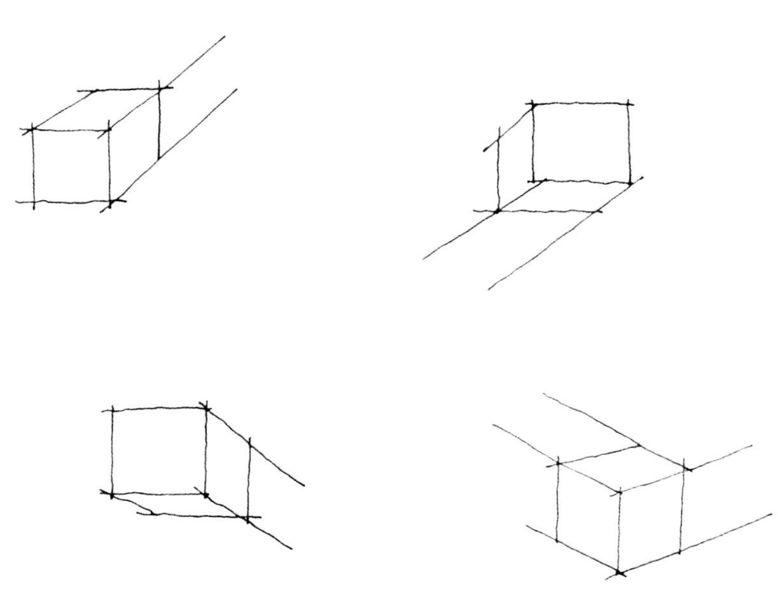

▲ 图1–23　两点透视图错误画法

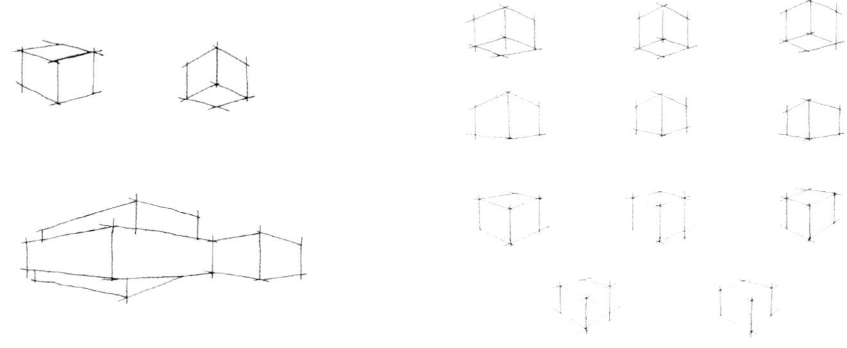

▲ 图1–24　两点透视练习图

第二章 单体线稿手绘

一、建筑线稿

相对于单体图，建筑图算是比较复杂的线稿图了，要求也比较高。首先建筑图一定要注意透视关系，由于建筑物比较大，透视图不会很容易就画准确（图2–1 ~ 图2–7）。画建筑图时一般会附带画上旁边的植物等其他物体，这个时候就要注意两者的透视比例关系了。画建筑效果图时最好先有大概的思路，然后一步步地从单体图开始画。

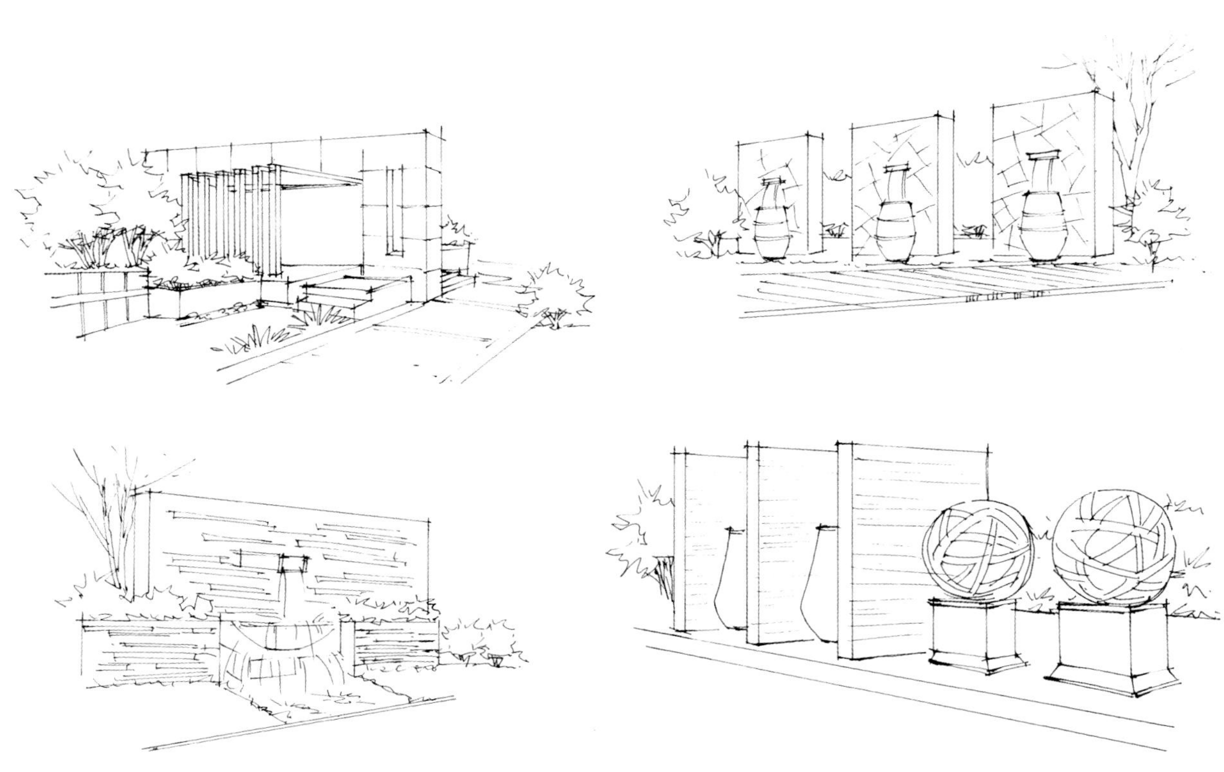

▲ 图2–1　建筑小品（一）

▲ 图 2-2　建筑小品（二）

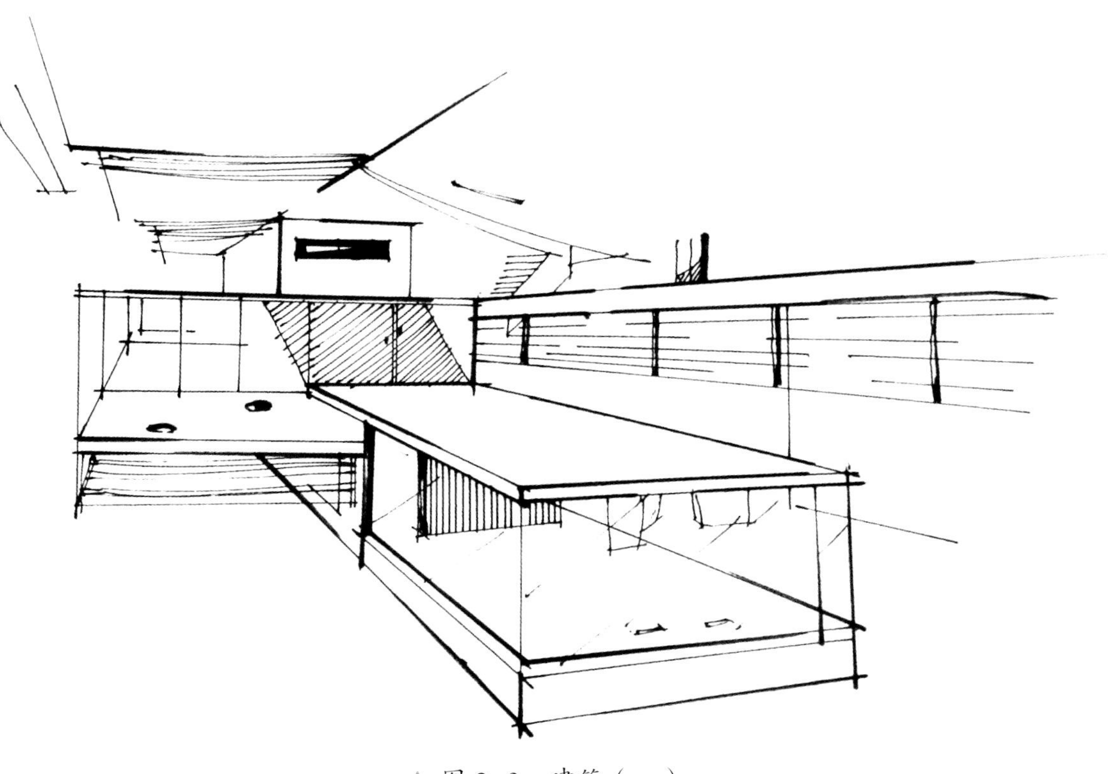

▲ 图 2-3　建筑（一）

▲ 图2-4　建筑（二）

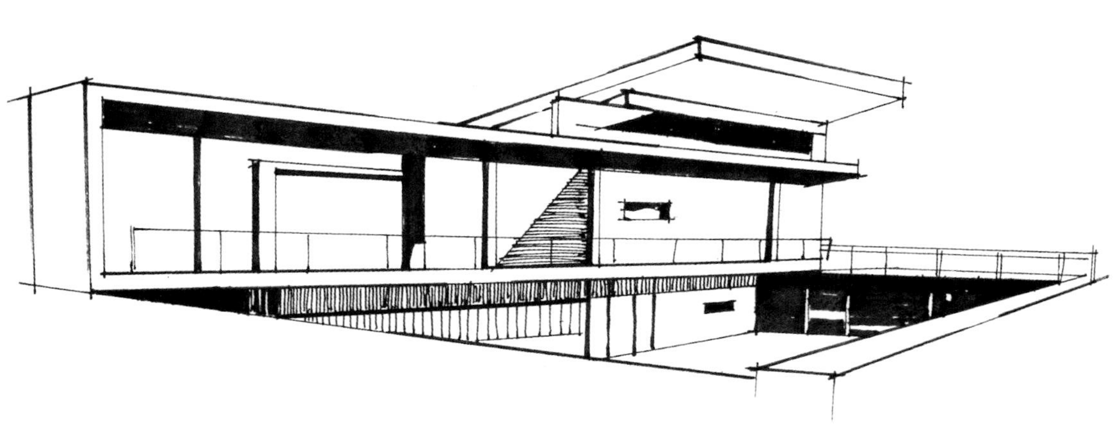

▲ 图2-5　建筑（三）

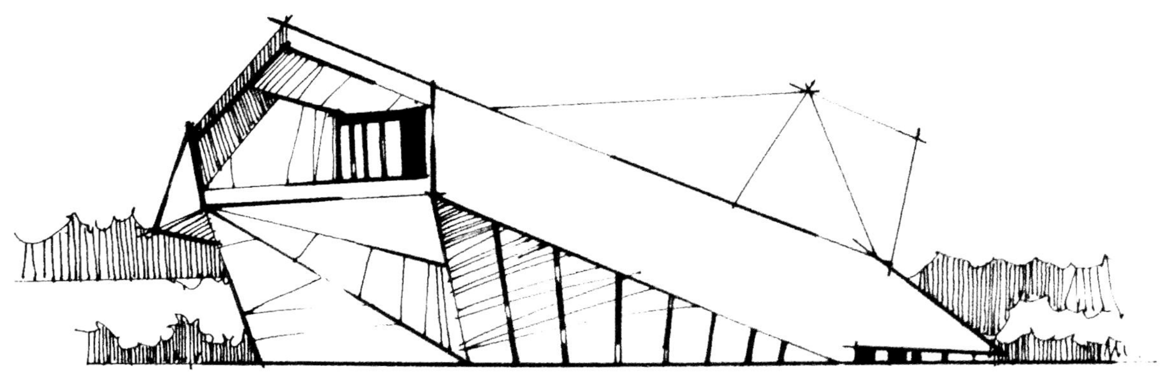

▲ 图2-6　建筑（四）

▲ 图2-7　建筑（五）

二、室内线稿

1 沙发

画实物之前，要把方体的线稿练熟。一般先画桌椅、沙发等形状的物体。因为桌椅沙发比较趋近于方体，所以由练习方体过渡到沙发比较简单（图2-8～图2-10）。

画沙发和方体的最大区别是不能把所有线条都画成直线，因为要表现出沙发松软的质感；而且沙发坐垫最好略宽于沙发靠垫，这样对比能更加体现沙发的蓬松舒适感。

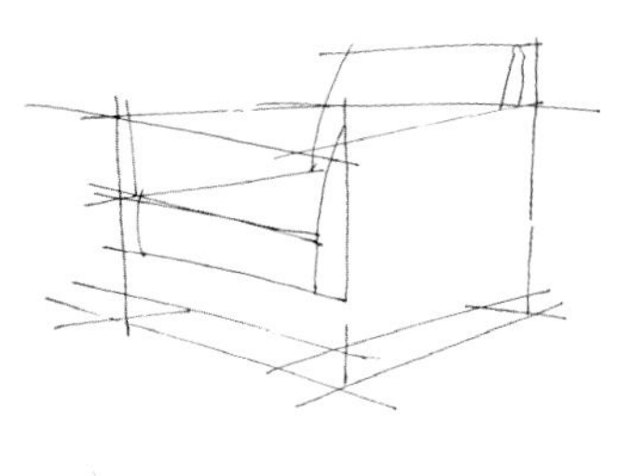

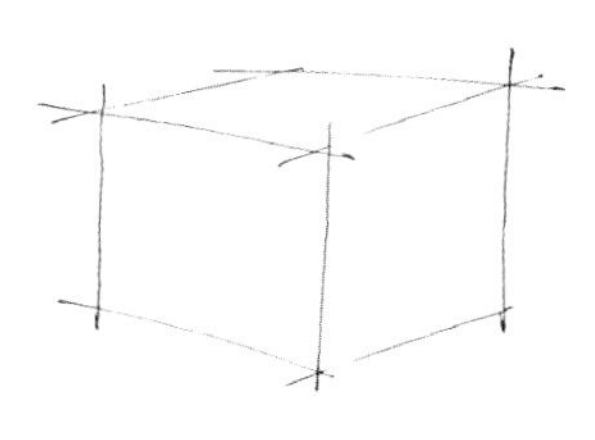

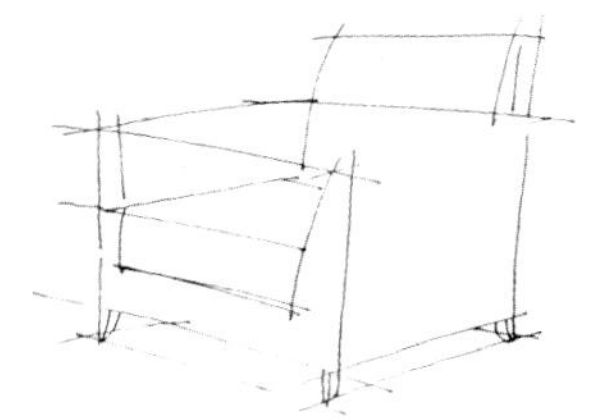

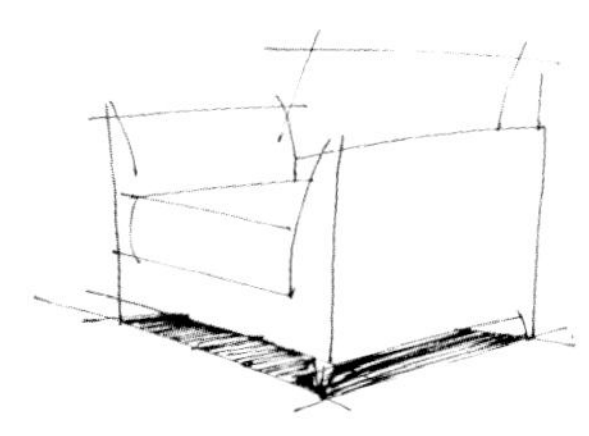

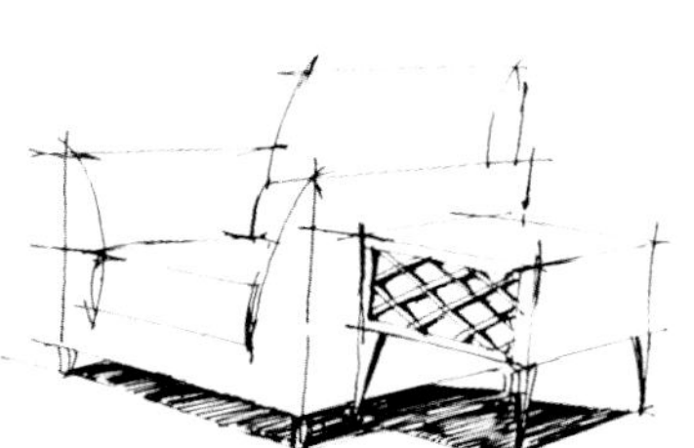

▲ 图2-8　从方体过渡到沙发

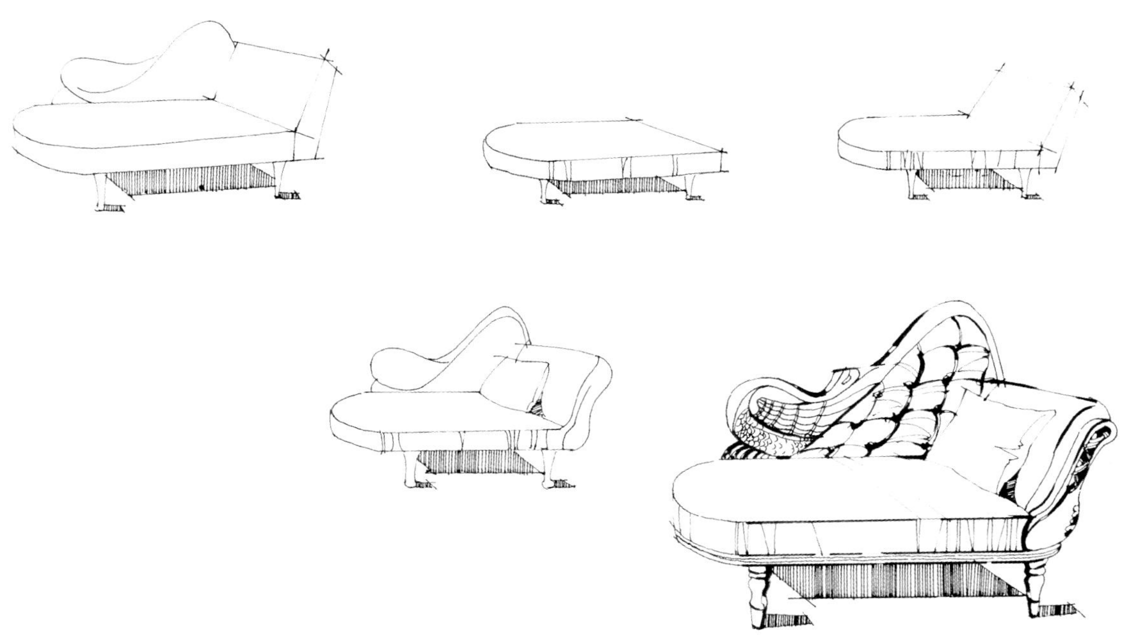

▲ 图2-9　沙发步骤图

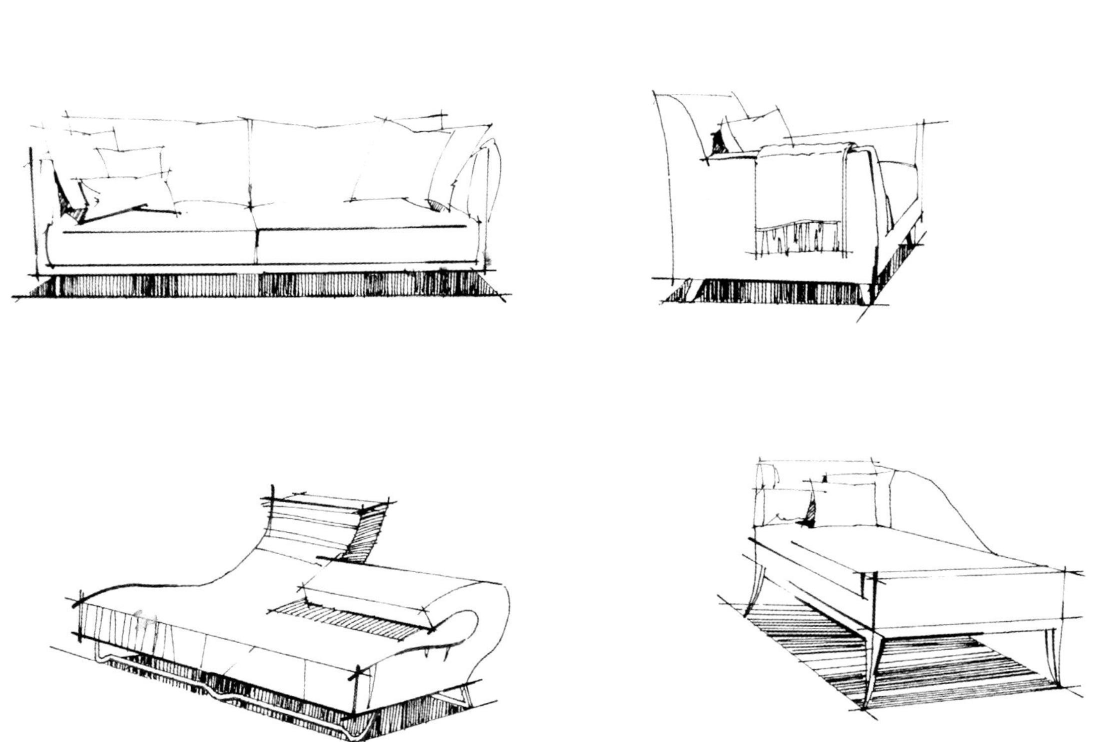

▲ 图2-10　各类沙发

2 靠垫

靠垫一般多用在沙发卧室等地方作为装饰。靠垫看上去很简单，但是单单通过线稿来表现就需要熟练的技巧，才不会产生违和感。

靠垫需要用线条来表现褶皱以及蓬松感，用阴影来表现立体感。注意一般靠垫都是斜着画才比较容易画出立体感（图2-11、图2-12）。

▲ 图2-11　靠垫（一）

▲ 图2-12　靠垫（二）

3 阴影

阴影是表现物体立体感和真实感的重要元素，因为通过刻画阴影可以区分物体的明暗面。阴影可以横着画也可以竖着画，横着画不要求绝对的水平，竖着画一般要垂直于地面（图2–13）。

有光的地方就要画阴影，或者在反光较强的材质上以及需要表现立体感的简单物体也要有阴影。例如：湖面、玻璃、地砖等阴影在光源的反方向，靠垫也需要阴影来表现立体感。而且阴影的形状和物体的形状要有对应。

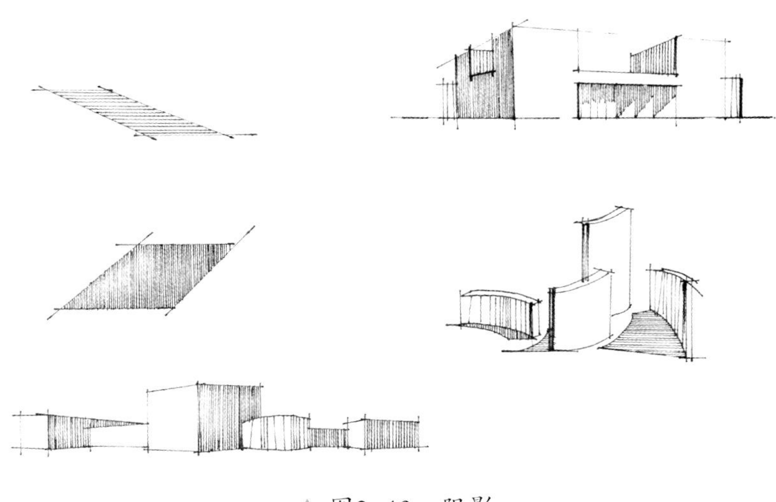

▲ 图2–13 阴影

4 画框

画框属于装饰物品，一般挂在墙上或者放在桌上。画框虽然是横平竖直的矩形，但是用线稿表现的时候还是要遵循透视图近大远小的要素（图2–14）。

画框和靠垫一样，都需要线条阴影来表现立体感，而且画框不同材质的质感也需要表现出来。

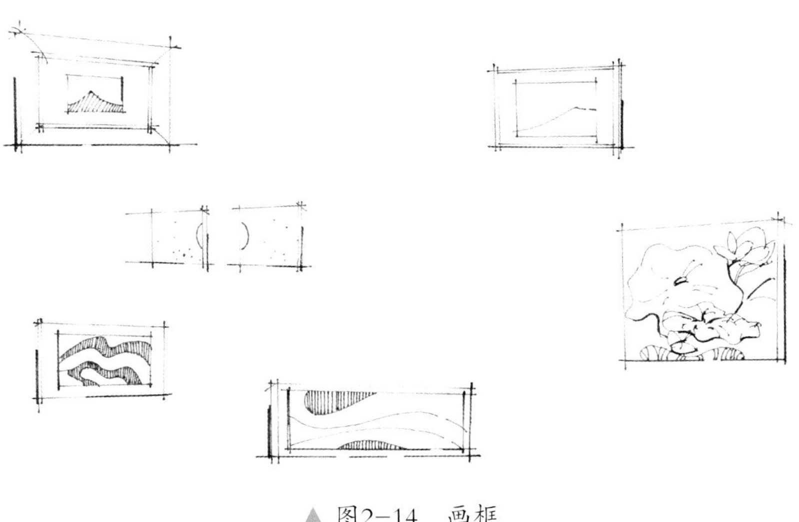

▲ 图2–14 画框

5 电视背景墙

电视背景墙的种类较多，材质也很多。不同的材质该怎么表现是难点，要特别注意材质的层次和质感，如果设计的背景墙比较简单，至少也要将黑、白、灰三者明暗拉开。最开始练习的时候最好模仿练习（图2-15、图2-16）。

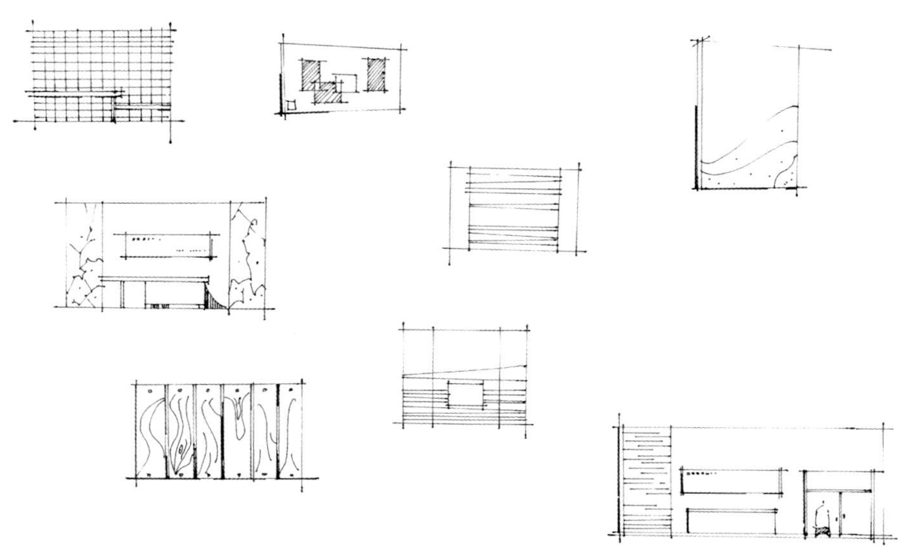

▲ 图2-15　电视背景墙（一）

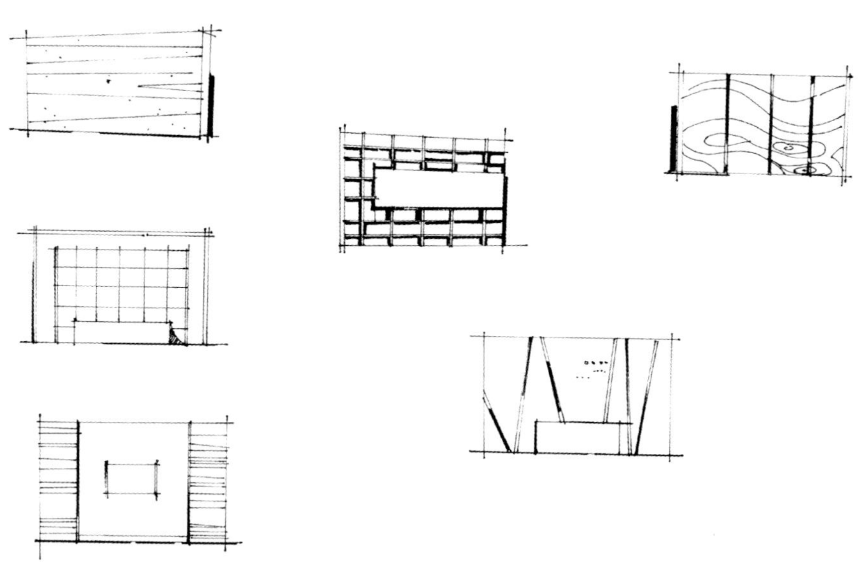

▲ 图2-16　电视背景墙（二）

窗帘

窗帘主要是要表现出褶皱感，而且窗帘由大部分的竖线构成，在前面的章节中我们已经讲解了直线的画法，把前面的基础练习画熟练了，到后面我们画线稿时才会有章可循（图2–17）。

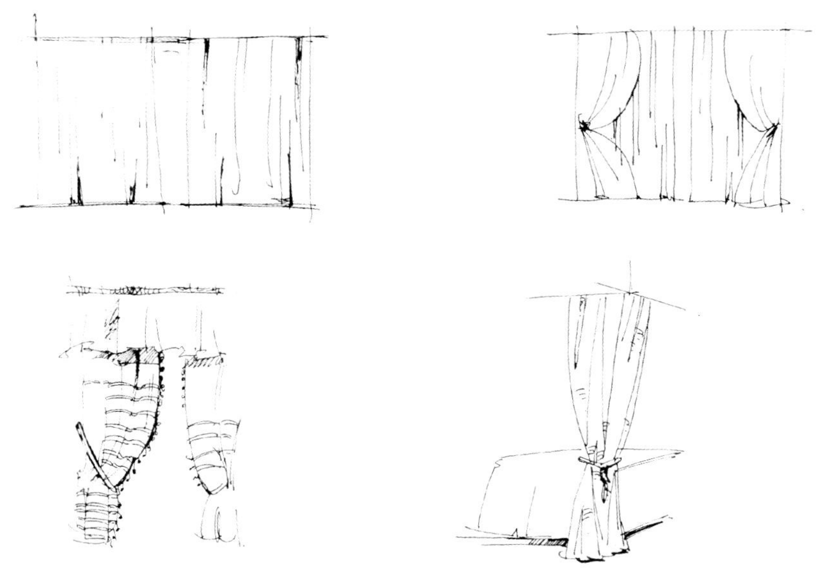

▲ 图2–17 窗帘

洁具

洁具比较简单。要注意细节的表现与比例的大小（图2–18）。洁具的线条尽量流畅，不拖泥带水，对于结构和细节应当尽量弱化处理。不要与卫生间的墙体、地面混淆。

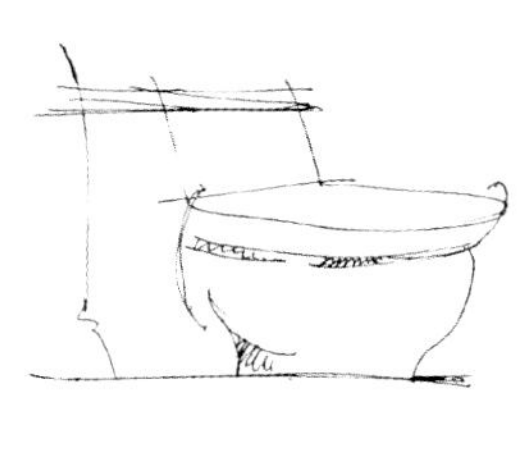

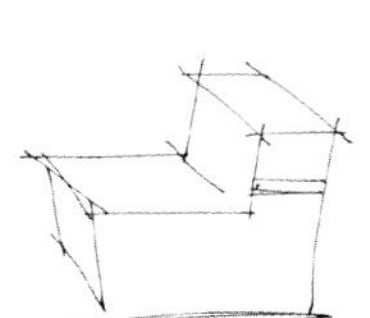

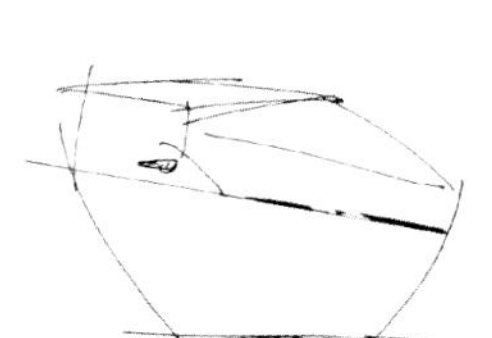

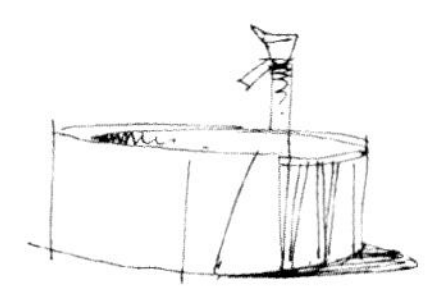

▲ 图2–18 洁具

8 灯具

灯具上面各种花纹的刻画是表现灯具比较重要的元素（图2-19、图2-20）。要想把效果图画得精致一些，对这些小的装饰品的刻画至关重要。灯具的线条一定要画得流畅，才能生动写实。灯具的各种花纹需要在平时多观察多模仿。

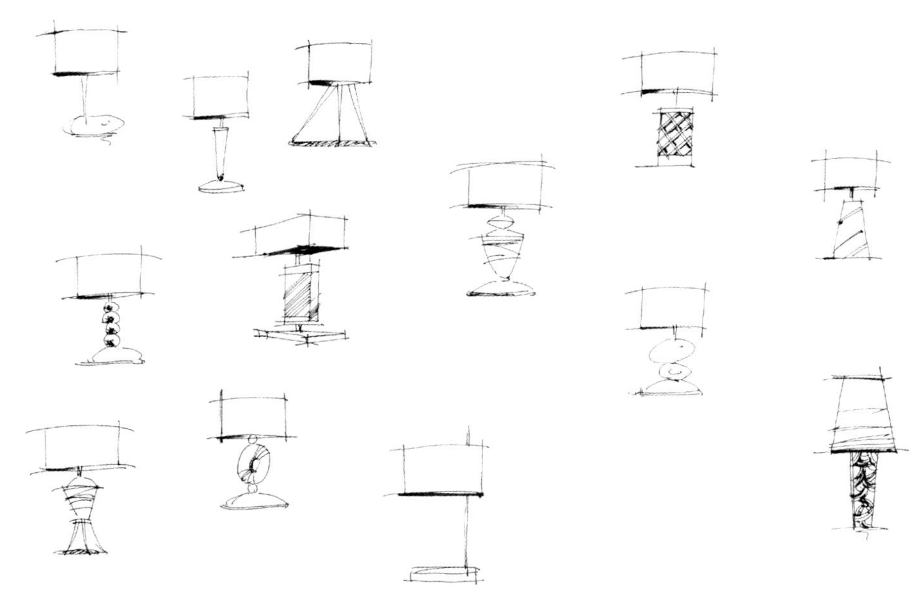

▲ 图2-19　灯具（一）

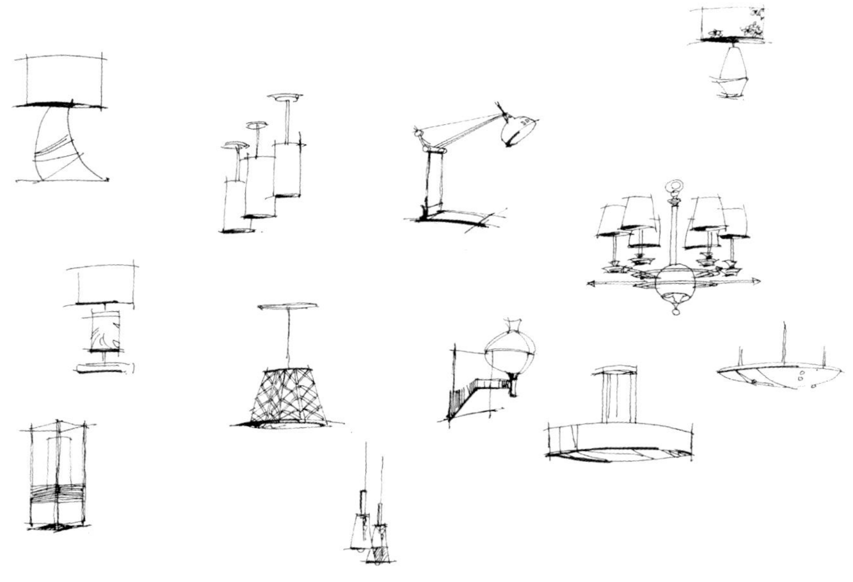

▲ 图2-20　灯具（二）

9 床

床体比较简单，注意透视与比例正常即可。但是床上的被子、毯子、织物等比较难画，因为材质比较软。床上物品不能全部用直线表现，一定要用部分曲线、直线相交替来刻画（图2-21）。

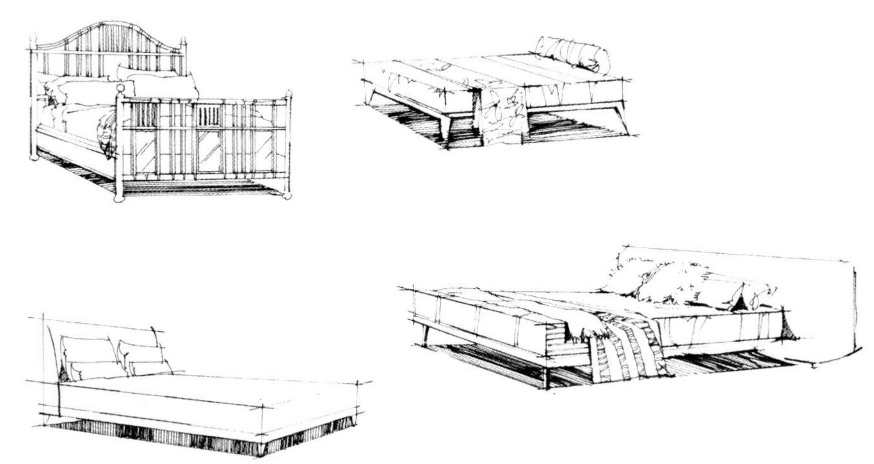

▲ 图2-21　床

10 餐桌椅

餐桌椅一起画难度就加深了一点，但是所有的线稿图都是由不同的单体图组成。画好每个单体图，放在一起，线稿图就完成了。要注意的是多个物体放在一起的透视关系。

阴影是餐桌椅比较重要的元素，因为餐桌椅的地面一般是反光较强的地砖，所以一定要靠阴影增强餐桌椅的辨识度（图2-22）。

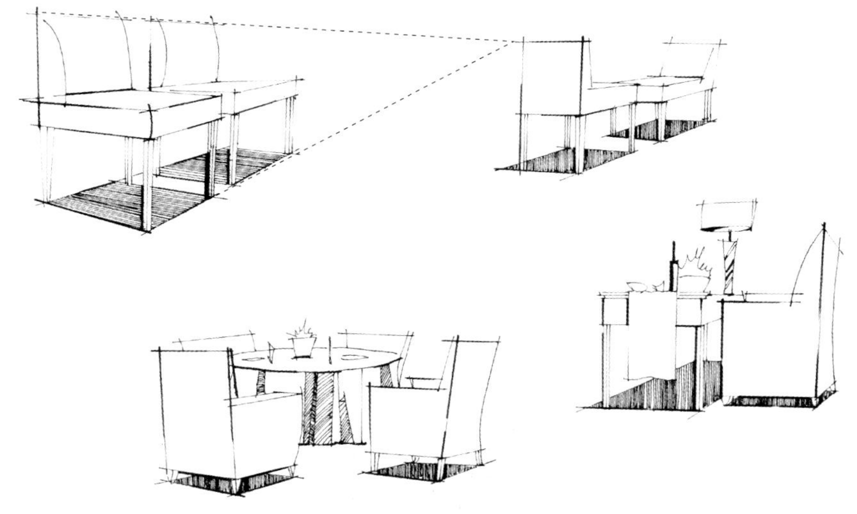

▲ 图2-22　餐桌椅

11 门窗

门窗就是简单的矩形。但是有的门窗造型复杂，还会有细节的要求（图2-23）。对于门窗的细节刻画需要熟练的技巧以及耐心，同时把握好重点，不要让门窗结构超越了家具与建筑构造等效果图的主体。

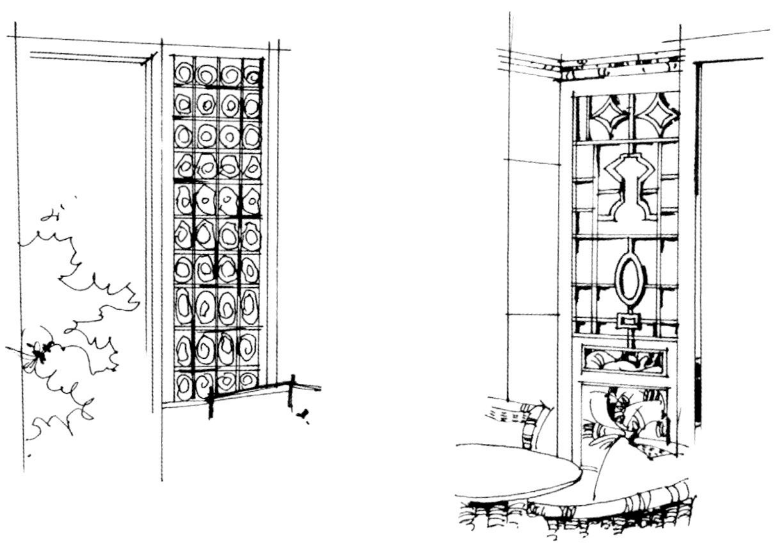

▲ 图2-23 门窗

12 材质

材质就是通过不同的线条来表现不同物体的材质，例如：木头、大理石、砖头等都是通过简单的线条、点来刻画（图2-24、图2-25）。对材质的刻画来源于对生活的观察，应当特别关注日常生活中的特殊材质，通过拍摄记录下来。

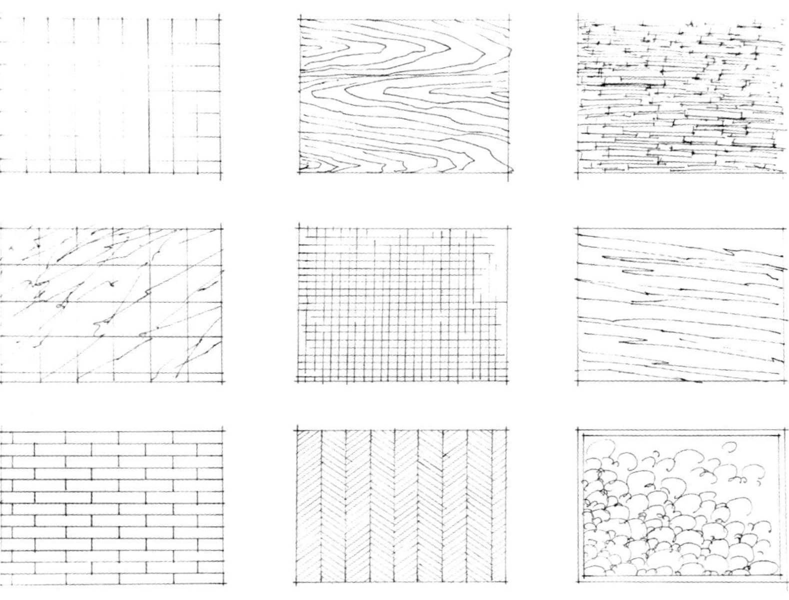

▲ 图2-24 材质（一）

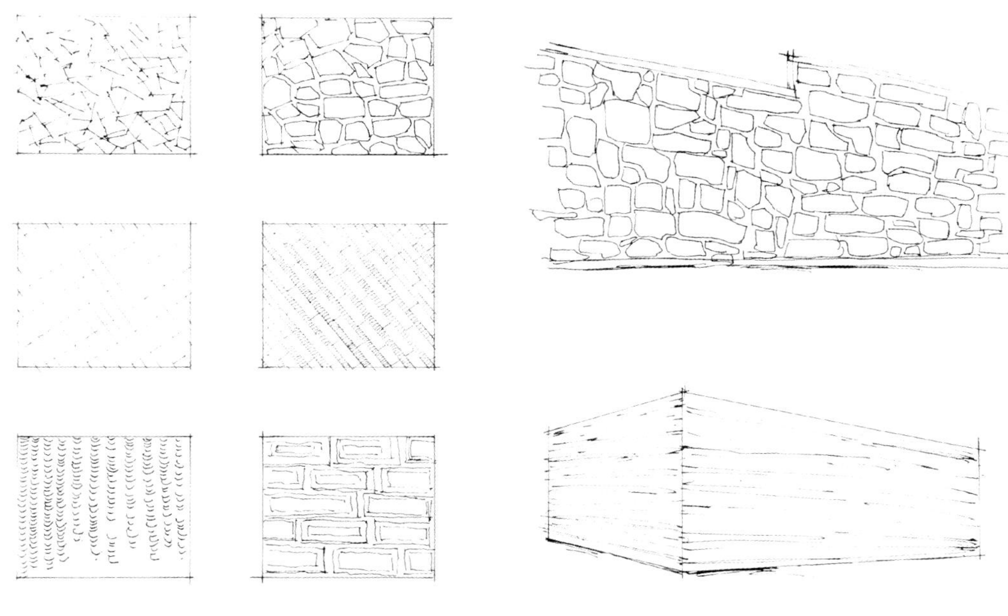

▲ 图2-25　材质（二）

三、园林景观线稿

1 植物

植物的类型很多，练习线稿图的时候临摹常见的一些植物，练习熟练之后就能得到一些共通性（图2-26～图2-28）。

植物的表现主要通过各种曲线来刻画，一定要保证线条流畅才能画出生动写实的植物。

▲ 图2-26 植物（一）

▲ 图2-27 植物（二）

▲ 图2-28　植物（三）

2 石头

石头线稿图一般是通过画多个不同形状的石头来表现的，因为一个石头太单调，最好还搭配一些适当的植物，使线稿图更加生动（图2-29）。石头的线条主要是由曲折的直线组成，注意一定要刻画出棱角来表现石头的材质。

▲ 图2-29　石头

③ 水体

水体是比较难表现的物体。水一般用分段线条来表现，水流越缓慢，线条越抖，水流越急，线条越直（图2–30）。不用刻意去抖动线条，应当自然随意，表现水流的线条应当曲直结合。

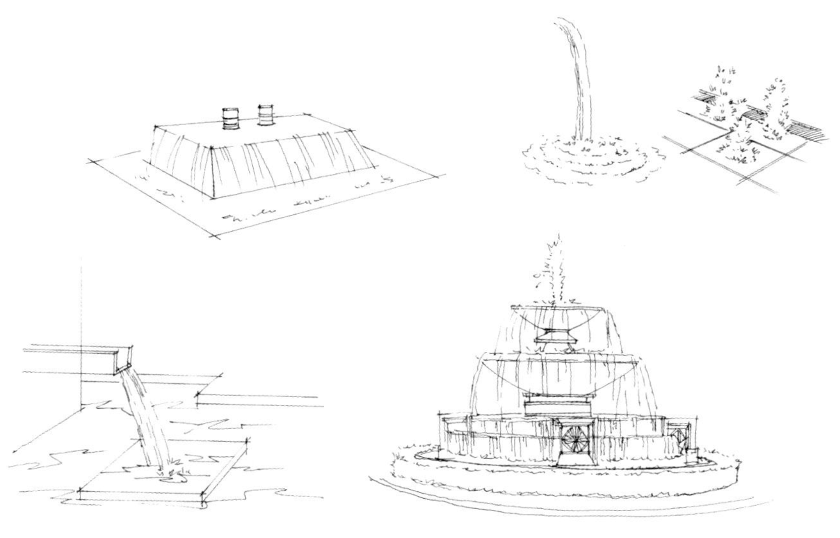

▲ 图2–30　水体

第三章 单体着色手绘

一、马克笔着色技法

马克笔上色的技巧讲求的主要是快。只有快才能表现出轻快又有力的效果图。如果犹犹豫豫只能给人不熟练的感觉，笔触也不够流畅。

马克笔可以叠加来表现颜色的过渡，但是同种颜色的马克笔叠加最好不要超过两遍。同一区域如果要做过渡效果，可以用同色系不同深浅的马克笔来表现。首先用浅色，然后用深色。

很多时候马克笔上色后，会用彩铅再叠加上色一遍。用彩色铅笔叠加可以突出某些材质的质感，也是为了加深暗部的颜色。

马克笔具有颜色饱和度高、速干以及可以画体块较大的笔触等特点使得它成为目前最受欢迎的手绘上色工具。选择马克笔的时候要根据个人的熟练程度，国产的touch3代或者touch4代比较适合新手，性价比比较高，一般买常用的60个色号就够了。到了后期比较熟练的时候，再买更多颜色或者换更高档的三福、AD牌马克笔也可以。

1 马克笔初级技法

（1）点。点在画植物、天空等形状不确定的物体时用得比较多，有技法的点能够使效果图更加生动自然（图3-1），切记画点的时候不能一笔一画僵硬地画，一定要随意地画，才能表现出马克笔上色的精髓。

（2）线。马克笔画线的时候要画细一点（图3-2）。线一般用在一个区域较浅的位置，和其他粗线条形成对比。画线的时候不要过多，一两根即可。太多了就不能体现出比较亮的部位。

▲ 图3-1 点

▲ 图3-2 线

（3）平移。平移在马克笔上色中使用得最多，上色的时候快速有力地刷过纸面，不要犹豫，否则画出的线条颜色过渡不自然，笔触不流畅（图3–3）。

▲ 图3-3 平移

2 马克笔高级技法

（1）扫笔。扫笔是起笔的时候用力，收笔的时候快速抬手，使线条呈现出拖上一条尾巴的效果（图3–4）。这样的画法一般用在边缘或者过渡区域，有一个由深到浅的过渡。

（2）斜推。斜推的意思是使起笔收笔时笔触保持一个斜着的效果，这是用来画某些有斜度的物体的方法（图3–5）。

▲ 图3-4 扫笔

▲ 图3-5 斜推

（3）蹭笔。蹭笔顾名思义是用马克笔在纸上快速蹭出一个过渡自然的区域，在需要表现深色的部位用力，需要表现浅色的部分放轻力度，而且速度要快（图3–6）。这个技能需要大量的练习才能掌握，因为蹭笔需要快速地画出一个由深到浅的区域。

（4）叠加。叠加是用同色系或不同色系马克笔画多遍。叠加的部分是为了表现暗部颜色较深的位置（图3–7）。

叠加还有不同色系、同色系、渐变等各种不同要求的画法。不同的画法是需要满足不同场景不同物体的要求，在练习的时候最好临摹已经画好的上色图（图3-8）。

很多时候初学者没有优秀的参照作品，容易出现各种运笔错误（图3-9）。比如过渡不自然，笔触不正确，没有按照各种基础技法来运笔等问题。只有到后期练习熟练了，在不违背基础画法的前提下可以发挥自己的个人风格。

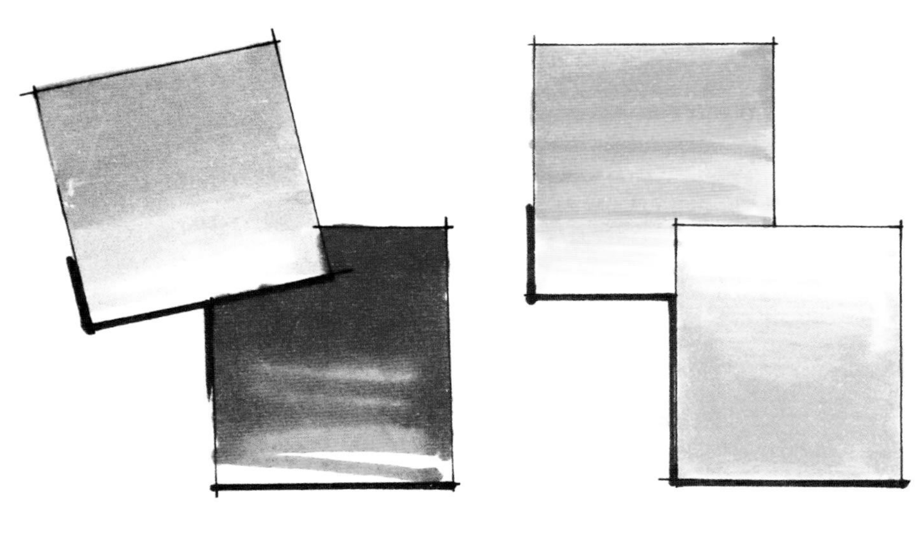

▲ 图3-6　蹭笔

▲ 图3-7　叠加

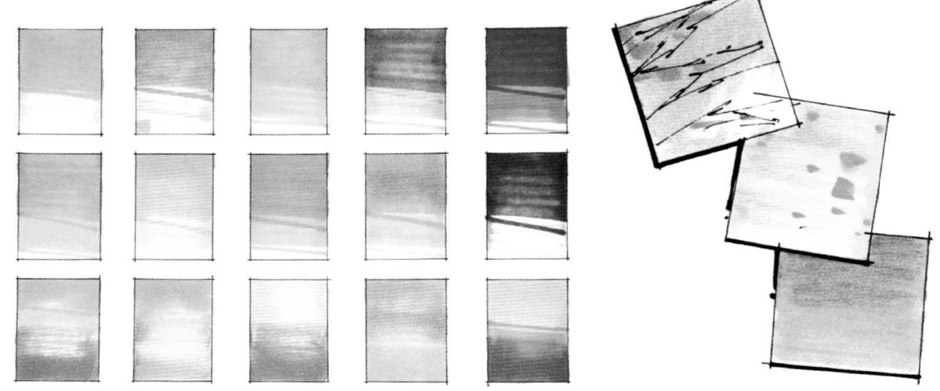

▲ 图3-8　各种叠加画法

▲ 图3-9　错误画法

二、单体上色

1 建筑上色

景墙上色包含的物体较多，不同物体需要用不同笔触，墙体一定要画出材质的质感（图3-10、图3-11）。墙体上的笔触应当硬朗，这样才能与植物、天空、水景区分开来，但是也不能一味平铺，对不同的光影关系要有所区分。

▲ 图3-10　景墙（一）

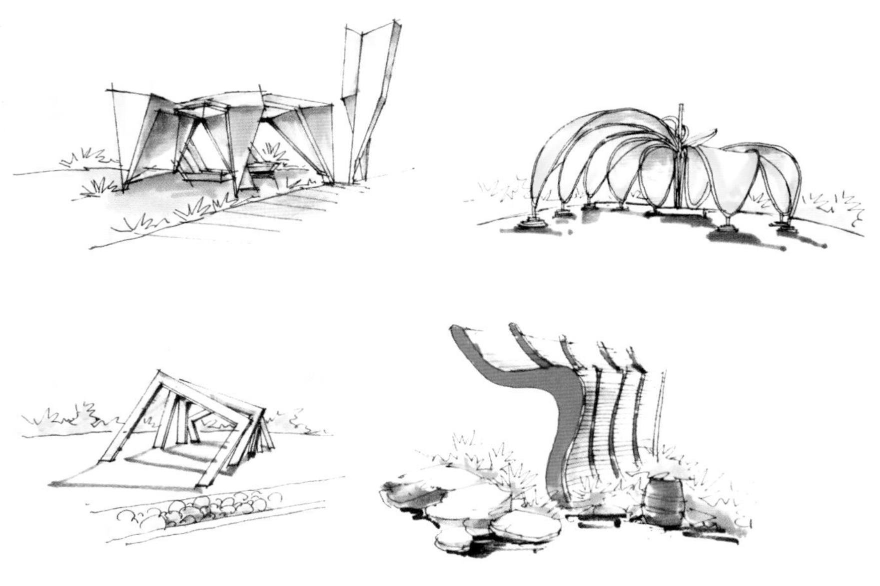

▲ 图3-11　景墙（二）

2 室内单体上色

（1）沙发

搞清楚马克笔的基础上色技法，我们就要从简单的物体上色开始学习了。与线稿图一样，首先我们还是从沙发开始练习。同一区域马克笔上色顺序一般是由浅到深，一般会使用同色系的颜色叠加。再加上靠垫、阴影、织物等物体，沙发就完成了（图3-12）。注意阴影一般要比较深，才能衬托出沙发本色的鲜亮。

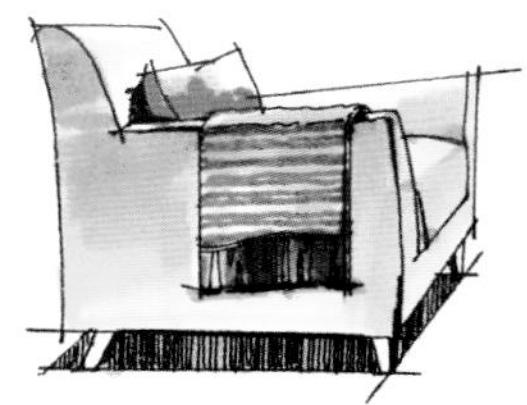

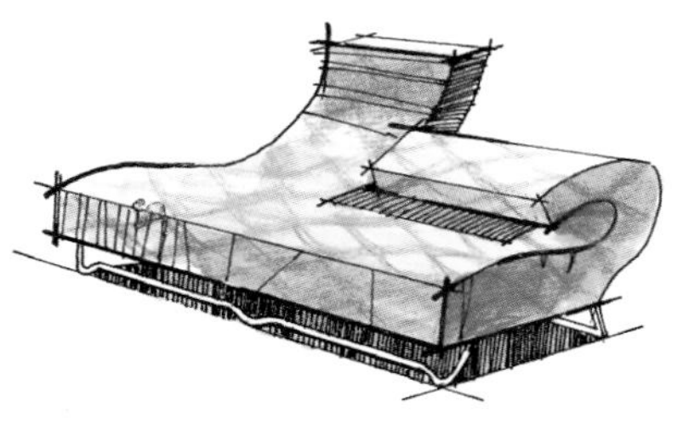

▲ 图3-12　沙发

（2）靠垫

靠垫比较小，上色比较容易。但是一定要注意笔触，不能全部用直线来表现，需要用带弧度的线来表现靠垫鼓起的部分。而且要多练习不同花纹的画法（图3-13）。靠垫背后与底部应当有一定的阴影，才能体现出靠垫的体积感和厚实感，同时，这些阴影也是呼应沙发、床等家具构造的阴影。

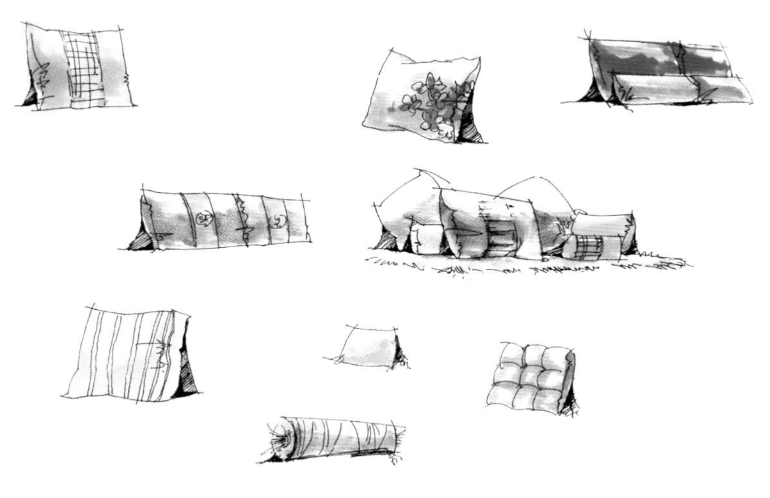

▲ 图3-13　靠垫

（3）窗帘

窗帘颜色一般比较单一，注意褶皱部分要加重颜色，而且一定要留白，不要涂满整个窗帘（图3-14）。运笔应顺着窗帘的结构来处理，采用同一色系。即使对于色彩丰富的窗帘，也要将颜色进行归纳，否则在整个效果图中会显得喧宾夺主。

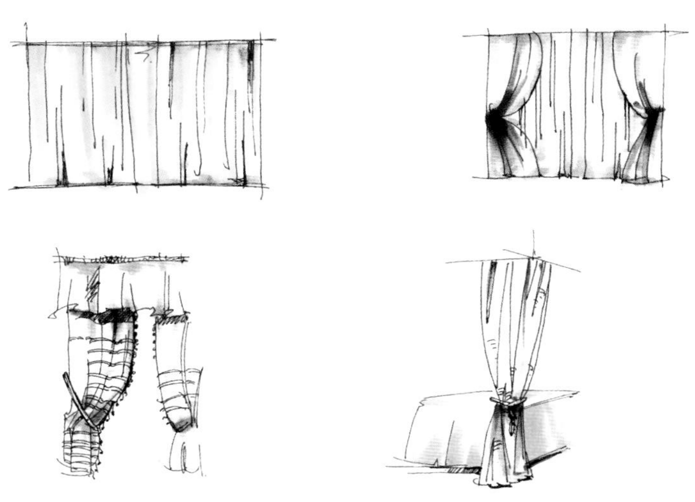

▲ 图3-14　窗帘

（4）灯具

灯具跟其他物体的不同之处在于需要画出灯光效果，灯光用彩色铅笔比较适合。还有灯罩如果是反光材质的一定要处理好留白，表现出反光的材质（图3-15）。对于结构很简单，或周围环境都是深色的效果图，灯具也可以不着色。

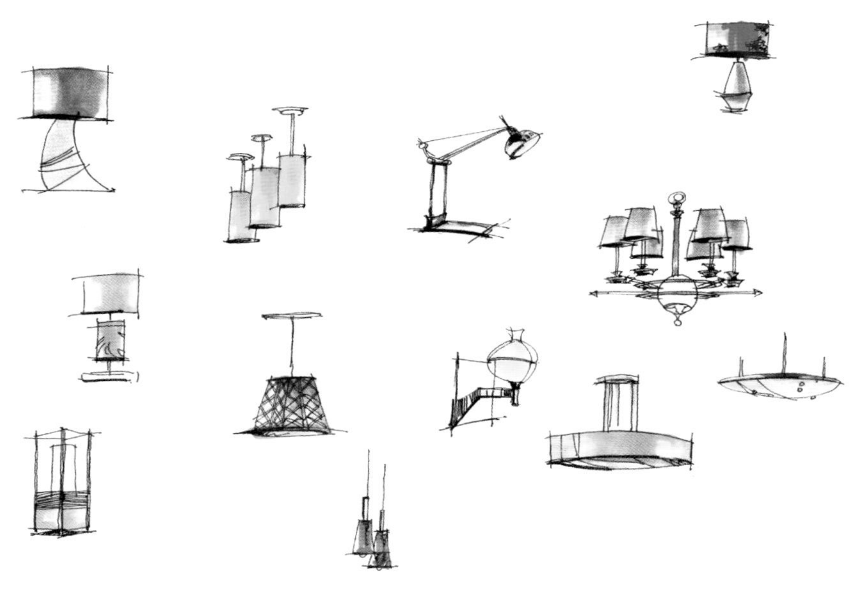

▲ 图3-15　灯具

（5）床

床体上色比较简单，但是织物、毯子、枕头不太好上色。注意褶皱处加深颜色（图3-16）。

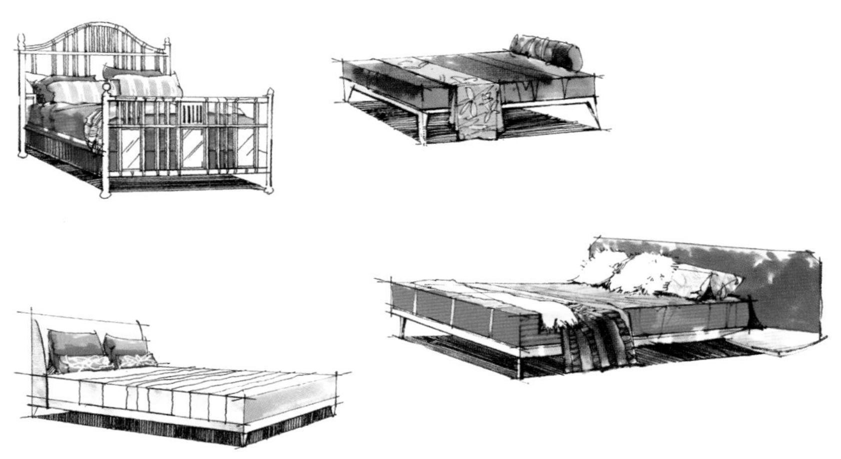

▲ 图3-16　床

（6）材质

马克笔上色很重要的一点是要表现各种物体的质感。一开始练习简单的单体上色时，最好多练习材质上色。木头材质表现出粗糙感，反光较强材质则多一些留白，以下有一些比较优秀的材质上色供参考学习（图3-17、图3-18）。

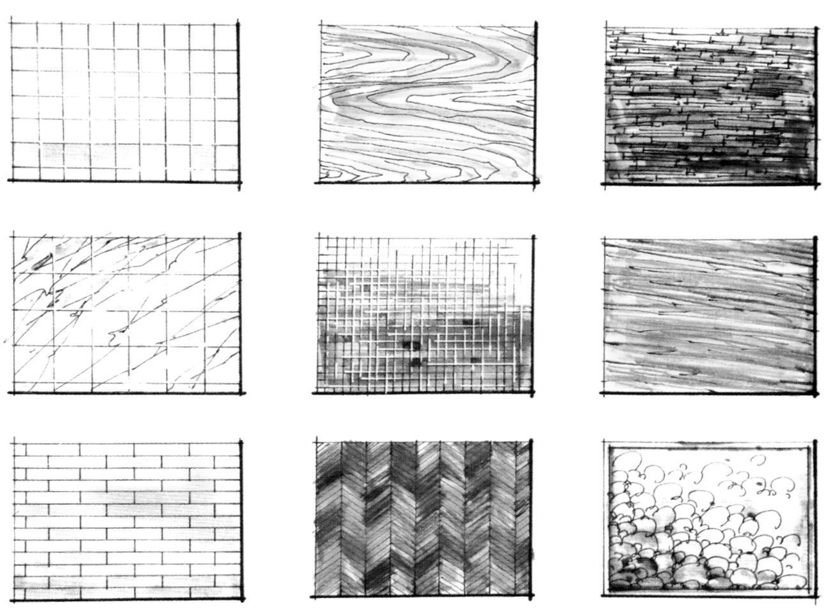

▲ 图3-17　材质（一）

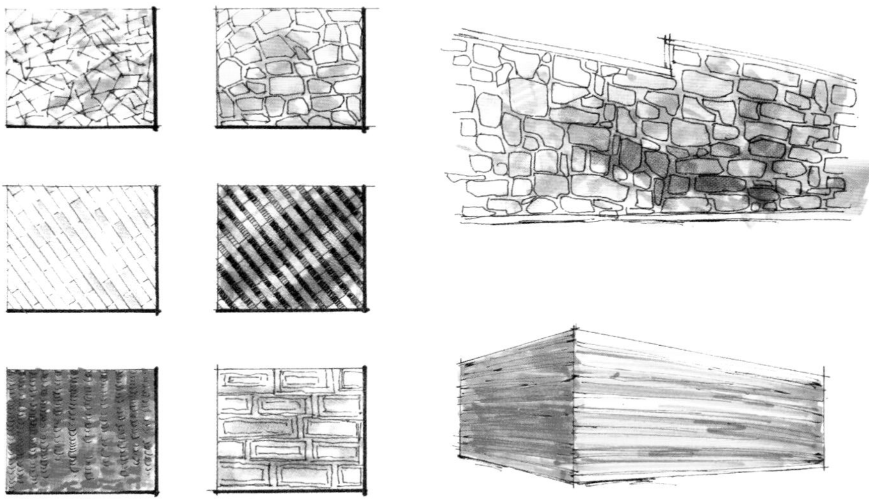

▲ 图3-18　材质（二）

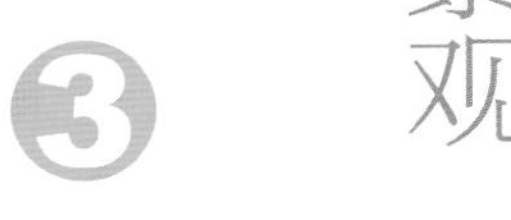

园林景观上色

（1）植物

植物大部分用马克笔点点完成上色，注意植物的茎干以及叶脉处都要加重颜色，叶片适当留白，这样才能有对比（图3–19～图3–21）。在同一效果图中，对于不同的树种，应当选用不同的绿色，要将绿色的远近层次拉开。

▲ 图3–19　植物（一）

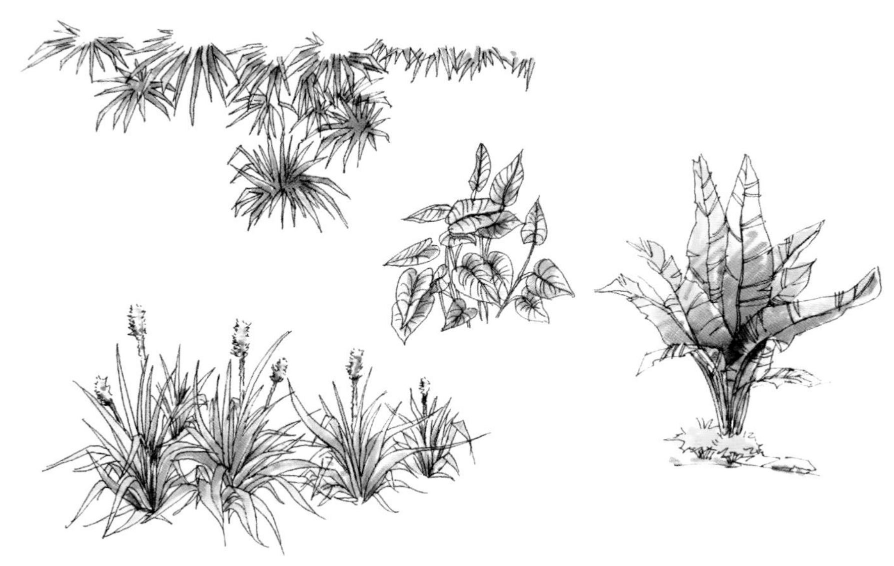

▲ 图3–20　植物（二）

▲ 图3-21　植物（三）

（2）石头

石头上色要注意刻画出石头的质感，可以用线条加点来表现石头的粗糙感，还有要注意留白（图3-22）。

▲ 图3-22　石头

（3）水体

水体上色的难点在于水的上色，一般水是用浅蓝色来表现，但是颜色不能多，大部分要留白，才能表现出水的流动感和清澈感（图3–23）。运笔时尽量轻松飘逸，避免反复叠加，颜色也不局限于蓝色，可以适当配置环境色。

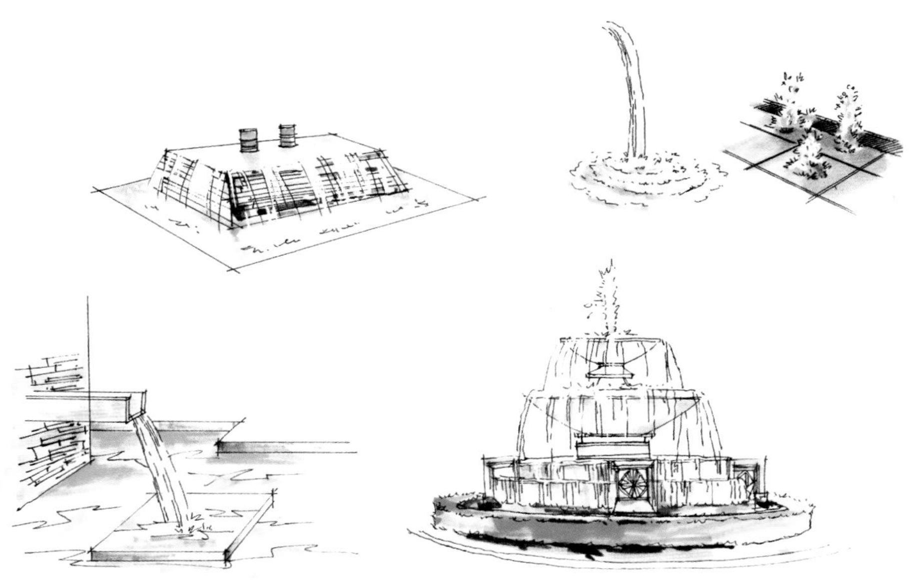

▲ 图3–23　水体

第四章

手绘作品欣赏

一、建筑效果图

手绘图首先需要确定好透视关系，还要注意建筑的角度以及比例关系（图4–1）。

然后再处理主体与周围物体的整体结构，周围物体的比例应与建筑的比例保持一致，最后上色（图4–2）。

上色时可以先确定好色调，对大色块进行初步的上色，这种大面积的上色一定要快速，果断运笔，才能保持线条流畅（图4–3）。

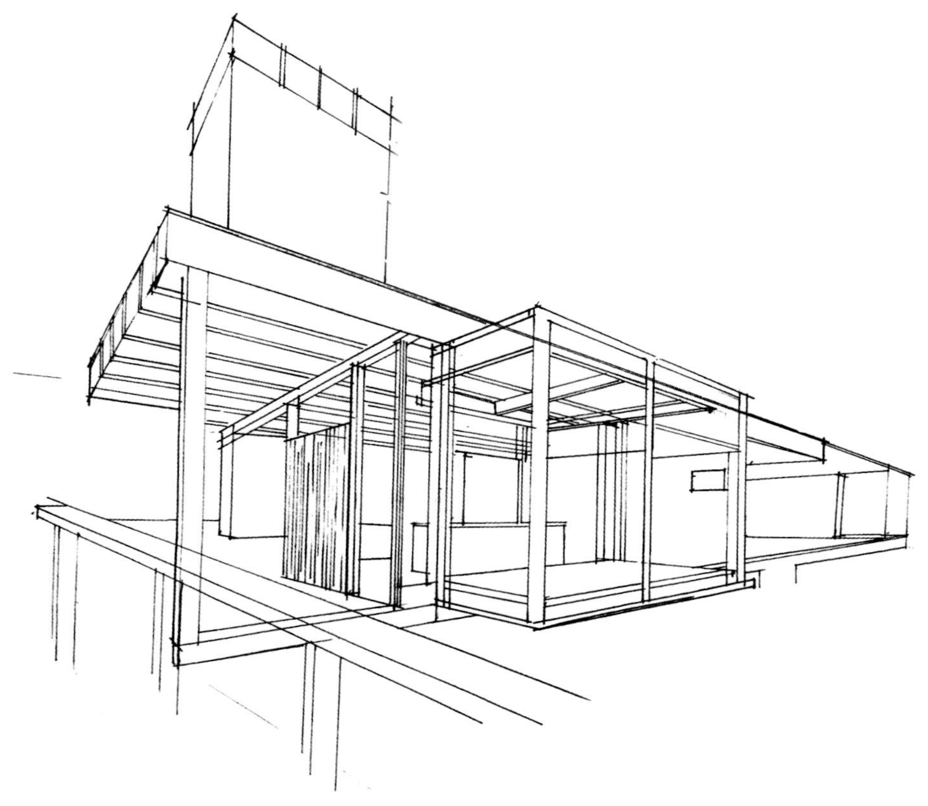

▲ 图4–1　建筑手绘图步骤一

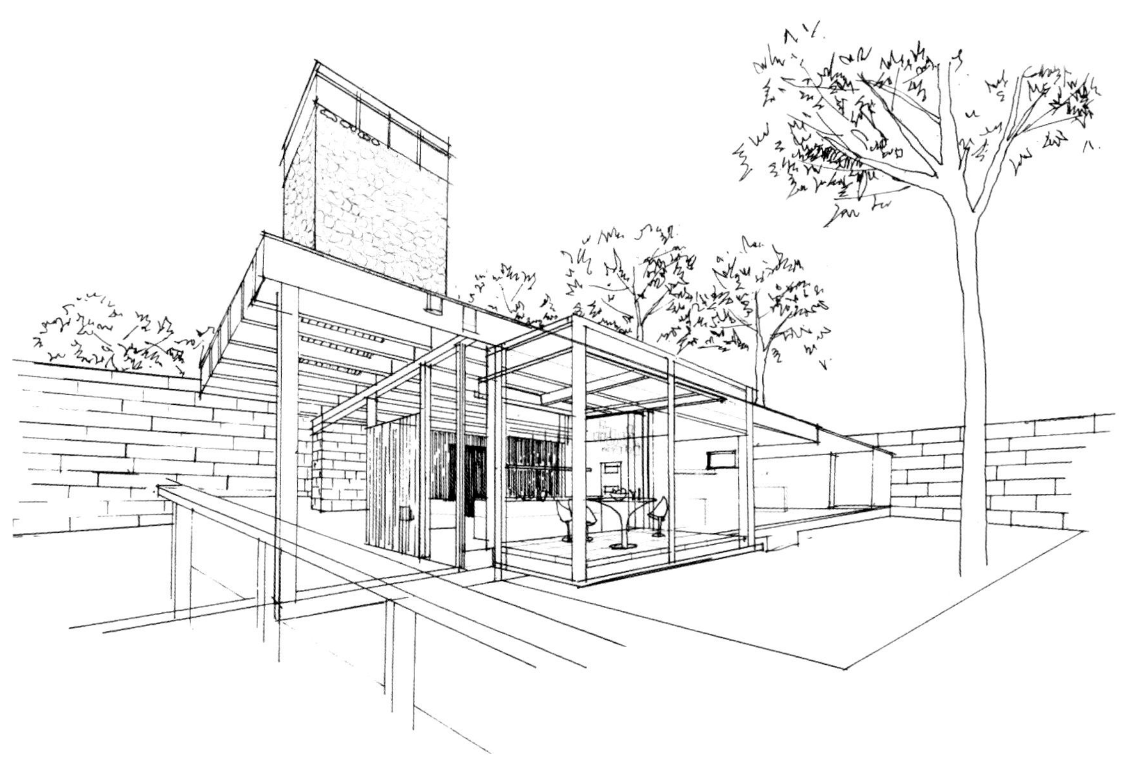

▲ 图4-2　建筑手绘图步骤二

▲ 图4-3　建筑手绘图步骤三

然后将主要物体都进行上色处理，注意有些地方需要进行第二遍上色，用来刻画阴影、暗部、纹理等（图4-4）。

▲ 图4-4 建筑手绘图步骤四

最后一步审视全幅手绘图，进一步细节刻画，注意用修改液或高光笔留白（图4-5）。

▲ 图4-5 建筑手绘图步骤五

建筑立面是手绘效果图的难点，也是设计的重点。手绘建筑效果图时要用阴影表现出造型的起伏层次关系，这种技巧需要多次的练习才能掌握。初学者需要有比较规范的案例作为临摹对象才能打好基础，以下作品供读者欣赏参考（图4-6~图4-19）。

▲ 图4-6 室外建筑效果图（曹彧昕）

▲ 图4-7 室外建筑效果图（曹彧昕）

▲ 图4-8 室外建筑效果图（佚名）

▲ 图4-9 室外建筑效果图（胡诗琪）

▲ 图4-10　室外建筑效果图（王傲）

▲ 图4-11　室外建筑效果图（王傲）

▲ 图4-12　室外建筑效果图（桂婷婷）

▲ 图4-13　室外建筑效果图（桂婷婷）

▲ 图4-14　室外建筑效果图（陈熹微）

▲ 图4-15　室外建筑效果图（满燃）

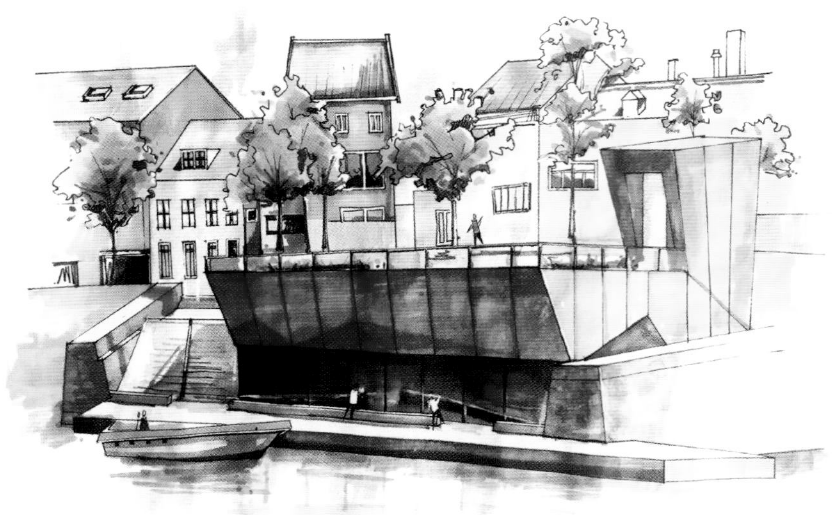

▲ 图4-16　室外建筑效果图（郭畅）

▲ 图4-17　景区建筑效果图（吕萧然）

▲ 图4–18　建筑群效果图（孔颖）

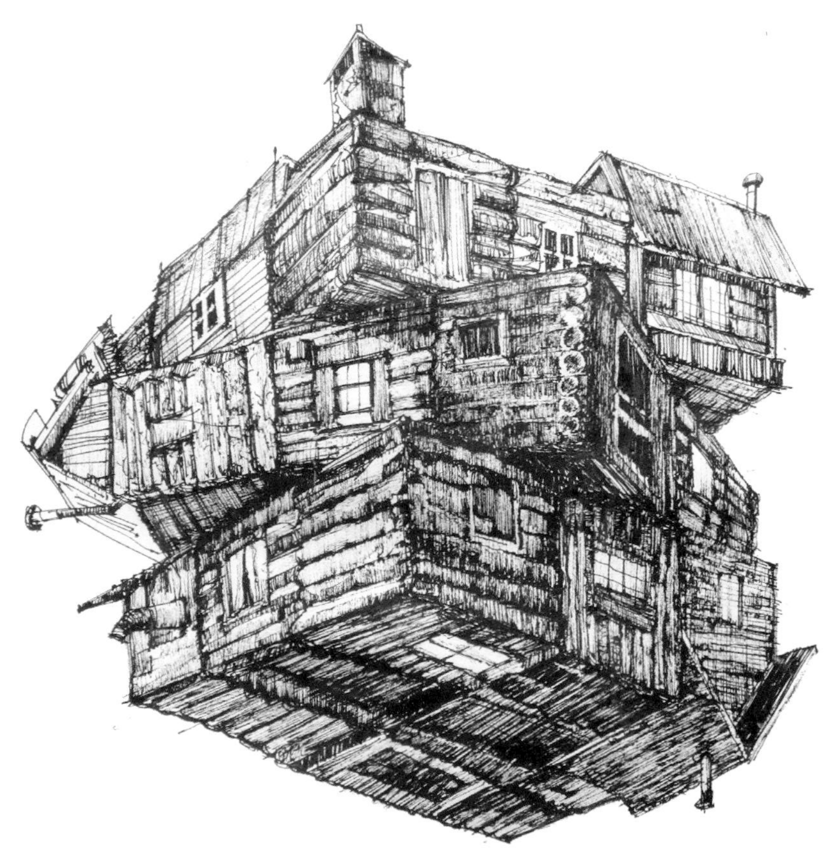

▲ 图4–19　创意效果图（孔颖）

二、室内效果图

室内手绘图需要画好主体物体，确定好透视关系，还要注意透视图的近大远小的关系（图4–20）。然后再补充完细节，对于楼梯灯要求是直线的图可以用直尺做辅助工具，最后上色（图4–21）。上色时可以先确定好色调，对大色块进行初步的上色，这种大面积的上色一定要快速，果断运笔，才能保持线条流畅（图4–22）。

▲ 图4–20　室内效果图步骤一

▲ 图4–21　室内效果图步骤二

▲ 图4-22　室内效果图步骤三

然后将所有物体都进行上色处理，注意有些地方需要进行第二遍上色，用来刻画阴影、暗部、反光、质感等（图4-23）。

▲ 图4-23　室内效果图步骤四

最后进一步刻画细节，注意阴影和留白来表现光影效果（图4–24）。

▲ 图4–24　室内效果图步骤五

室内效果图的重点在透视关系上。在前面的基础学习中练习掌握了一点透视、两点透视的规范画法，后面的室内效果图就只需要关注如何上色。上面的步骤图已经清晰的讲解了上色的技巧，我们只需要学习这些技巧并临摹以下的室内效果图作品即可（图4–25~图4–70）。

▲ 图4–25　室内客厅效果图（邱琪）

▲ 图4-26　室内餐厅效果图（佚名）

▲ 图4-27　室内休息区效果图（贺珍）

▲ 图4-28 室内客厅效果图（贺珍）

▲ 图4-29 室内客厅效果图（邱琪）

▲ 图4–30　展厅效果图（葛晶晶）

▲ 图4–31　室内客厅效果图（李静）

▲ 图4–32 室内客厅效果图（李静）

▲ 图4–33 餐厅效果图（金超豪）

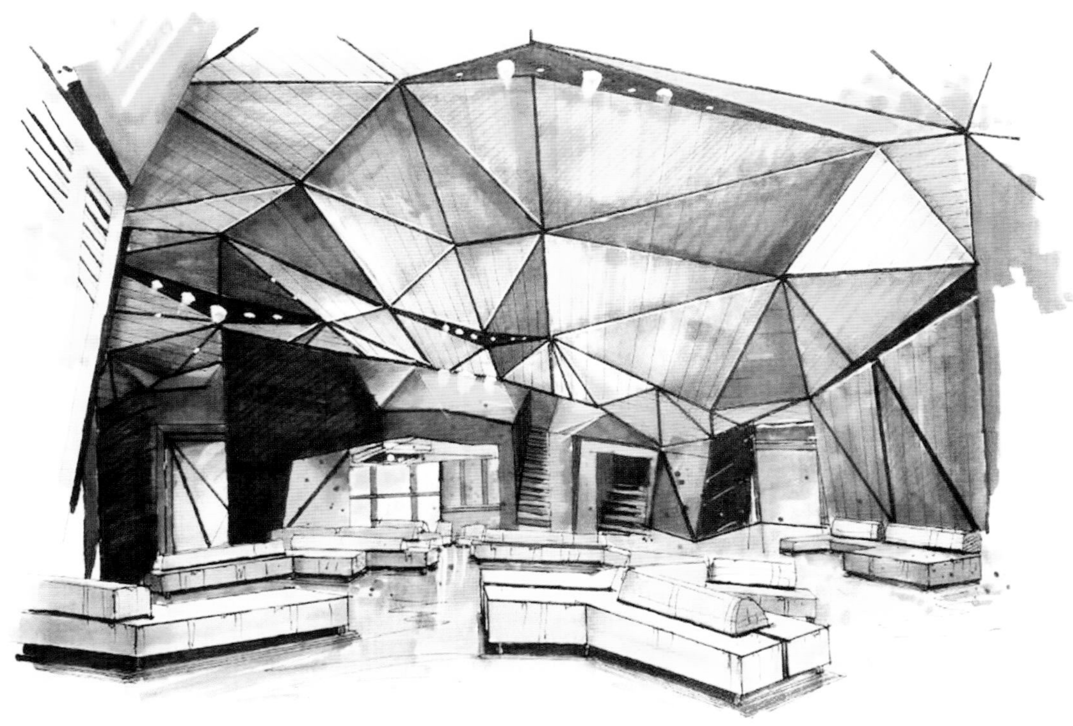

▲ 图4–34　室内客厅效果图（胡玲子）

▲ 图4–35　鞋店效果图（史晓露）

▲ 图4-36 鞋店效果图（史晓露）

▲ 图4-37 服装店效果图（宋婉）

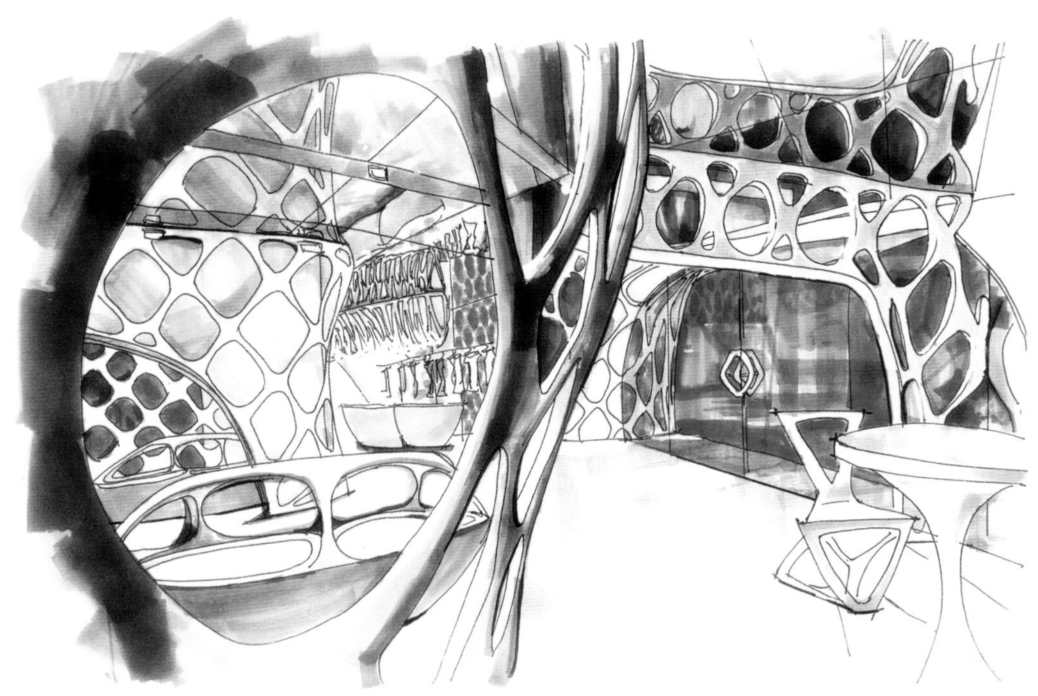

▲ 图4-38 服装店效果图（宋婉）

▲ 图4-39 歌剧院效果图（周慧敏、肖倩文）

▲ 图4-40　歌剧院效果图（周慧敏、肖倩文）

▲ 图4-41　歌剧院效果图（周慧敏、肖倩文）

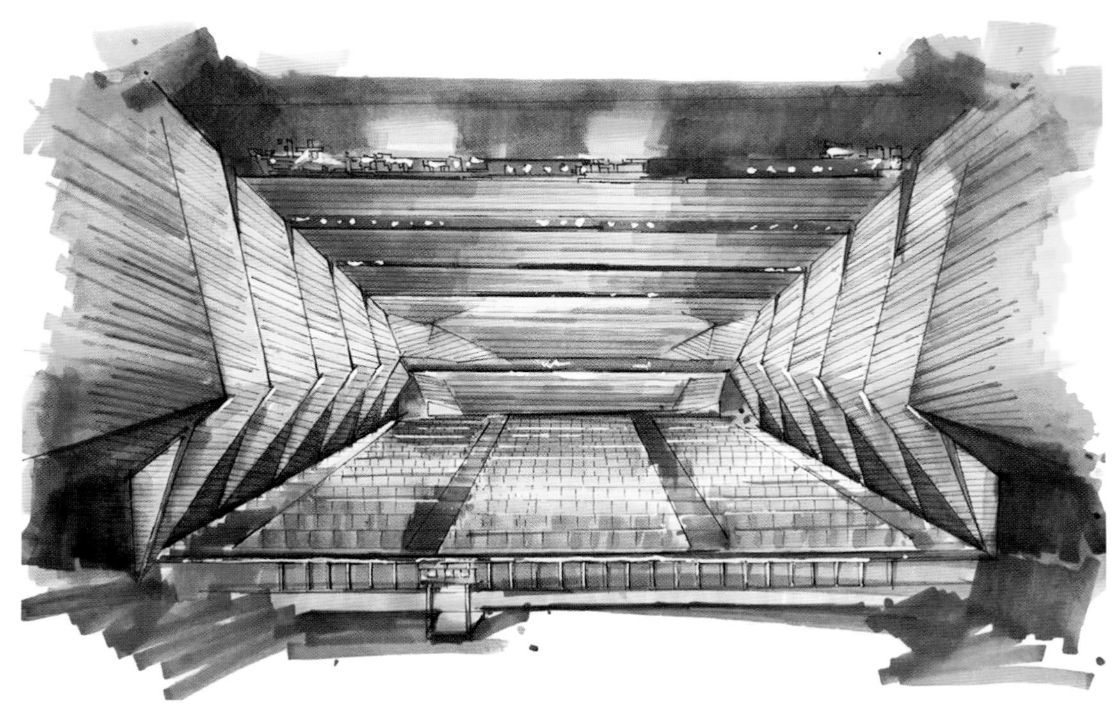

▲ 图4-42　歌剧院效果图（周慧敏、肖倩文）

▲ 图4-43　室内走廊效果图（谌蓝婷）

▲ 图4-44　室内客厅效果图（谌蓝婷）

▲ 图4-45 室内浴室效果图（谌蓝婷）

▲ 图4-46 室内效果图（谌蓝婷）

▲ 图4-47 服装店效果图（刘晓慧）

▲ 图4-48 餐厅效果图（冯萧雪）

▲ 图4-49 餐厅效果图（陈浩来）

▲ 图4-50　餐厅效果图（柯举）

▲ 图4-51　餐厅效果图（张霄辉）

▲ 图4–52 餐厅效果图（李梦轩）

▲ 图4–53 餐厅效果图（陈俊杰）

▲ 图4–54　餐厅效果图（李京洁）

▲ 图4–55　餐厅效果图（李京洁）

▲ 图4-56　办公室效果图（贲雨晴）

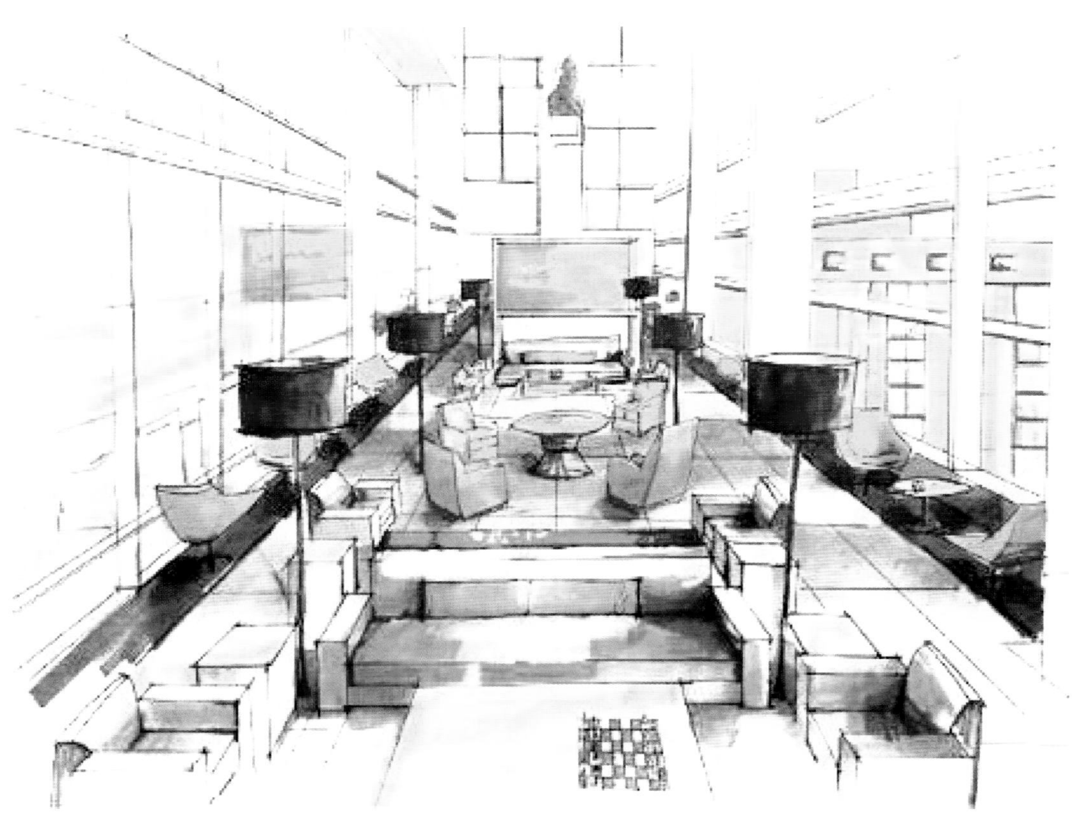

▲ 图4-57　办公室效果图（贲雨晴）

▲ 图4-58　餐厅效果图（吴奕璇）

▲ 图4-59　餐厅效果图（李博轩）

▲ 图4-60　餐厅效果图（李博轩）

▲ 图4-61 室内客厅效果图（龙宇）

▲ 图4-62　商场效果图（刘晓慧）

▲ 图4-63　室内休息区效果图（佚名）

▲ 图4-64　餐厅效果图（柯举）

▲ 图4-65　室内客厅效果图（佚名）

▲ 图4-66 科技馆效果图（苏天笑）

▲ 图4-67 室内餐厅效果图（佚名）

▲ 图4-68　室内餐厅效果图（佚名）

▲ 图4-69　室内卧室效果图（佚名）

▲ 图4-70　室内客厅效果图（佚名）

三、园林景观效果图

园林手绘图首先需要铅笔画好草图，画园林景观的时候要注意前文讲到的曲直相交的画法，也要注意植物的整体结构（图4-71）。

然后再用绘图笔重新描一遍，描的时候注意细节也要勾画到位，然后上色（图4-72）。

上色时可以先确定好色调，对不同的植物分别进行初步的上色，为后面全面的上色做参考（图4-73）。

▲ 图4-71　园林景观手绘图步骤一

▲ 图4-72　园林景观手绘图步骤二

▲ 图4–73　园林景观手绘图步骤三

然后将所有物体都进行上色处理，植物一般用点的方式上色。注意植物需要不同深浅相同色系的颜色来表现层次感（图4–74）。

▲ 图4–74　园林景观手绘图步骤四

最后进一步刻画细节，注意阴影和留白来表现光影效果（图4-75）。

▲ 图4-75 园林景观手绘图步骤五

园林景观效果图既有园林植物，也包含了景观建筑，要处理好多种单体的透视关系。而且园林景观相对于建筑和室内效果图来说，处理得较多的单体是植物，会有比较多的曲线绘画。这也是前面基础里有提到的曲直线绘画技巧。同样也要将这些技巧融会贯通到整幅园林手绘图中而不仅仅是单体绘画中。以下提供了园林景观效果图中可能出现的案例供读者欣赏参考（图4-76~图4-85）。

▲ 图4-76 景观效果图（郭畅）

▲ 图4-77 景观效果图（李竞）

▲ 图4-78 水体景观效果图（李竞）

▲ 图4-79 公园景观效果图（朱春玲）

▲ 图4-80 店铺景观效果图（邓聪）

▲ 图4-81　店铺景观效果图（邓聪）

▲ 图4-82　店铺景观效果图（邓聪）

▲ 图4-83　游乐园景观效果图（李昕宇）

▲ 图4-84　景区石像效果图（吕萧然）

▲ 图4-85 庭院水景效果图（佚名）

第五章 应考快题作品

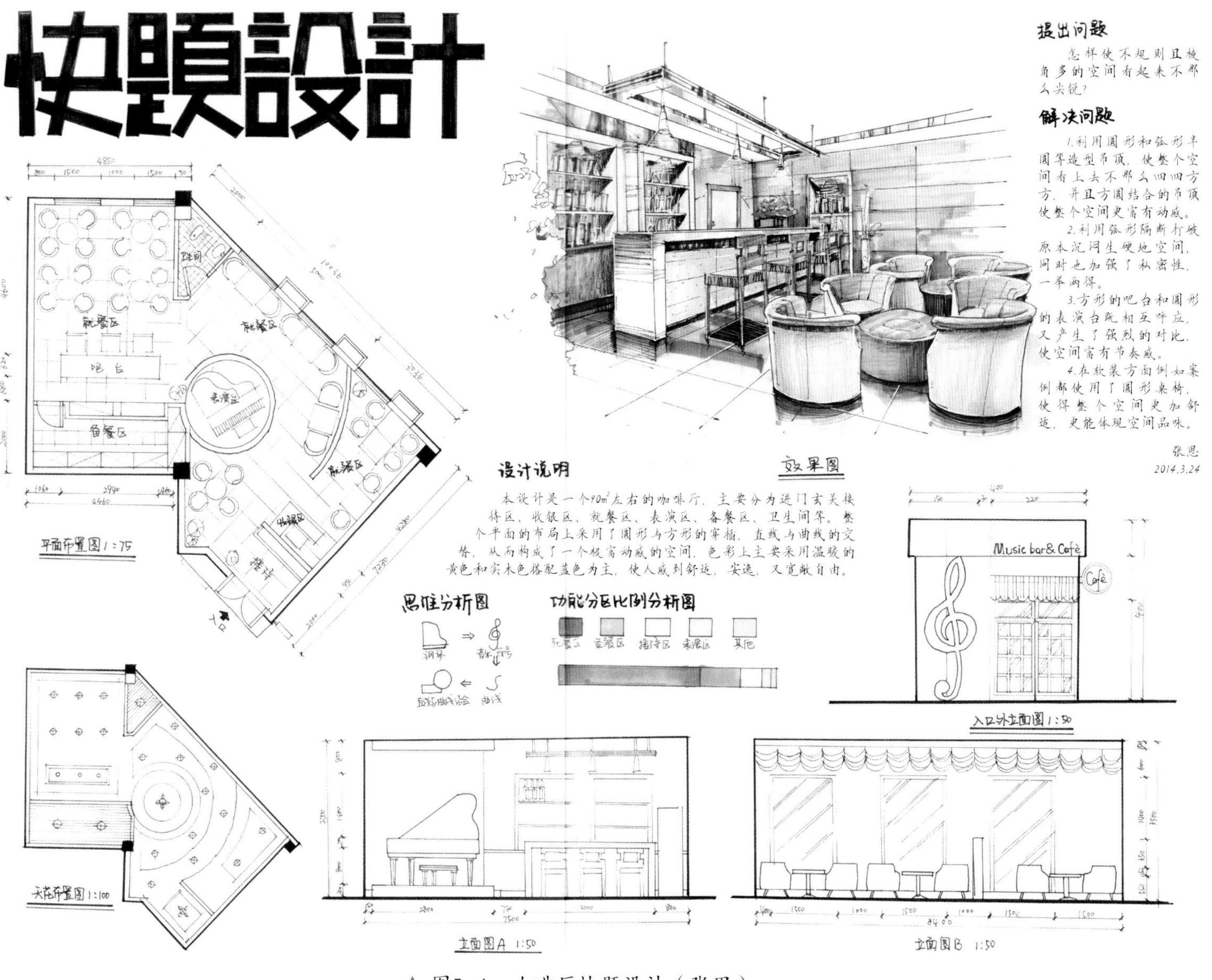

▲ 图5-1　咖啡厅快题设计（张思）

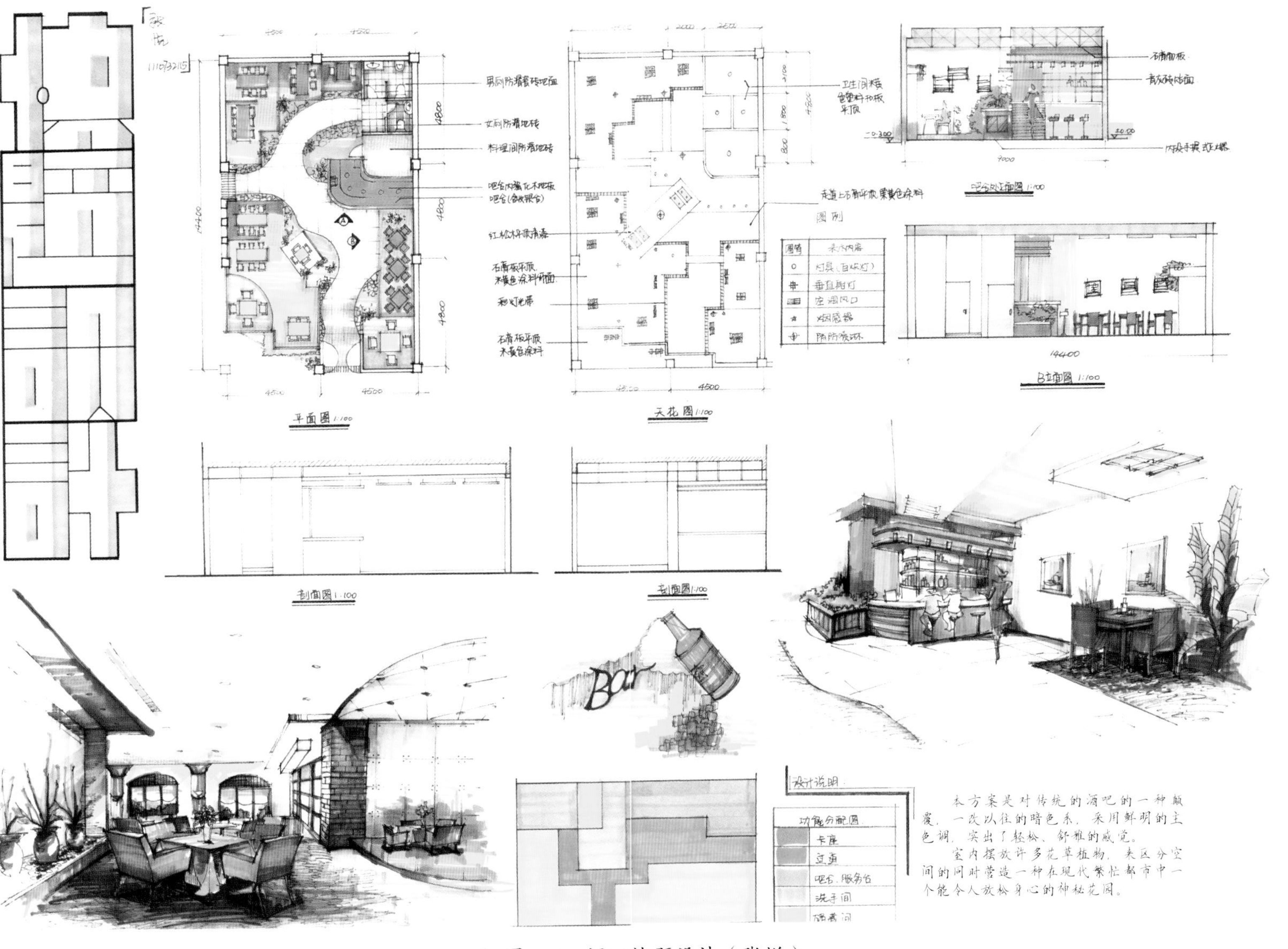

▲图5-2　酒吧快题设计（张悦）

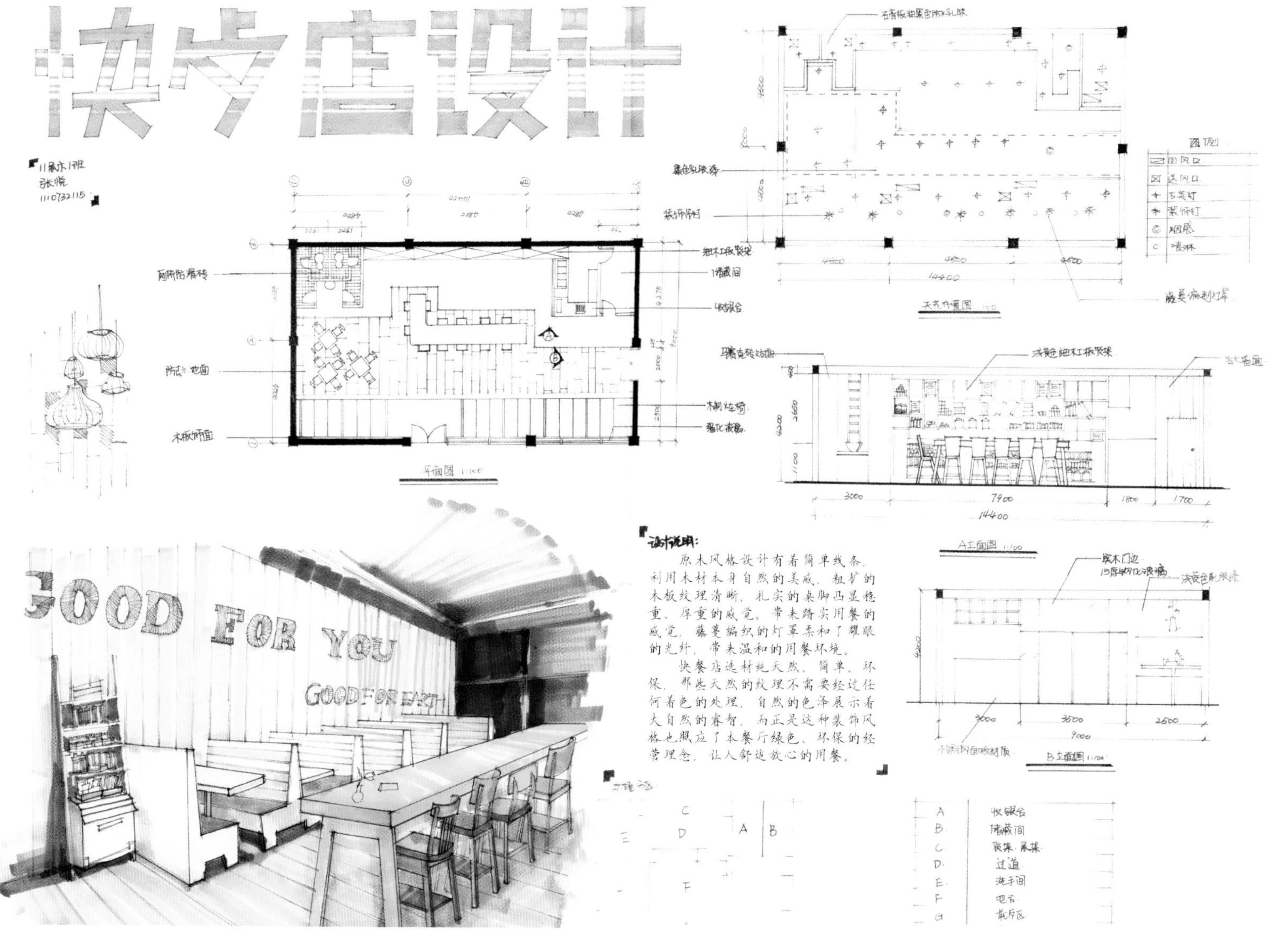

▲图5-3 快餐店快题设计（张悦）

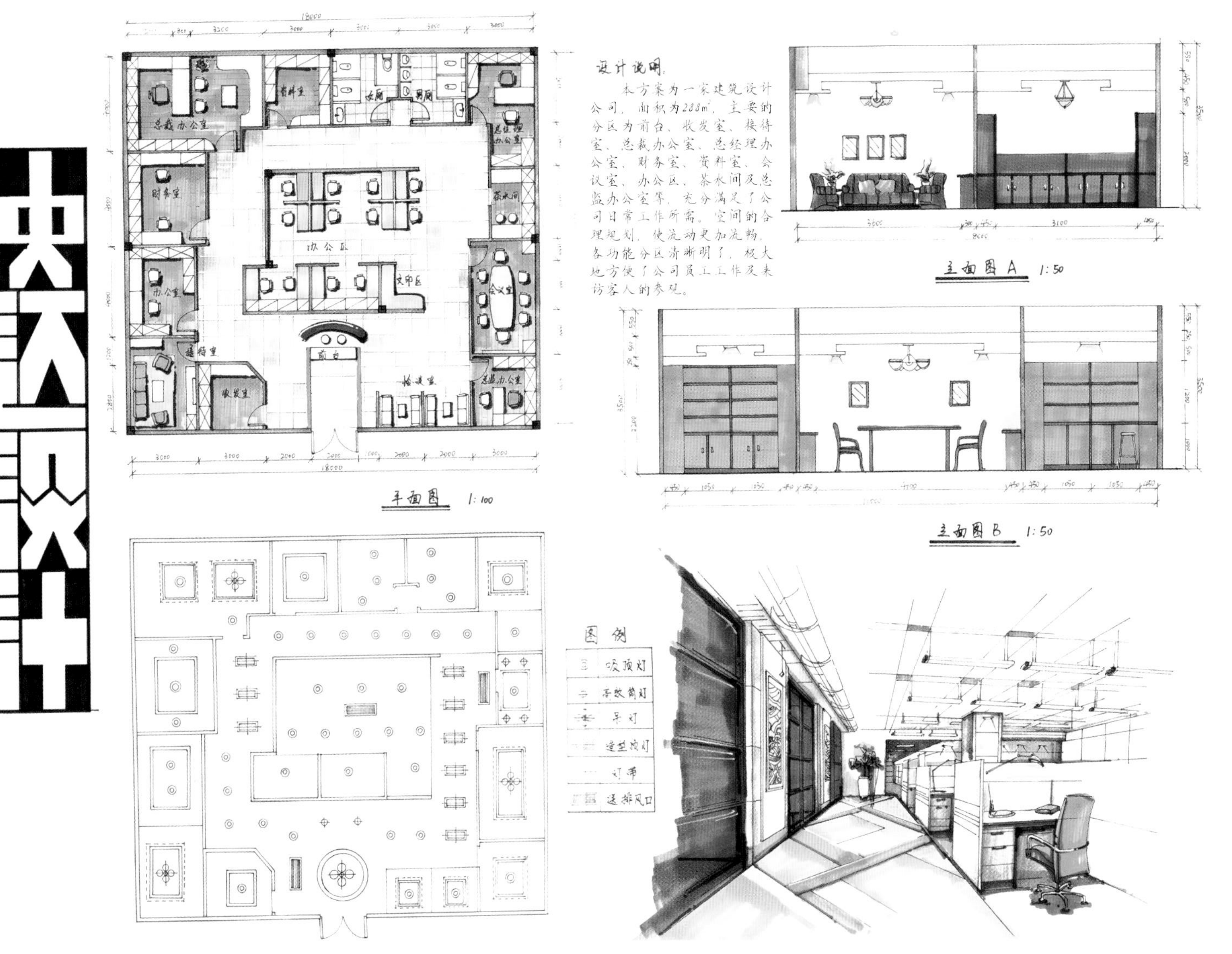

▲图5-4　建筑设计公司快题设计（钟伟婕）

快题设计

设计说明：

本方案设计的是某小区的庭院，以人为主。人与自然相和谐，运用常绿的灌木以及各色的花卉相搭配，四季色彩鲜明。营造了一个令人心旷神怡的庭院环境，创造了一个美好的生活环境。

▲ 图5-5　小区庭院快题设计（佚名）

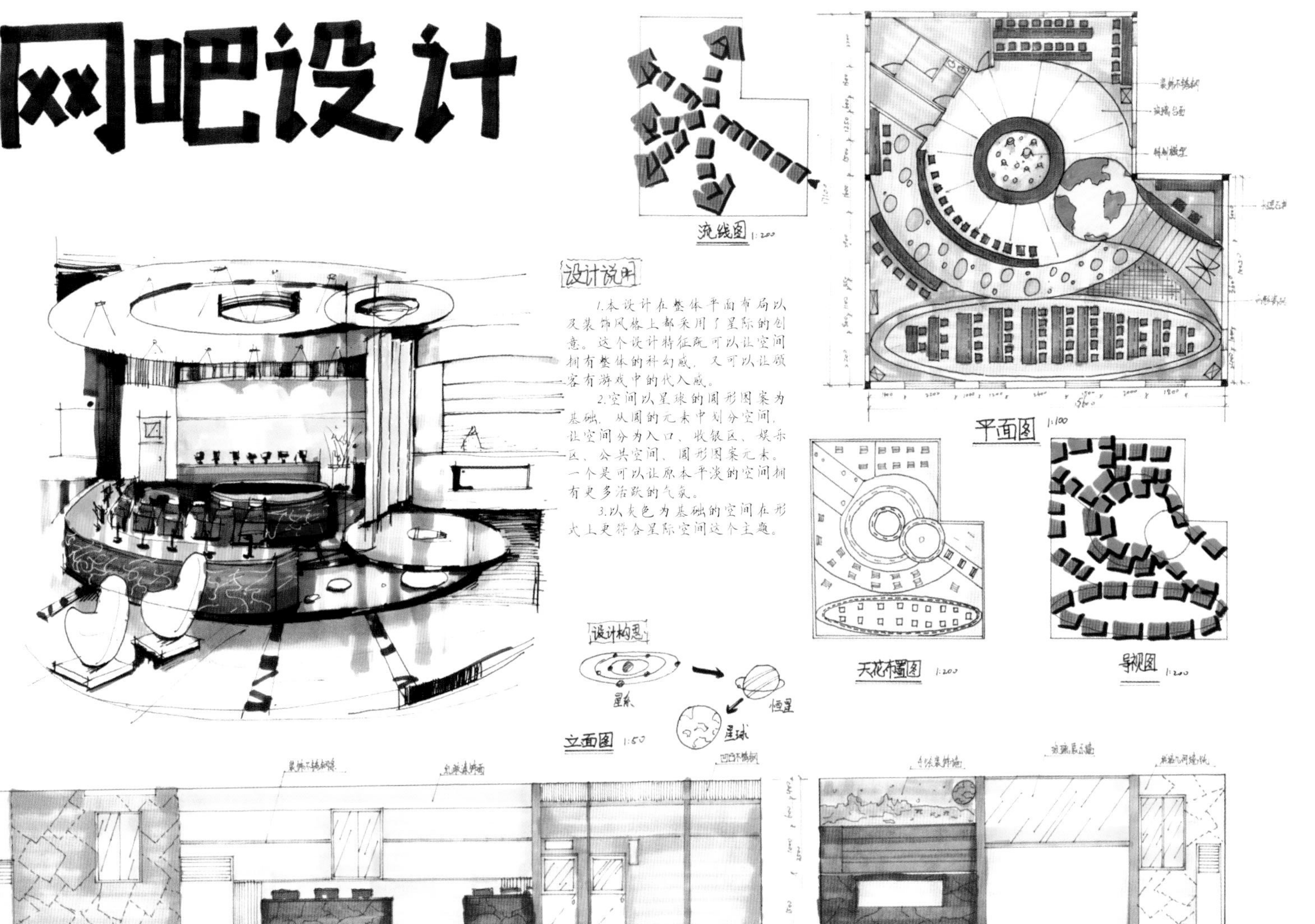

▲图5-6　网吧快题设计（张腾）

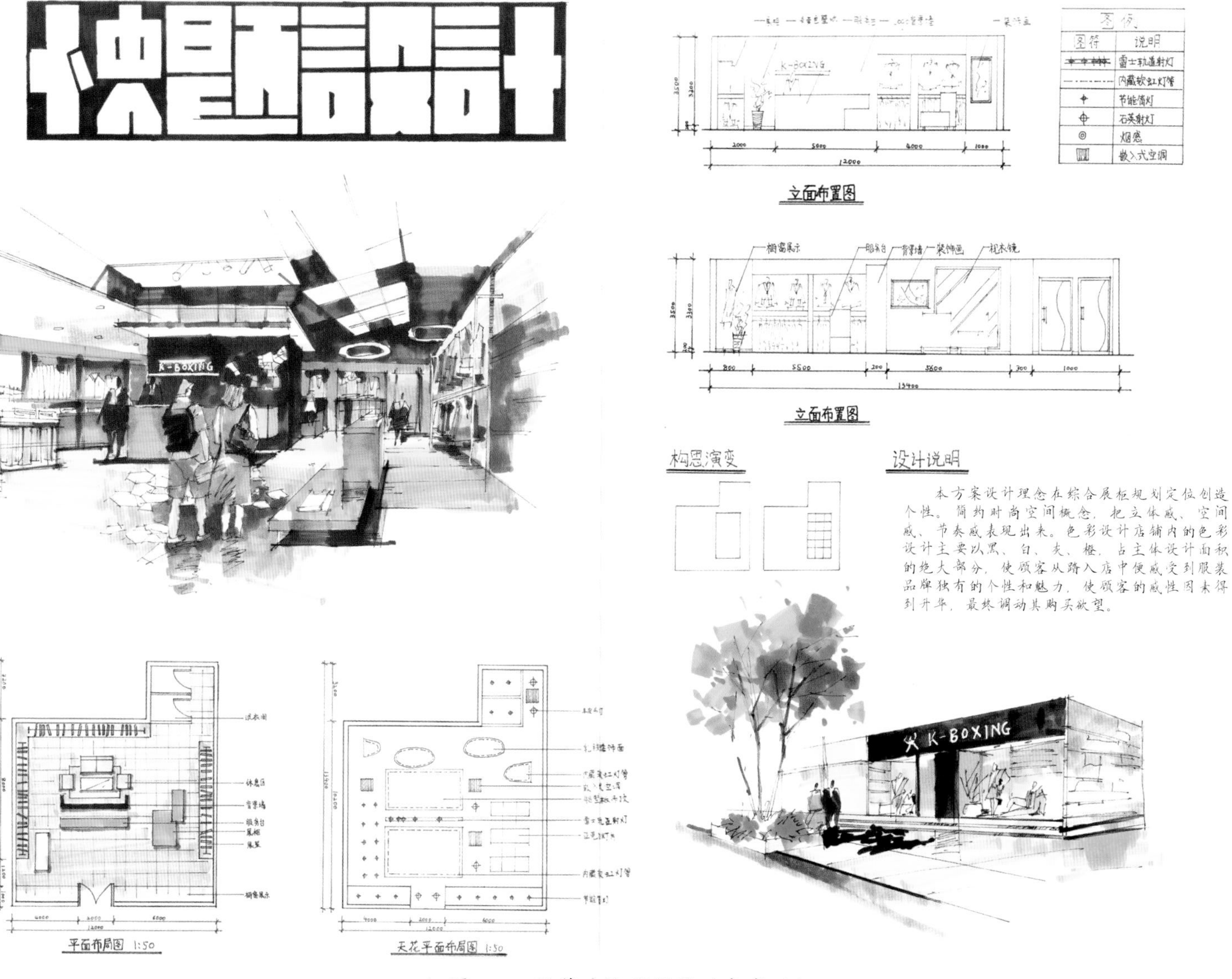

▲ 图5-7 服装店快题设计（李嘉昕）

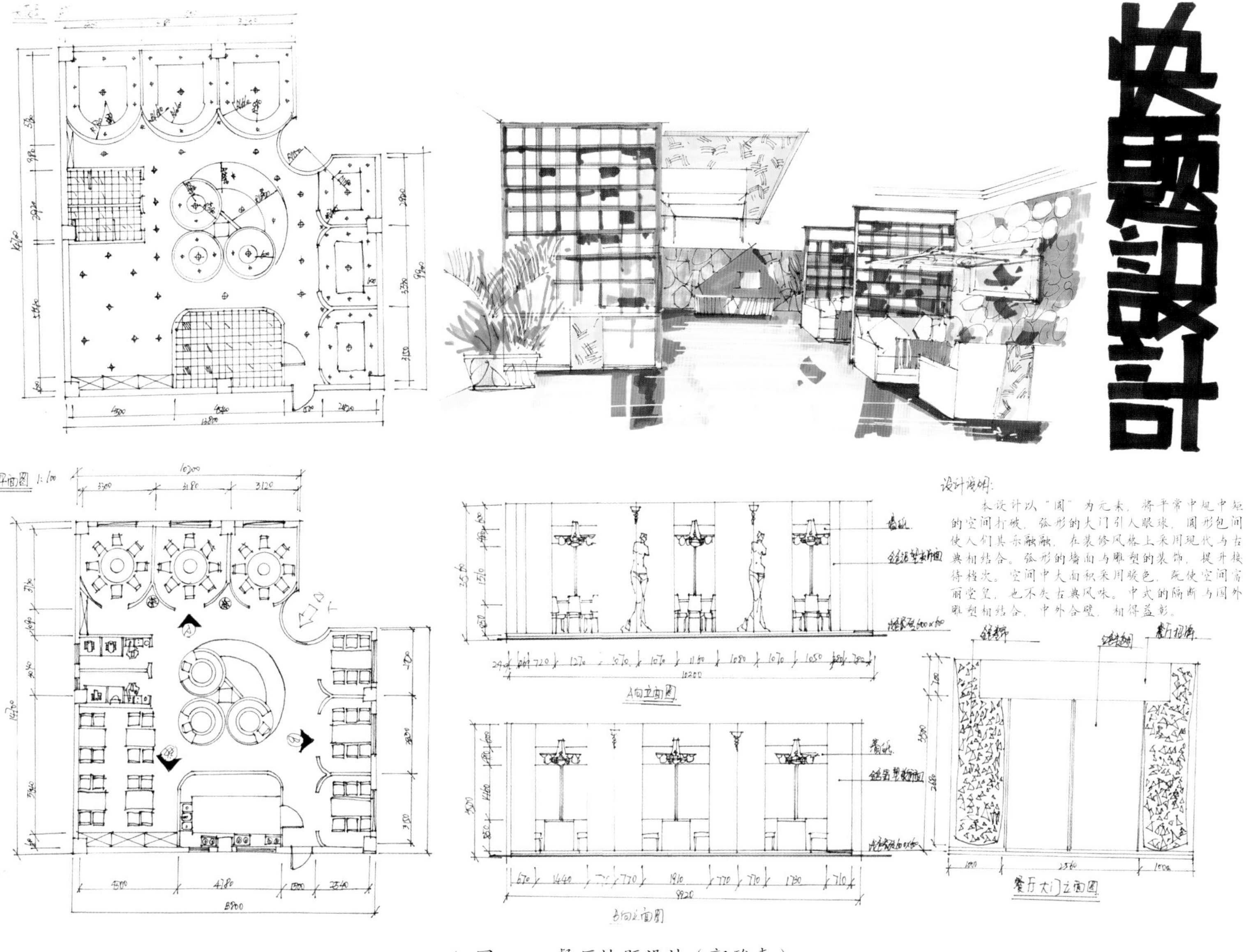

▲图5-8　餐厅快题设计（郭雅惠）

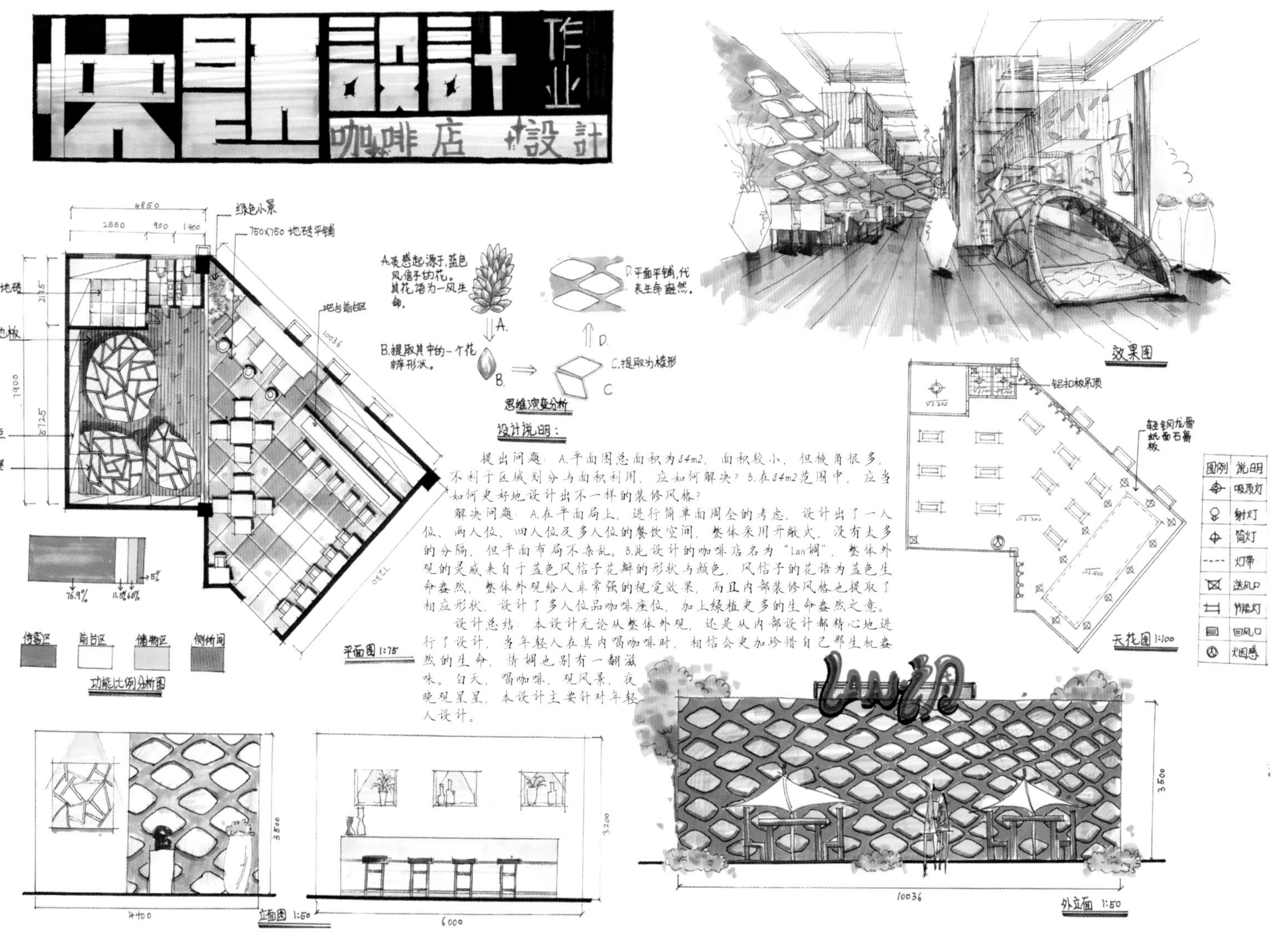

▲ 图5-9 咖啡厅快题设计（孙未靖）

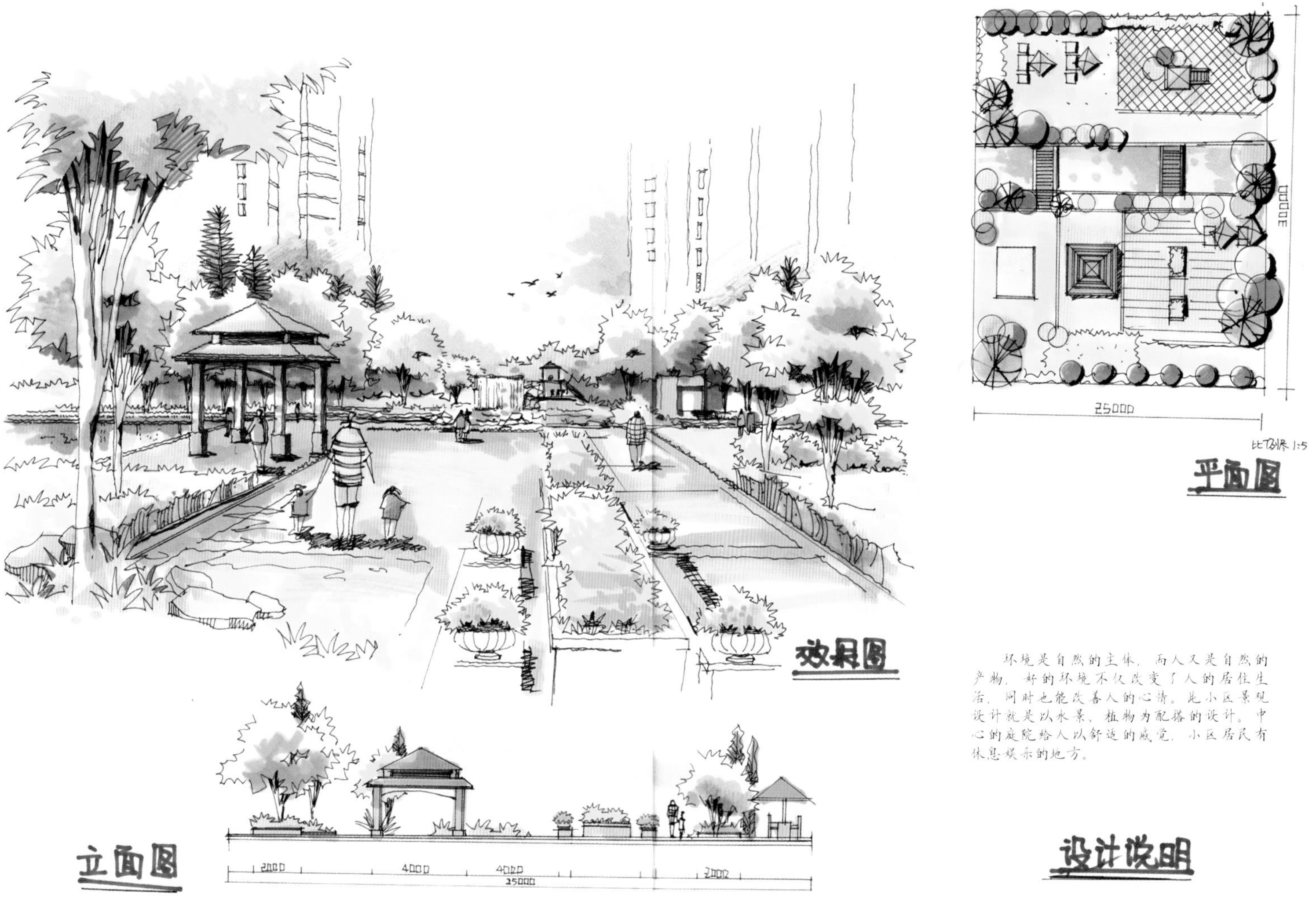

30000
25000
比例尺 1:5
平面图
效果图
环境是自然的主体，而人又是自然的产物，好的环境不仅改变了人的居住生活，同时也能改善人的心情。此小区景观设计就是以水景、植物为配搭的设计。中心的庭院给人以舒适的感觉，小区居民有休息娱乐的地方。
设计说明
2000
4000
4000
2000
25000
立面图

▲ 图5-10　小区景观快题设计（佚名）

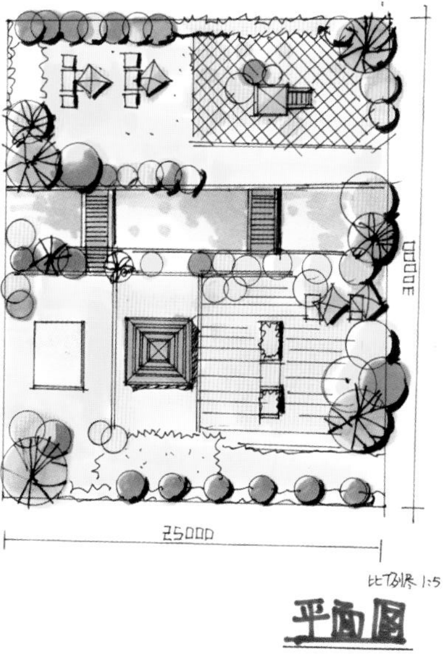

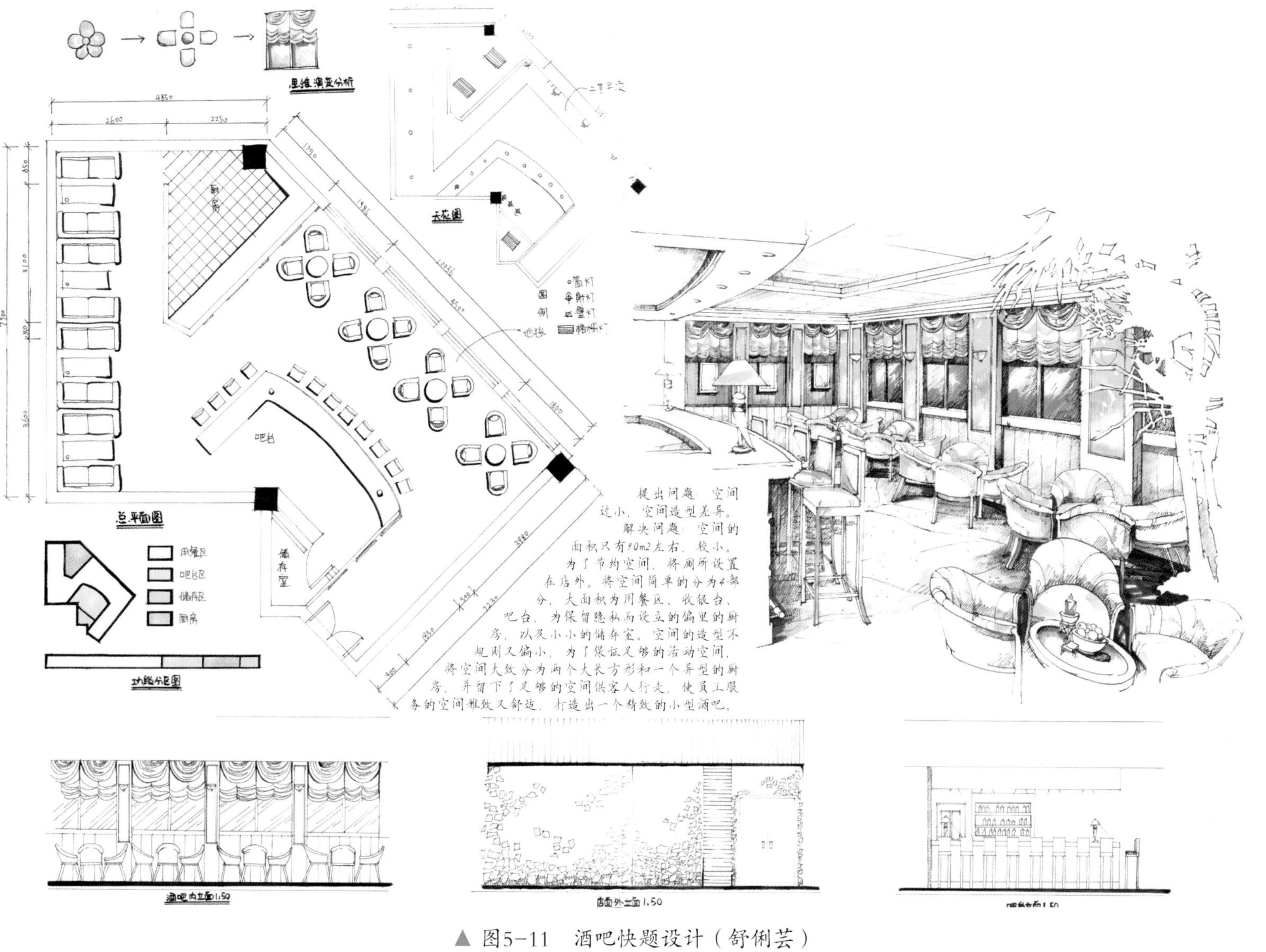

▲ 图5-11　酒吧快题设计（舒俐芸）

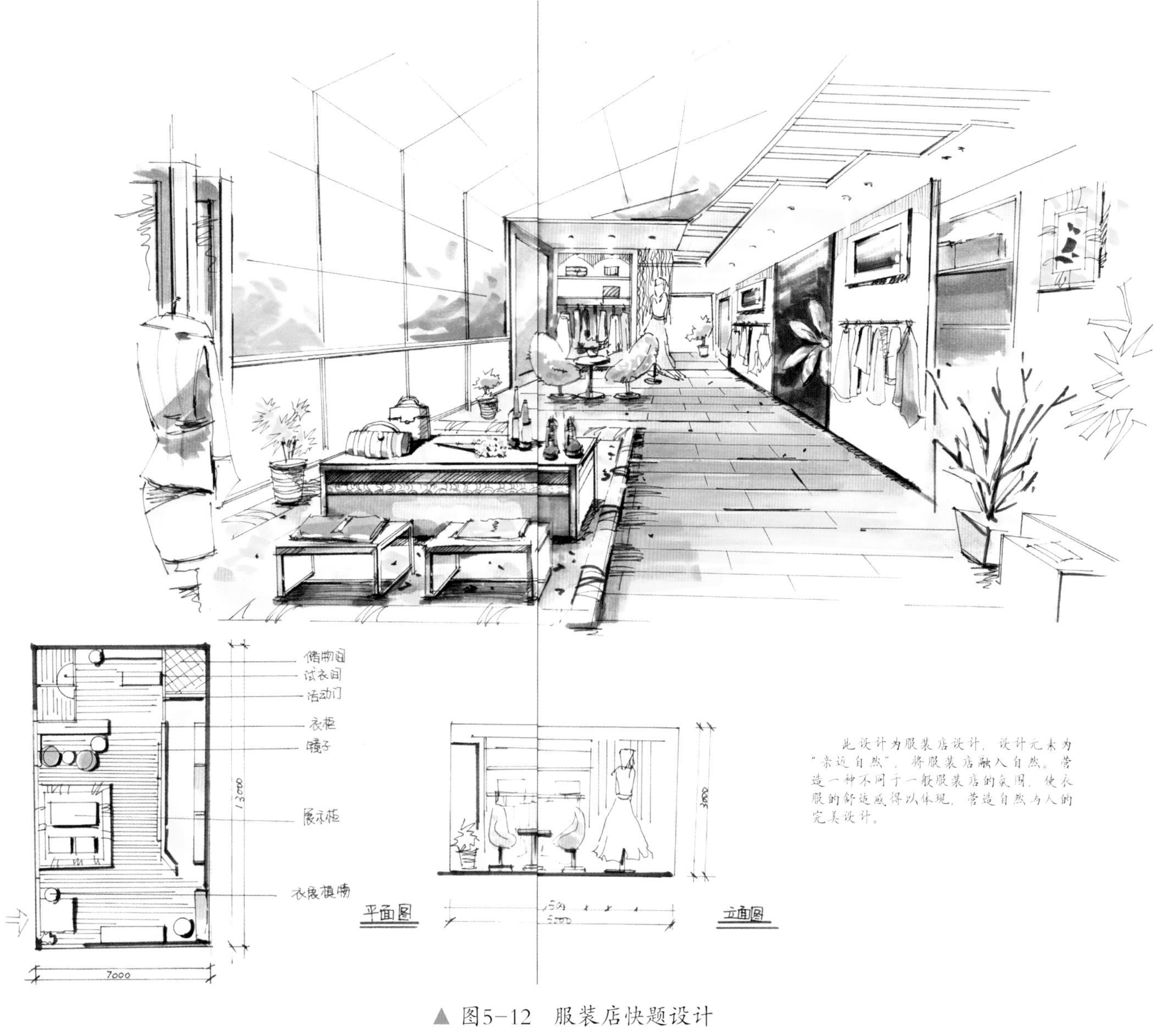

▲ 图5-12 服装店快题设计

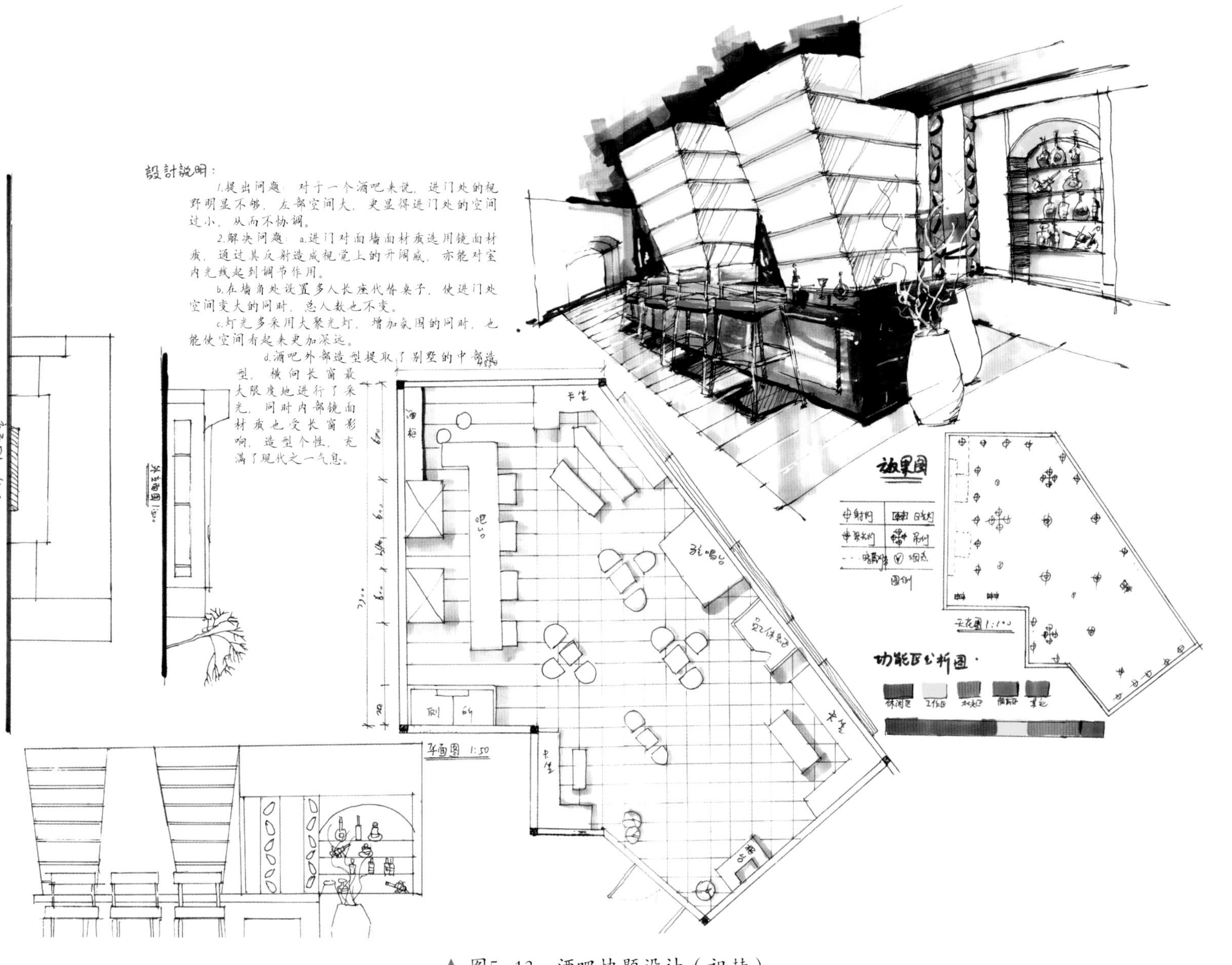

▲ 图5-13 酒吧快题设计（祖赫）

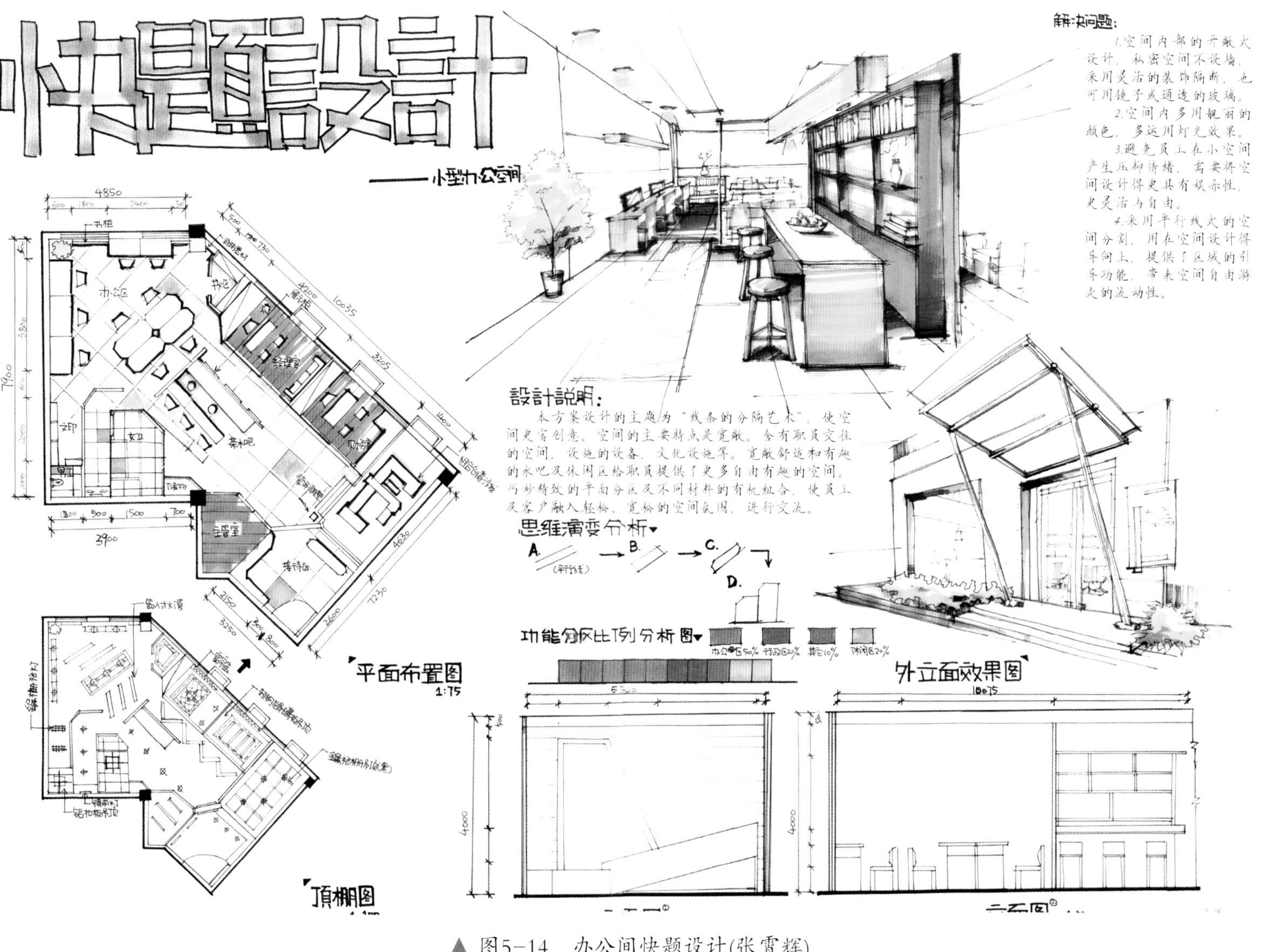

▲ 图5-14　办公间快题设计(张霄辉)

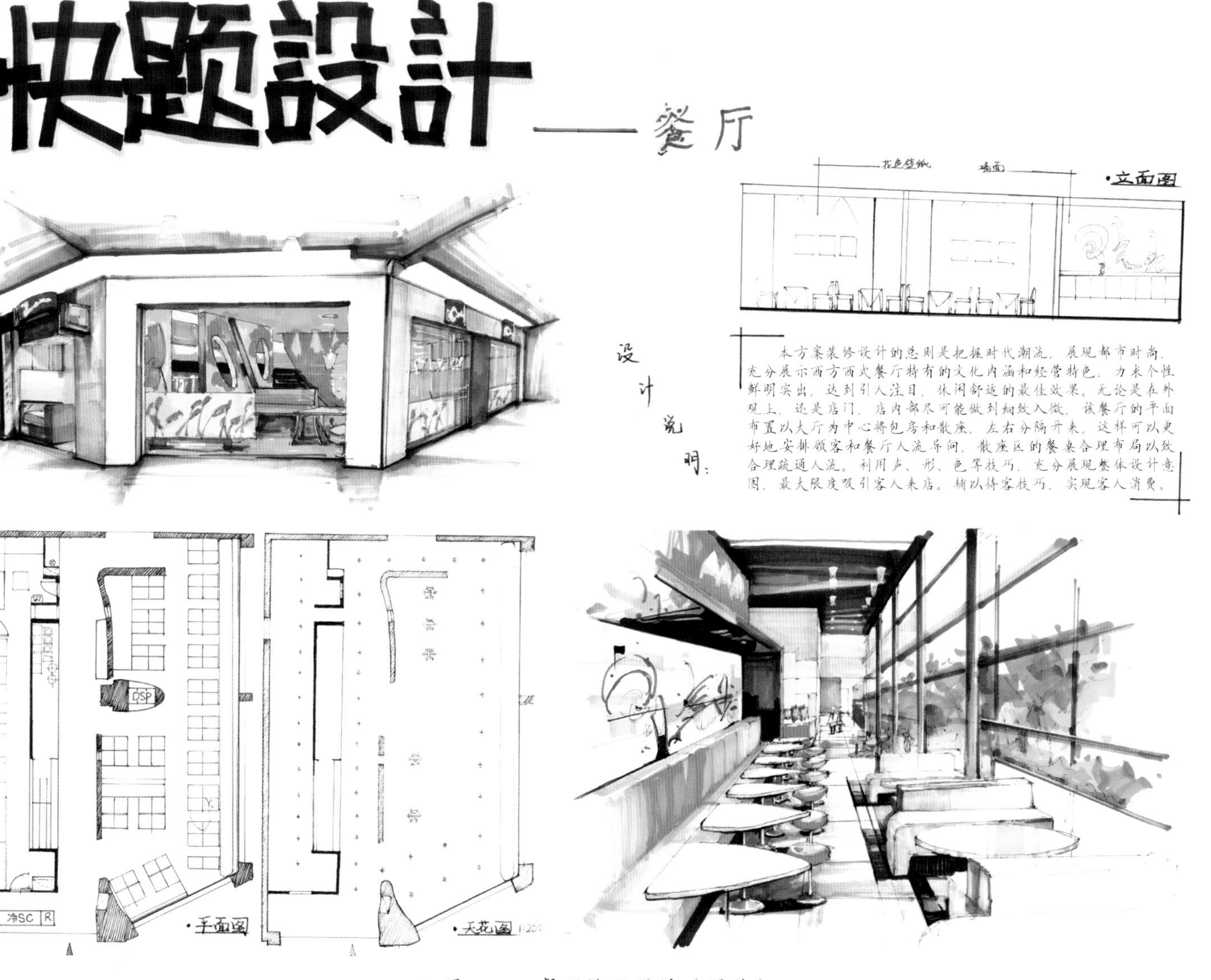

▲图5-15 餐厅快题设计（周艺）

快题设计

设计说明

此设计是一家家具专卖店，其设计最大的特色就是将家具专卖设计成家庭住宅的风格，进入该店给人一种温馨的感觉。从平面图可以看出，设计师分区有客厅、办公室、餐厅等。此空间的装饰风格以“现代”为主，大胆的颜色、夸张的造型，每个空间如同一幅大师的作品，展现着设计师放荡不羁的个性，似乎挑选家具不是简单的购买，而是性格的契合。

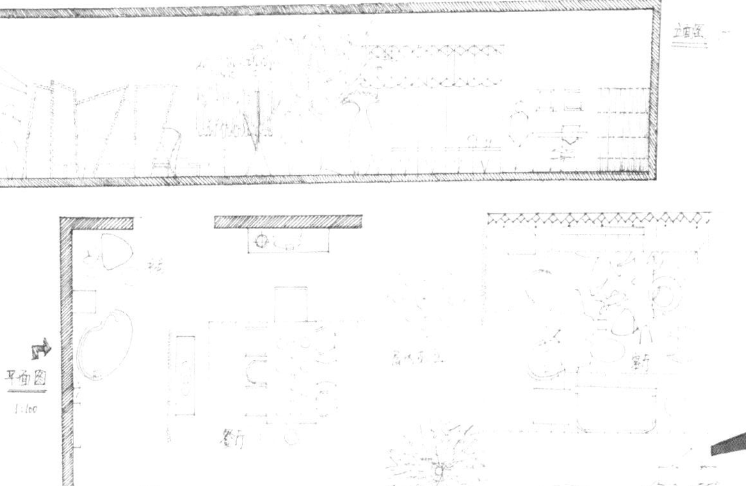

▲ 图5-16　家具专卖店快题设计（郭雅慧）

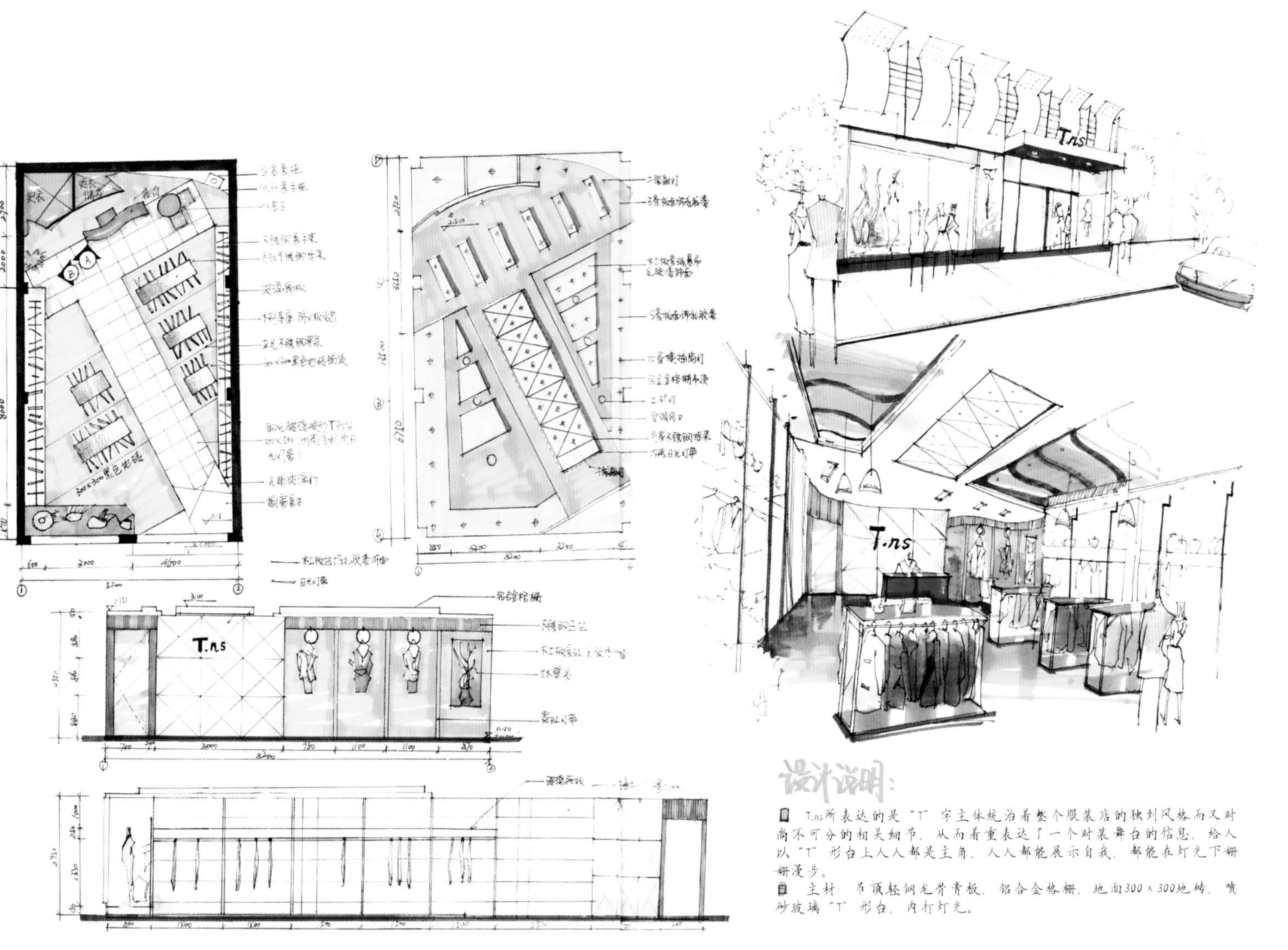

▲ 图5-17 服装店快题设计（陈智玲）

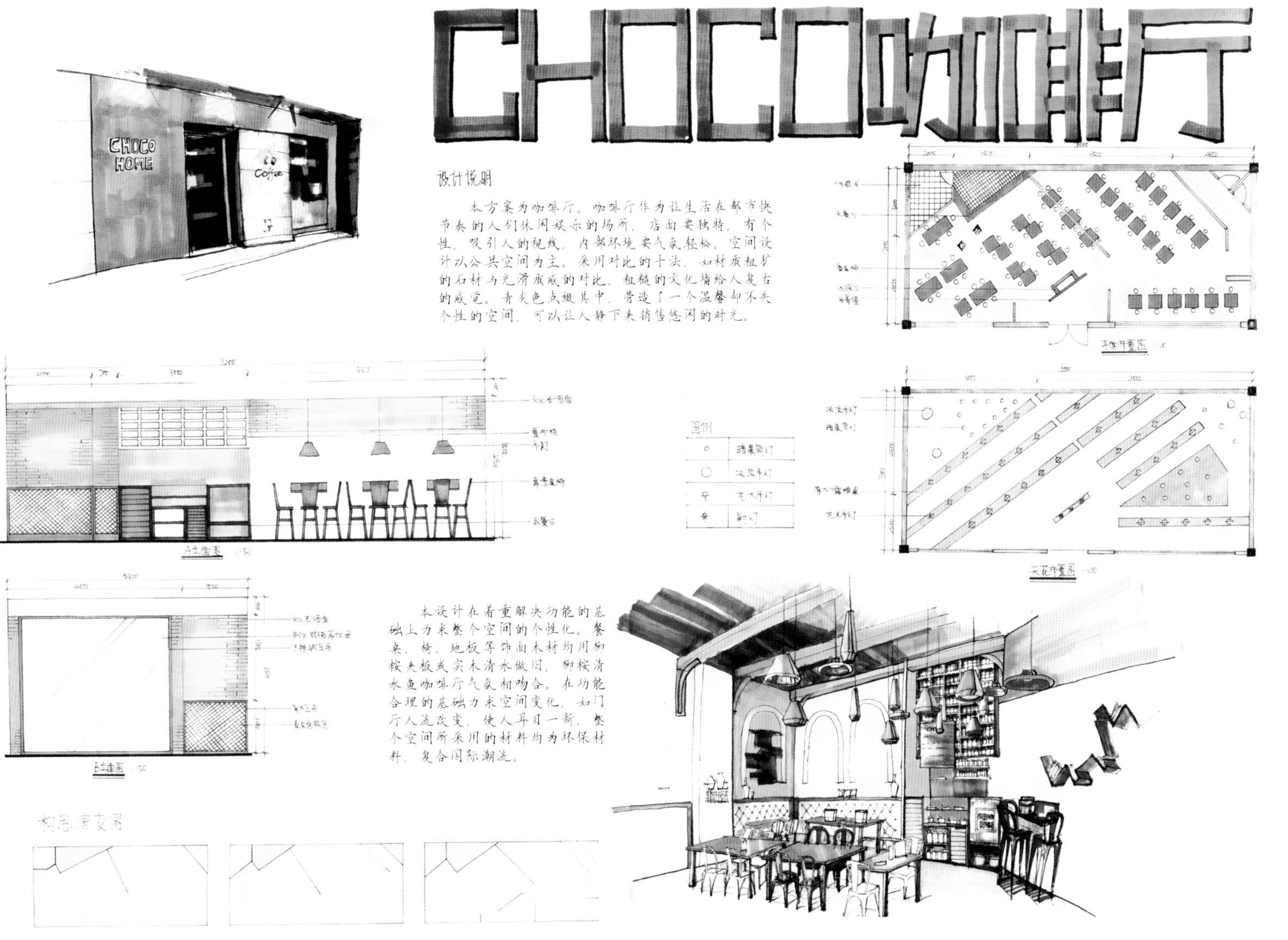

▲图5-18　咖啡厅快题设计（陈悦）

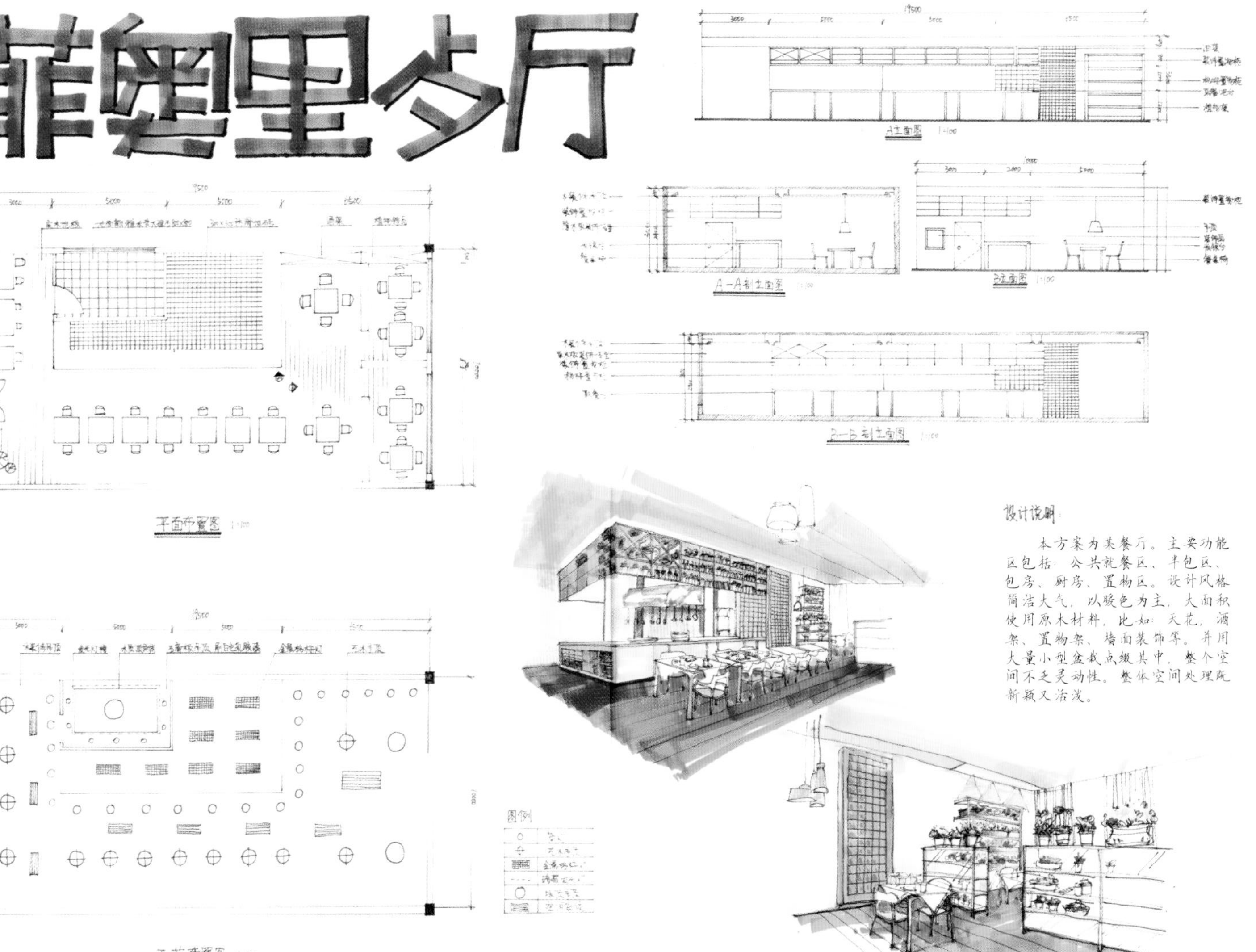

▲图5-19 餐厅快题设计（陈悦）

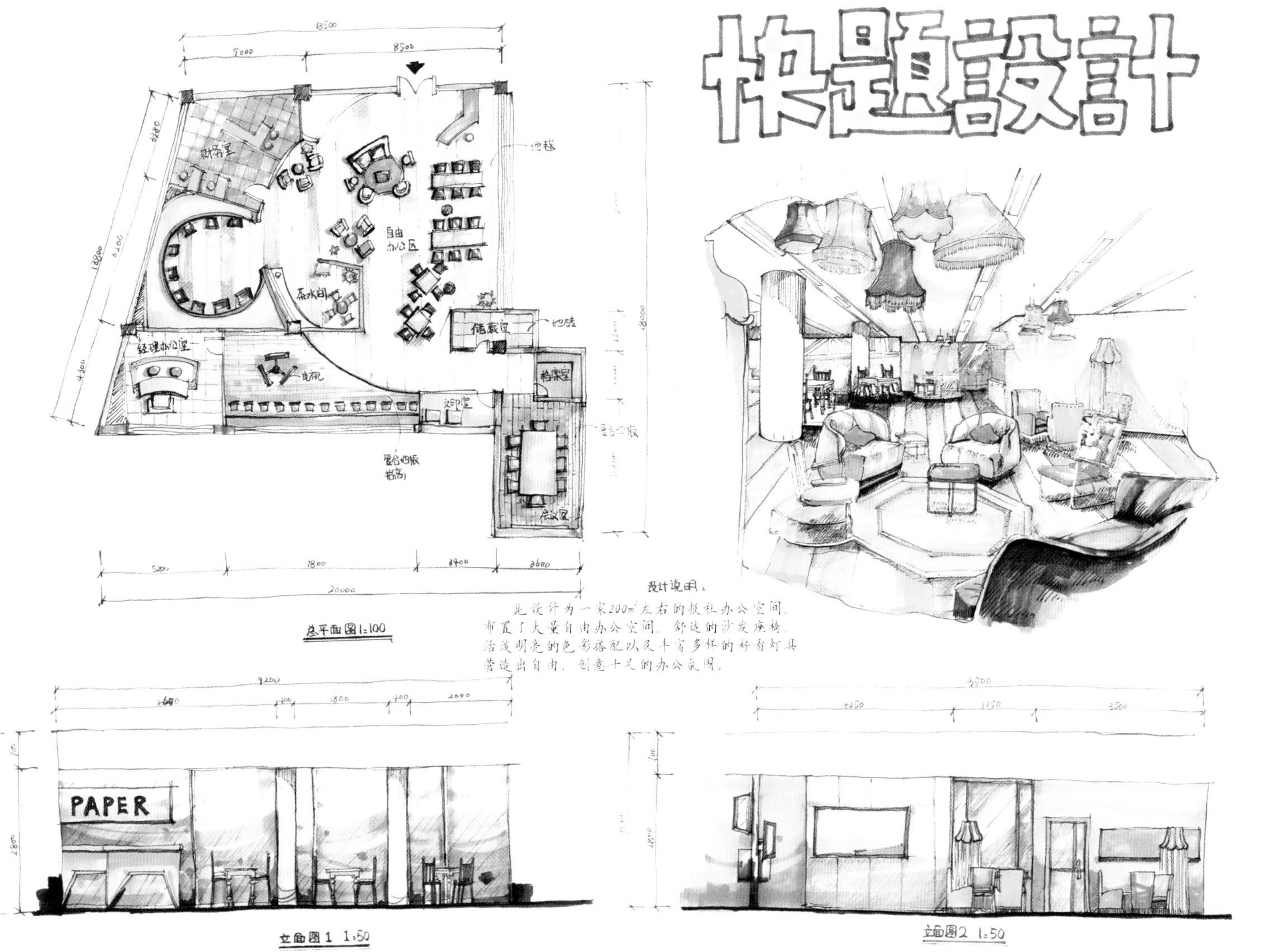

▲ 图5-20　报社办公室快题设计（舒俐芸）

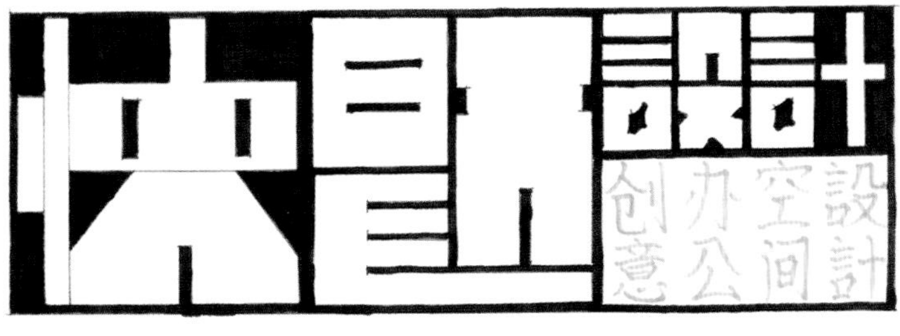

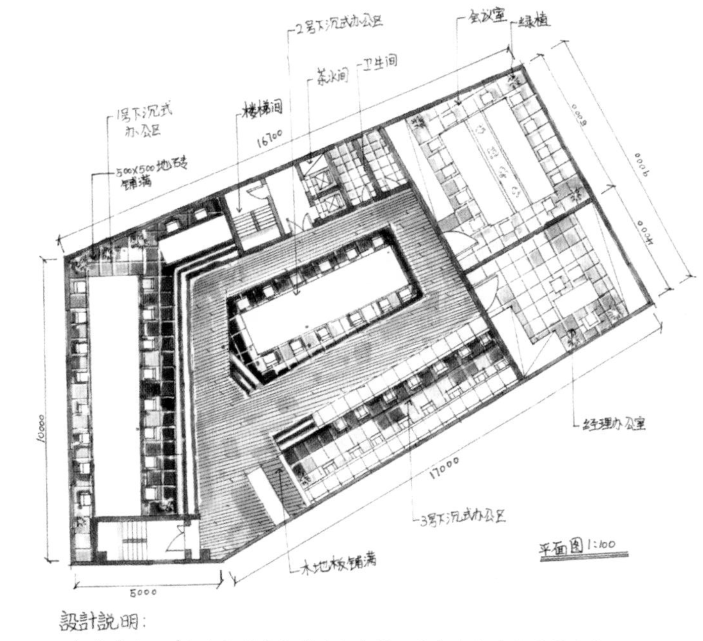

設計説明：

本设计为200m²左右的创意公司办公空间，其主办公方式采用开敞式，具体设计特点如下：a.由于办公室面积比较小，所以办公空间采用下沉式办公空间设计，这样设计既节约空间（下沉处可用来储藏文件），又可以巧妙地将办公区域分出，还在形式上比较符合创意公司灵活有想法的特点。b.本方案设计注重轻松办公的概念，所以多处设计出了绿植区。c.在每个下沉工作区之间的过道宽度上，都有意设计得比较宽，这是为了便于工作人员直接在地面上工作，节约空间，且不影响过道本身的功能作用。

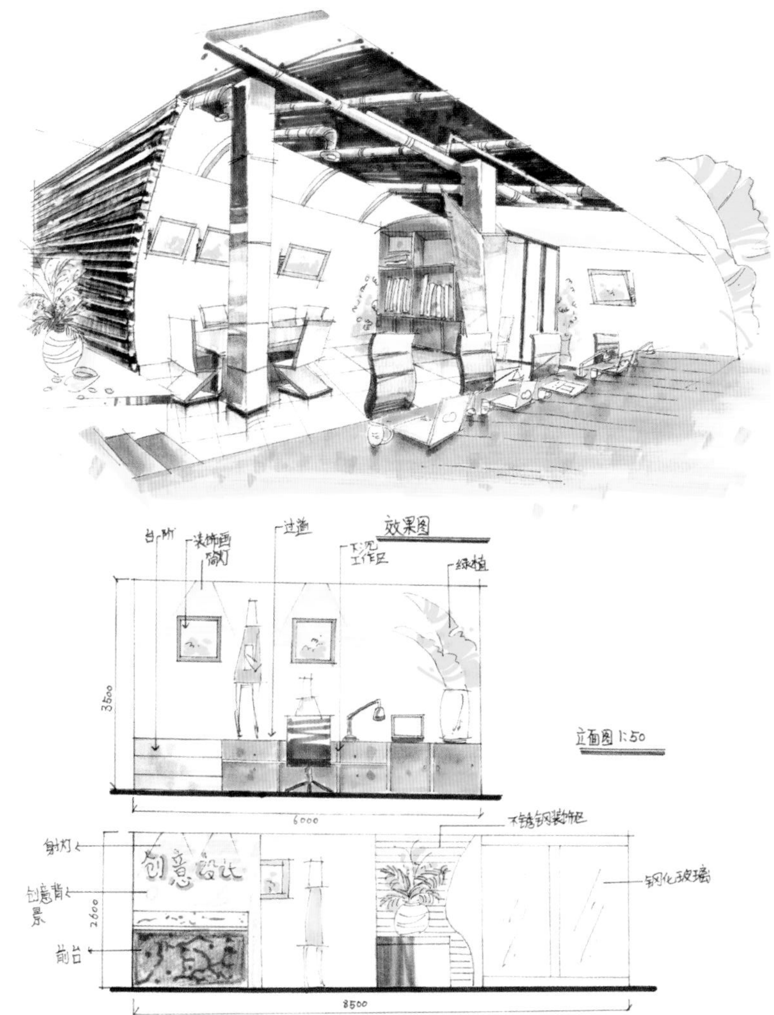

▲ 图5-21　办公间快题设计（孙未靖）

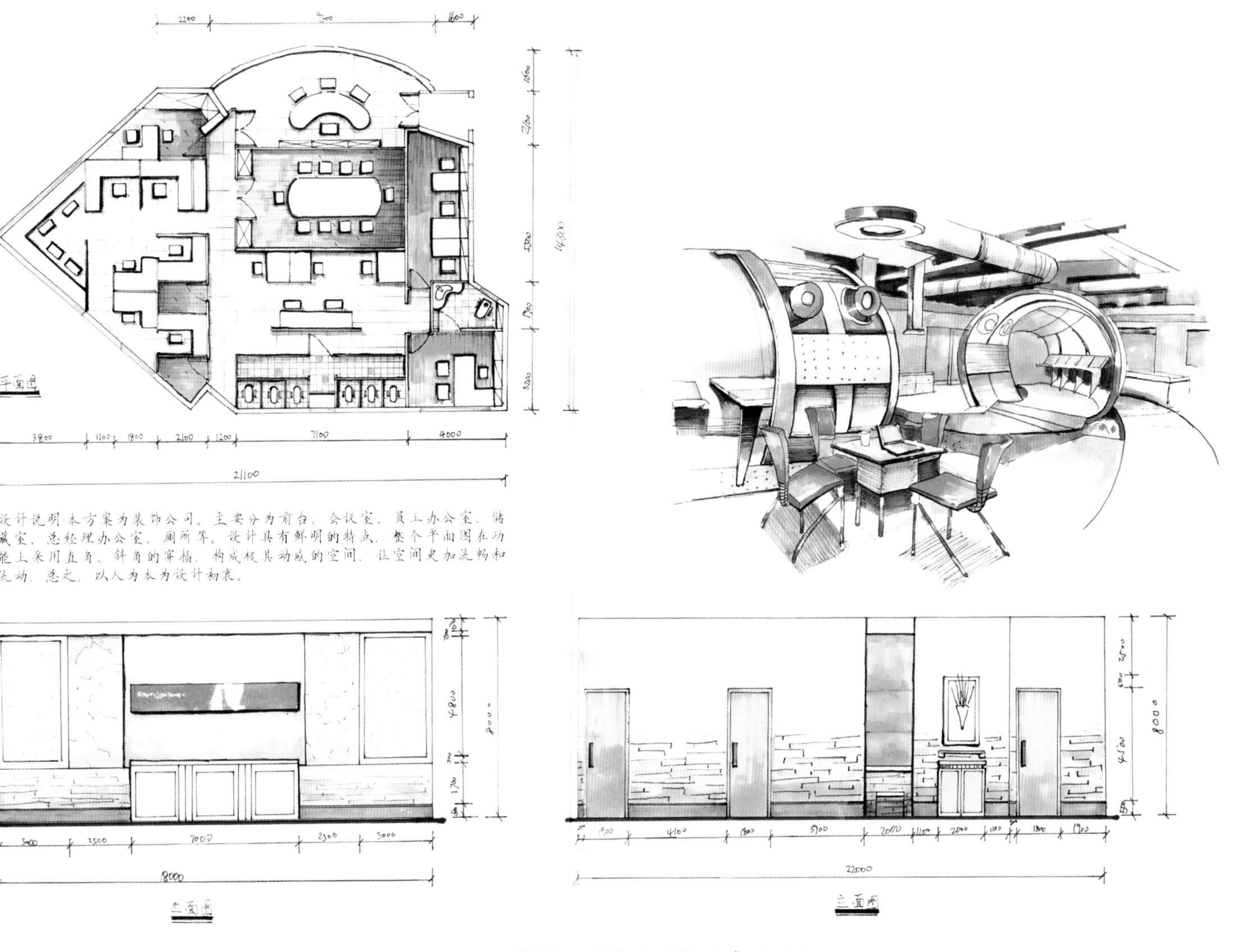

▲ 图5-22　装饰公司快题设计（李廷廷）

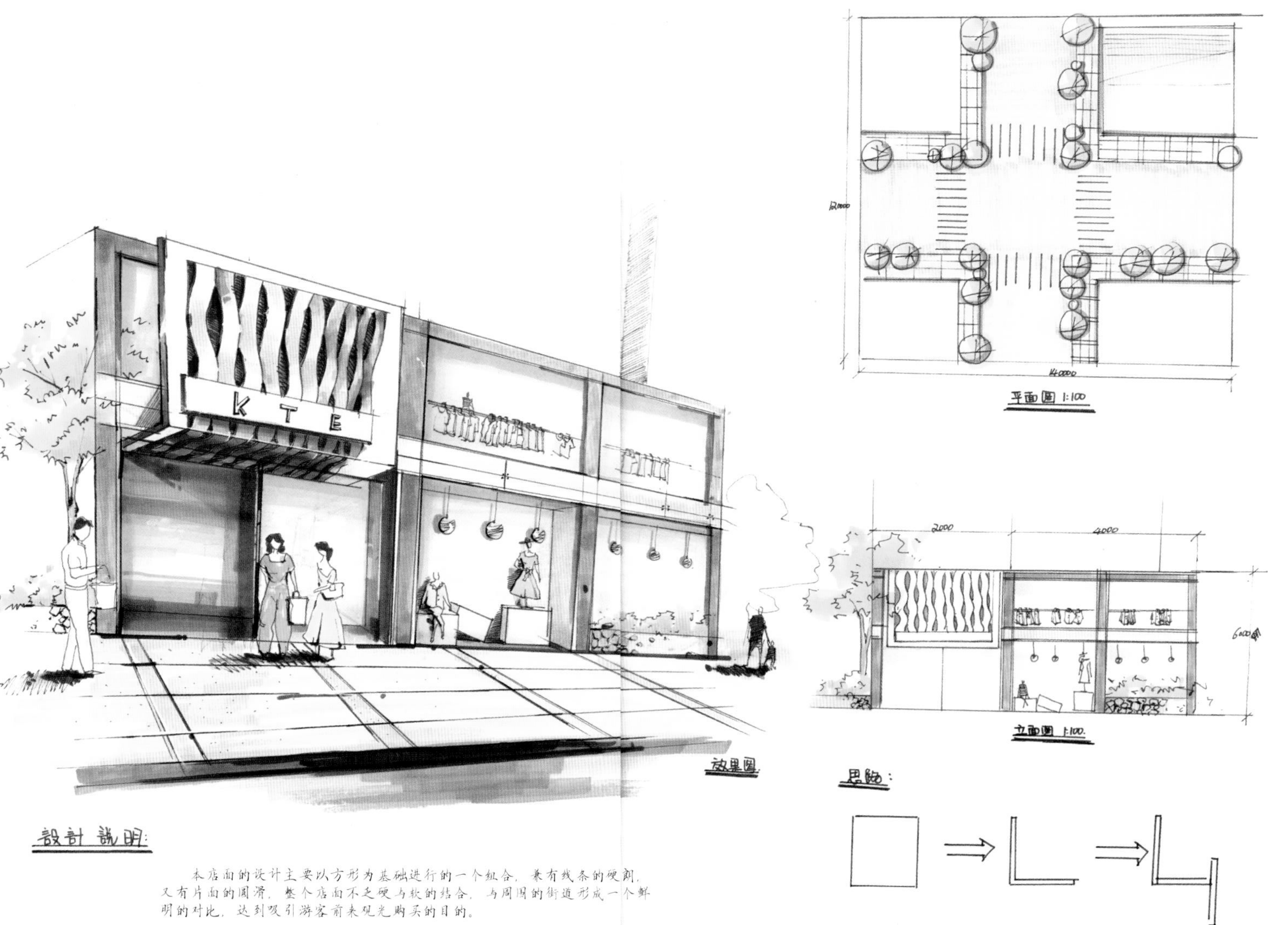

▲ 图5-23 服装店快题设计（佚名）

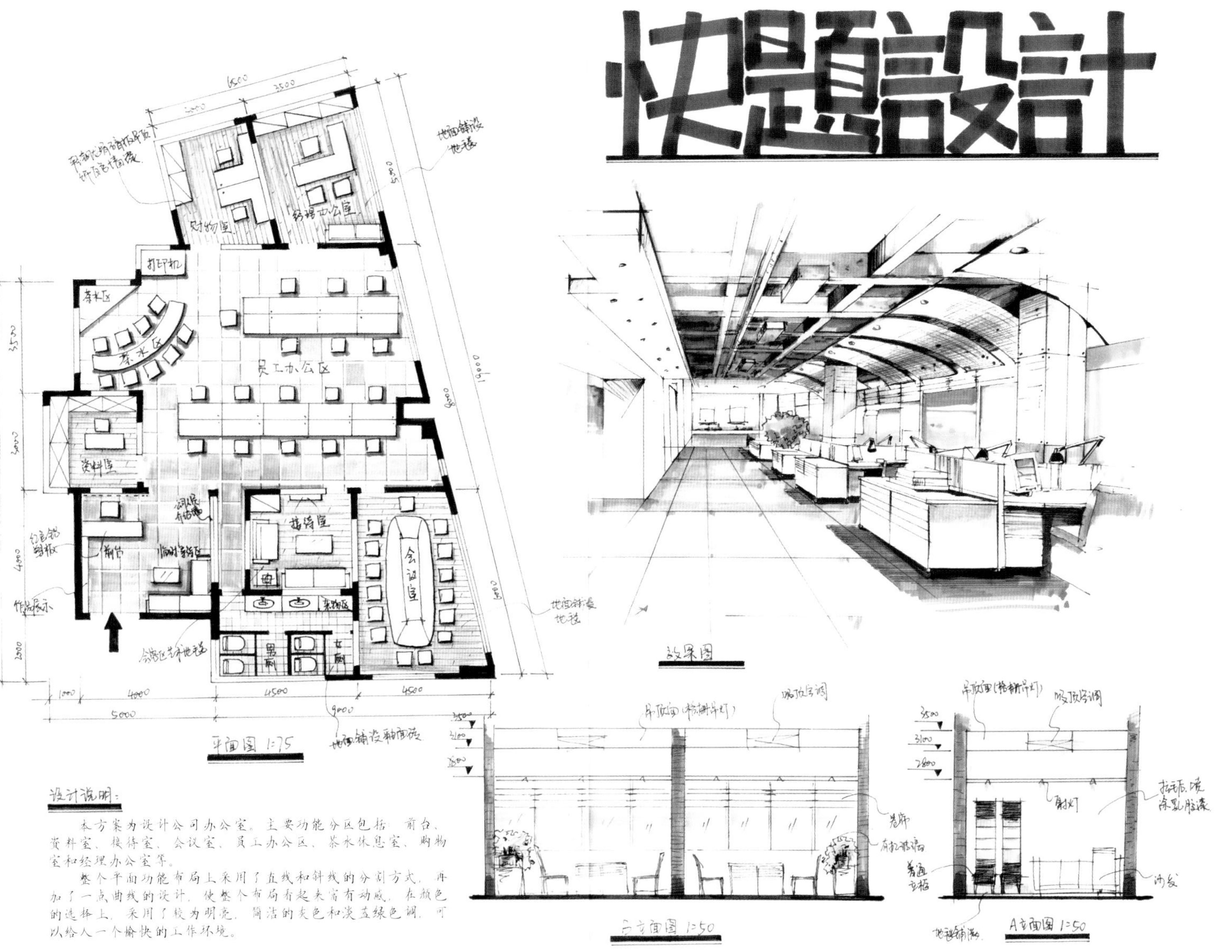

▲ 图5-24　设计公司办公室快题设计（徐莎莎）

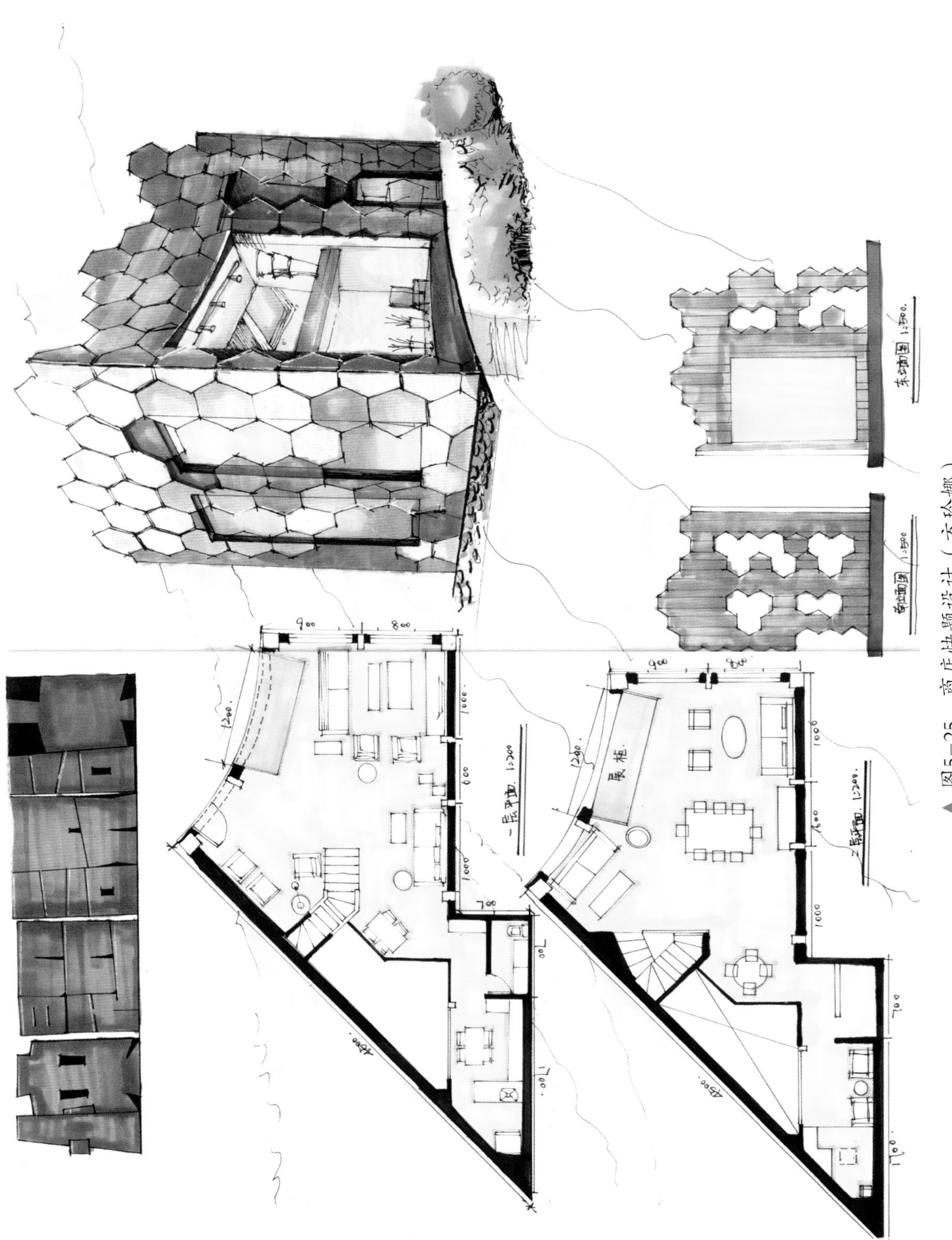

▲ 图5-25 商店快题设计（方玲娜）

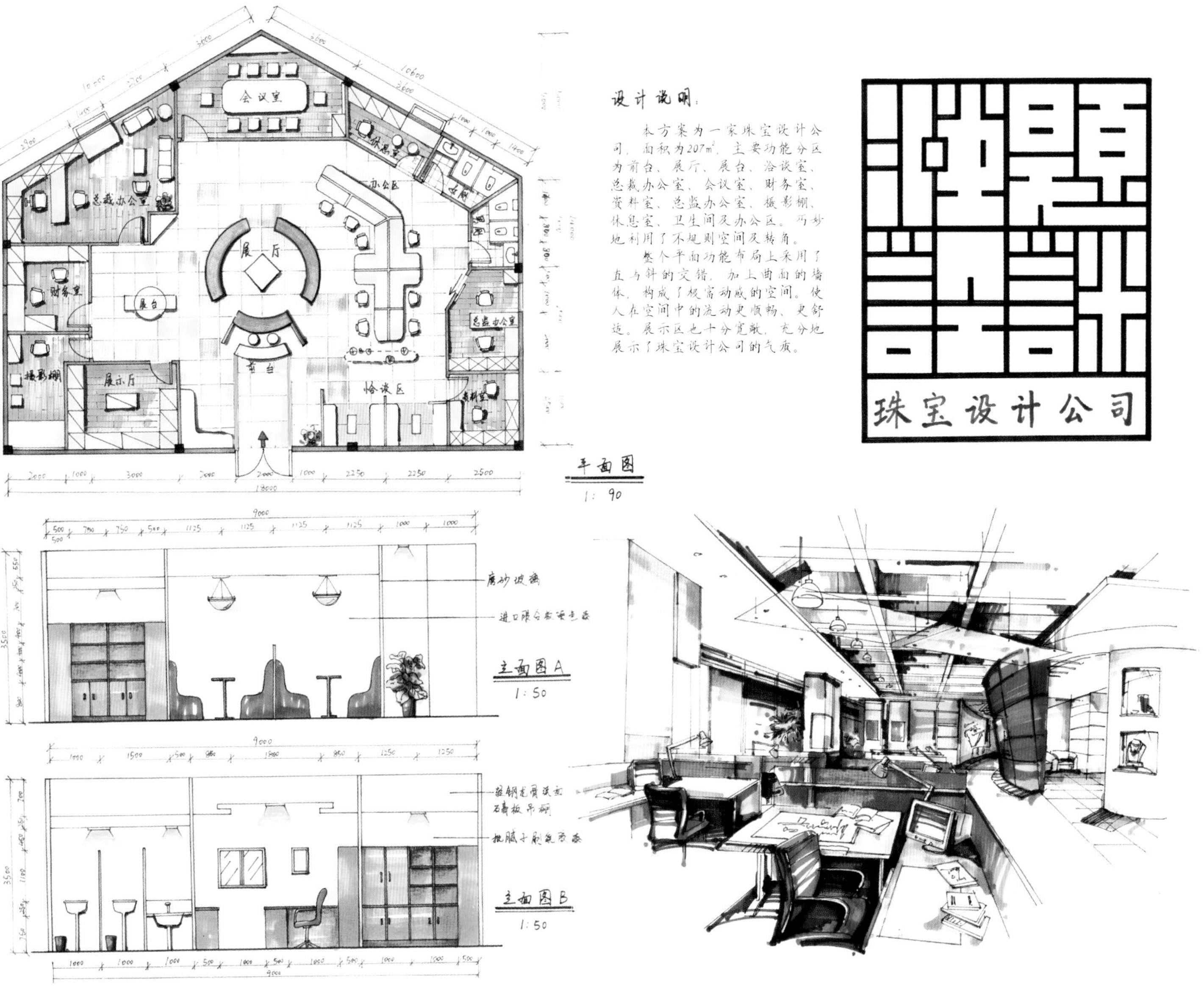

▲图5-26　珠宝设计公司快题设计（钟伟婕）

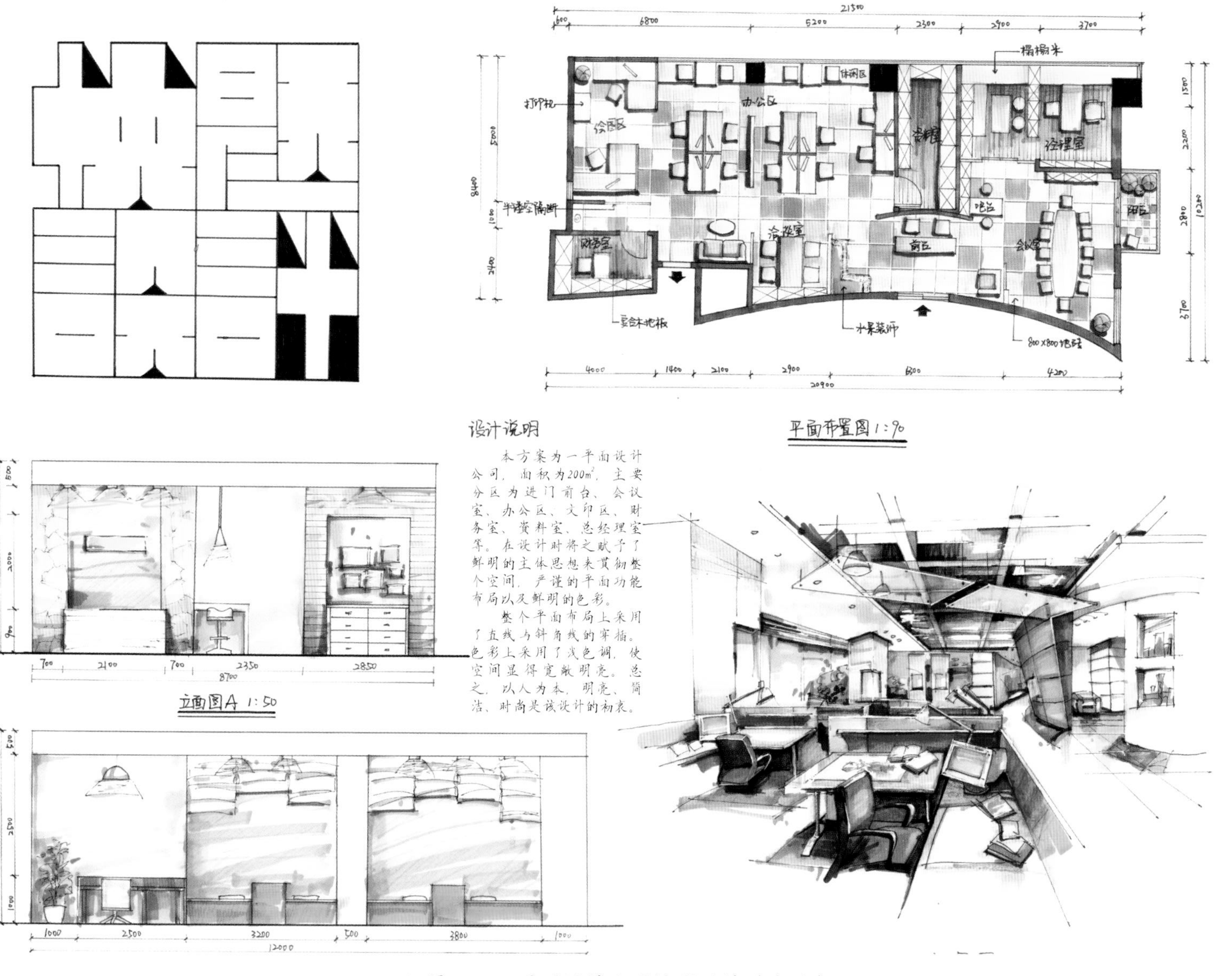

▲ 图5-27 平面设计公司快题设计（张思）

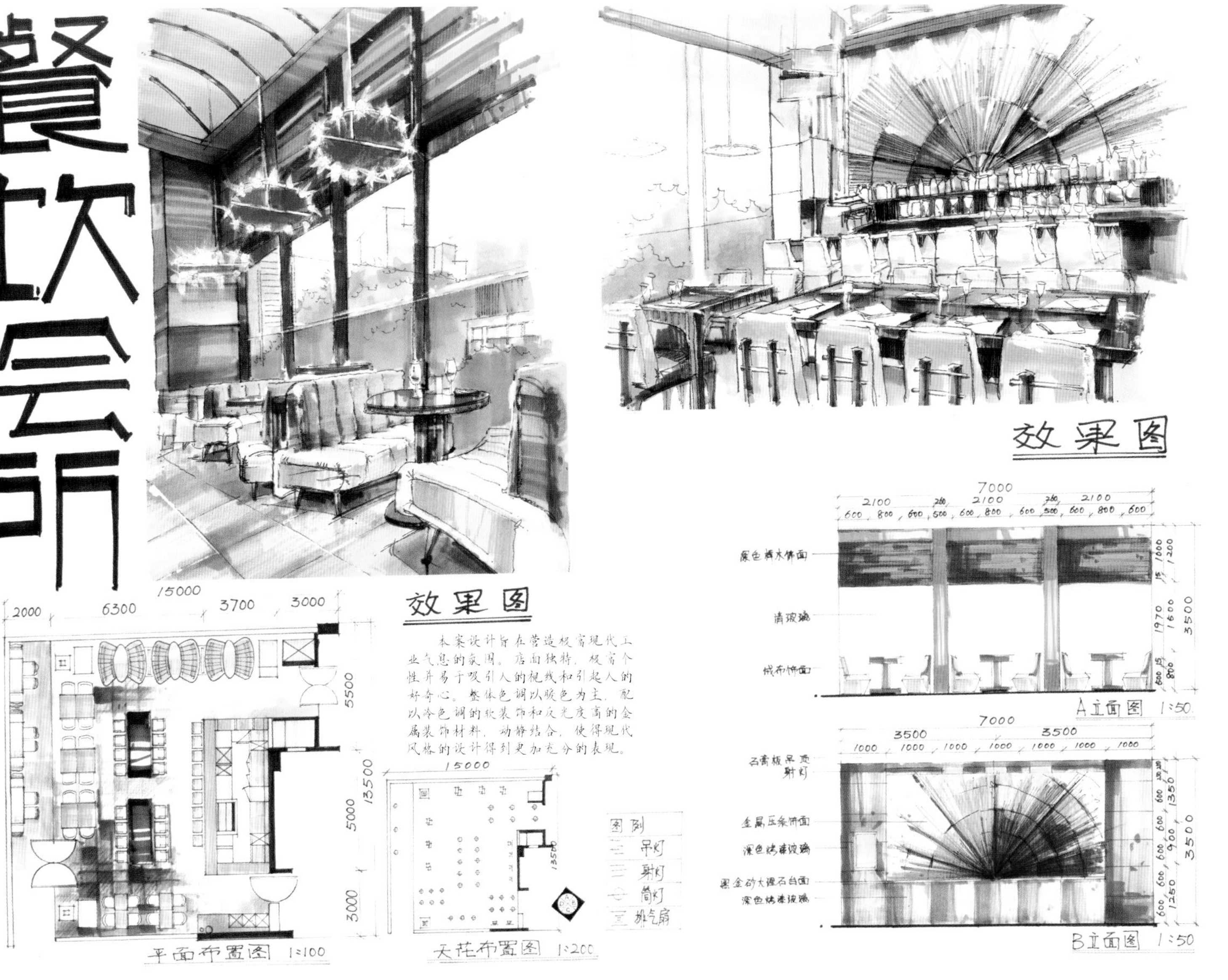

▲图5-28 餐饮会所快题设计（王冬香玉）

服装专卖店

設計說明

该专卖店内部主要结构是两个巨大的圆锥体，都是由玻璃制成，这一设计是对传统设计理念的颠覆。将成为引人注目的结构而且它还可以引导顾客的走向。

同时，两个大型重叠的白色天花板圆盘的中心，由已已力天花制成，为整个展区带来了一种动感与旋转的氛围。天花板下面的展区则是由一个盘旋的圆盘组成，底层的展示圆盘带有LED灯，音乐响起的时候可以变换灯光颜色。

在中央展示区的一边还有一个引人注目的设计，四个换衣间的外观由一个白色圆柱组成。圆柱采用半透明有机玻璃，其上还画有一女子的模糊形象，整个设计富有生动性。

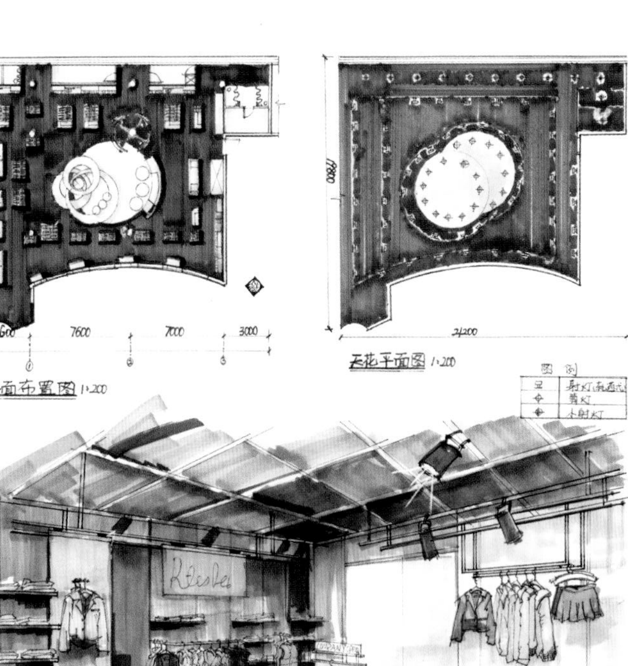

▲ 图5-29 服装店快题设计（曹智慧）

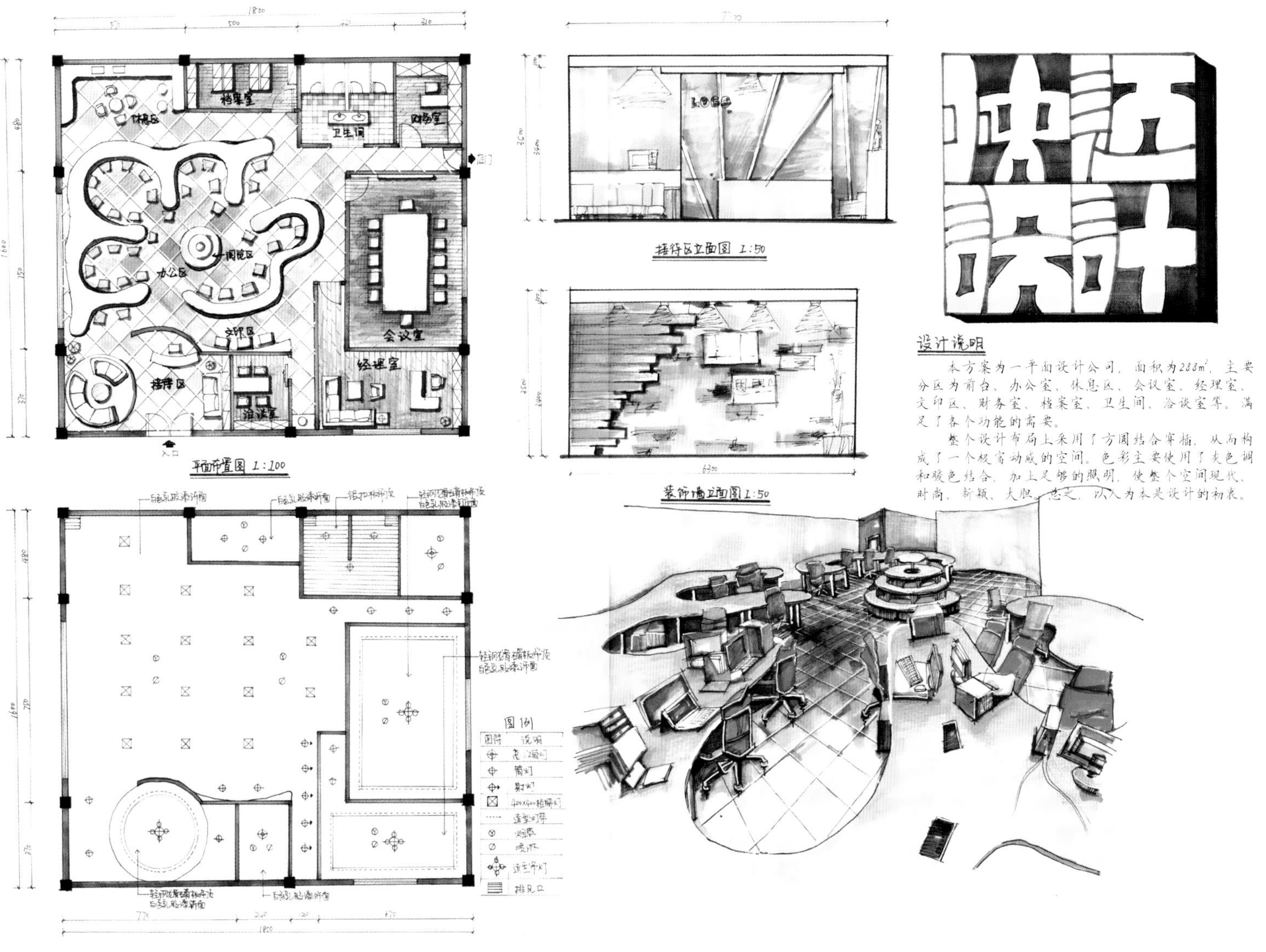

▲图5-30　平面设计公司快题设计（张思）

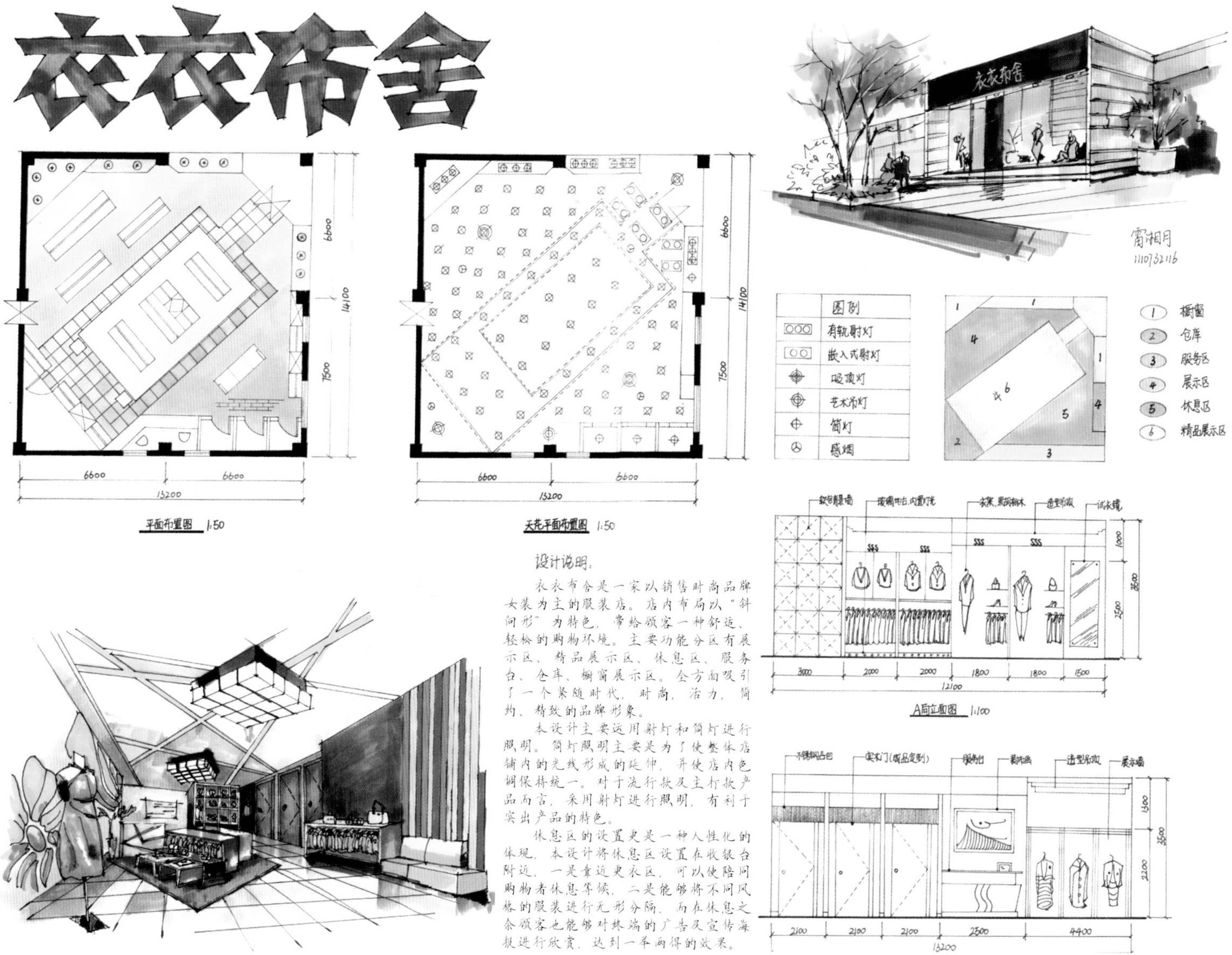

▲图5-31　服装店快题设计（雷湘月）

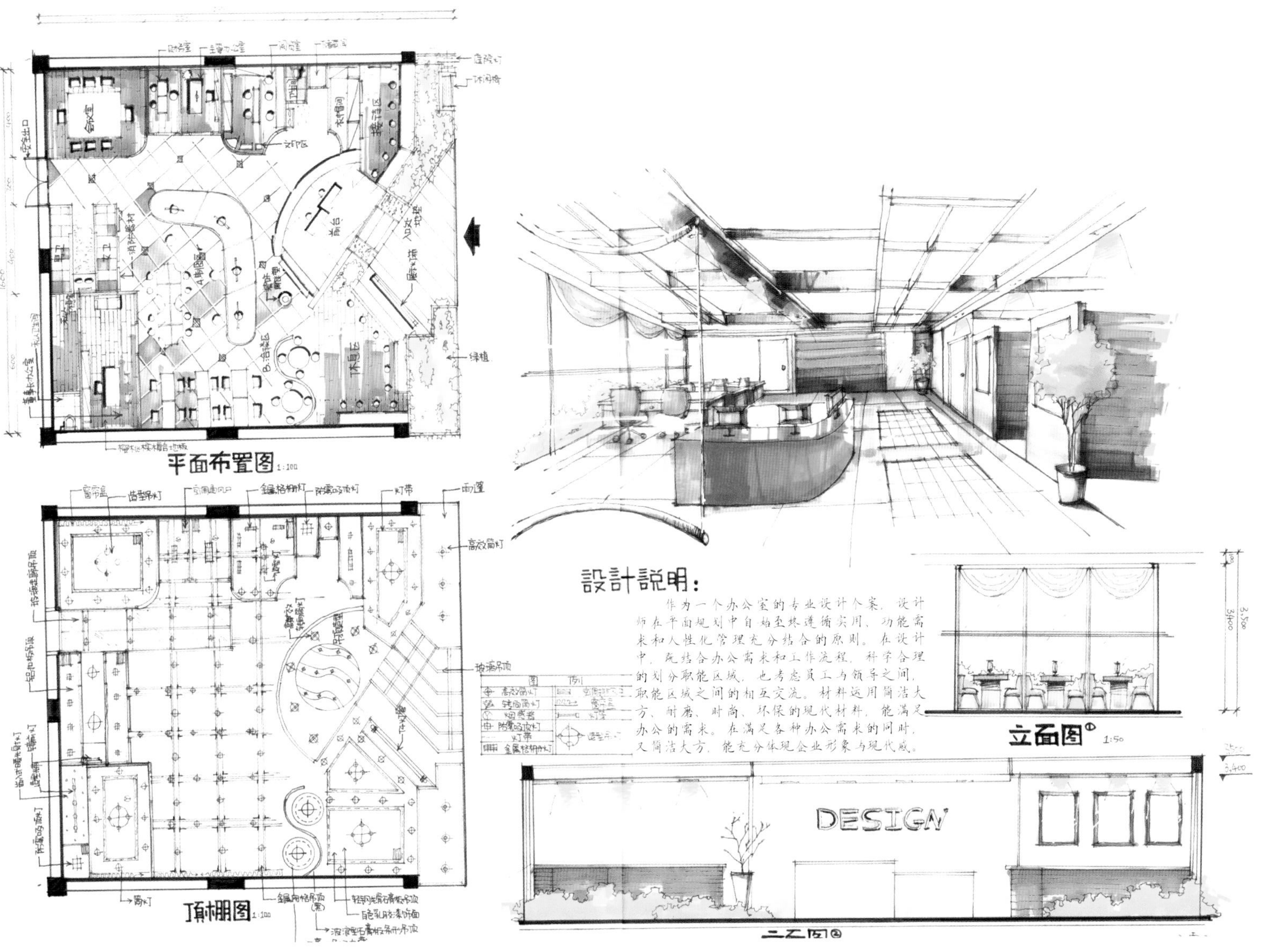

▲ 图5-32　办公室快题设计（张霄辉）

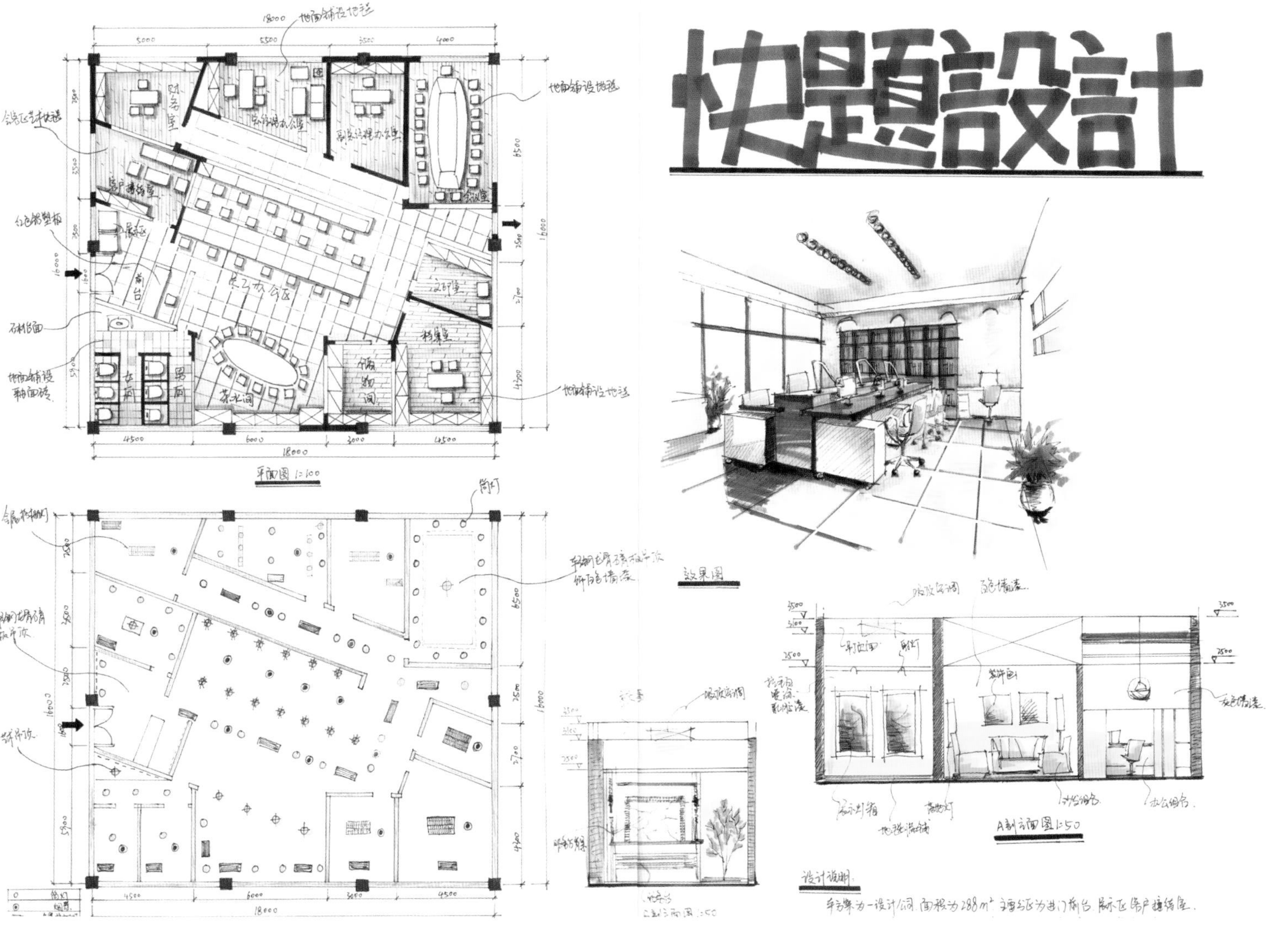

▲图5-33 设计公司快题设计（徐莎莎）

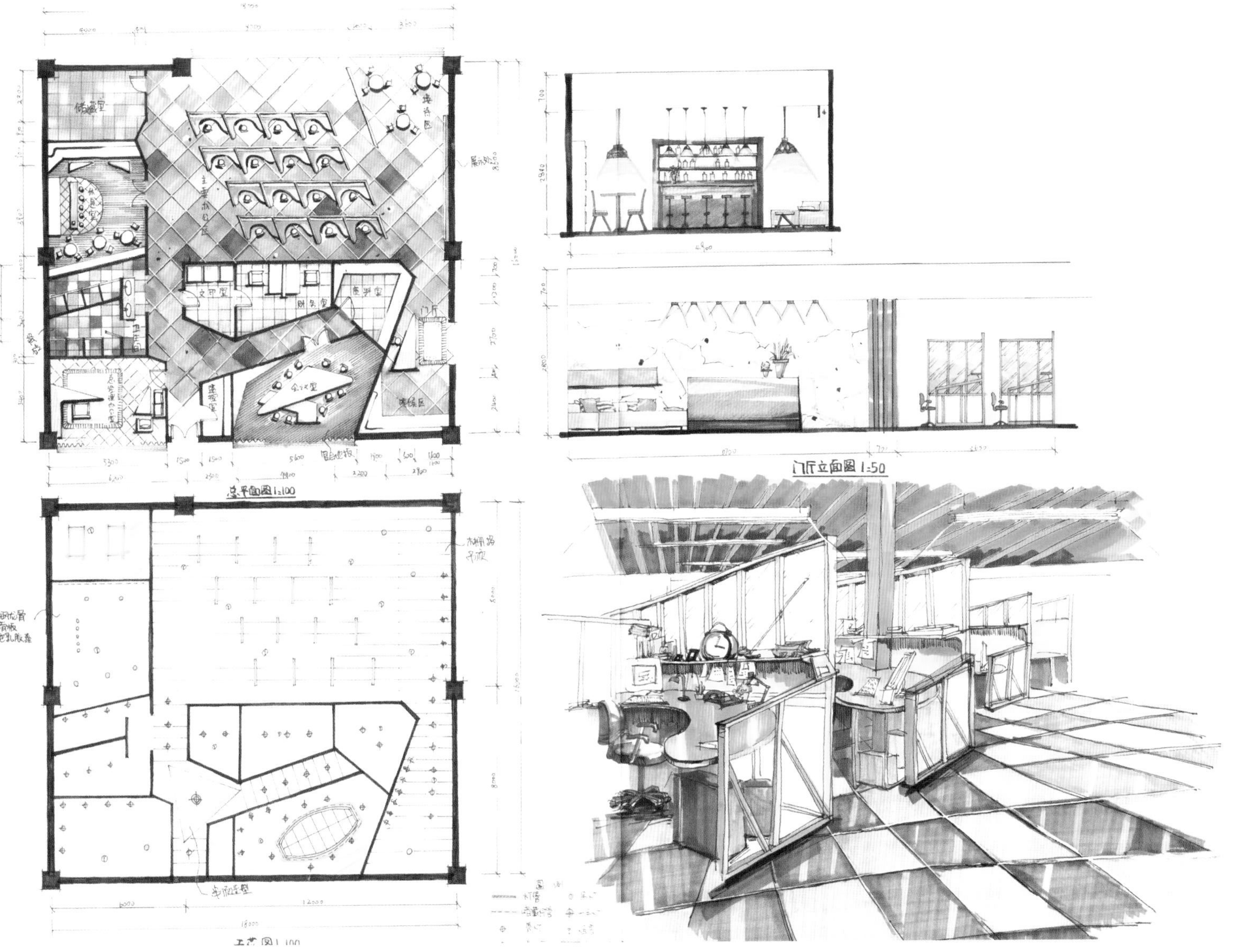

▲ 图5-34 办公室快题设计（舒俐芸）

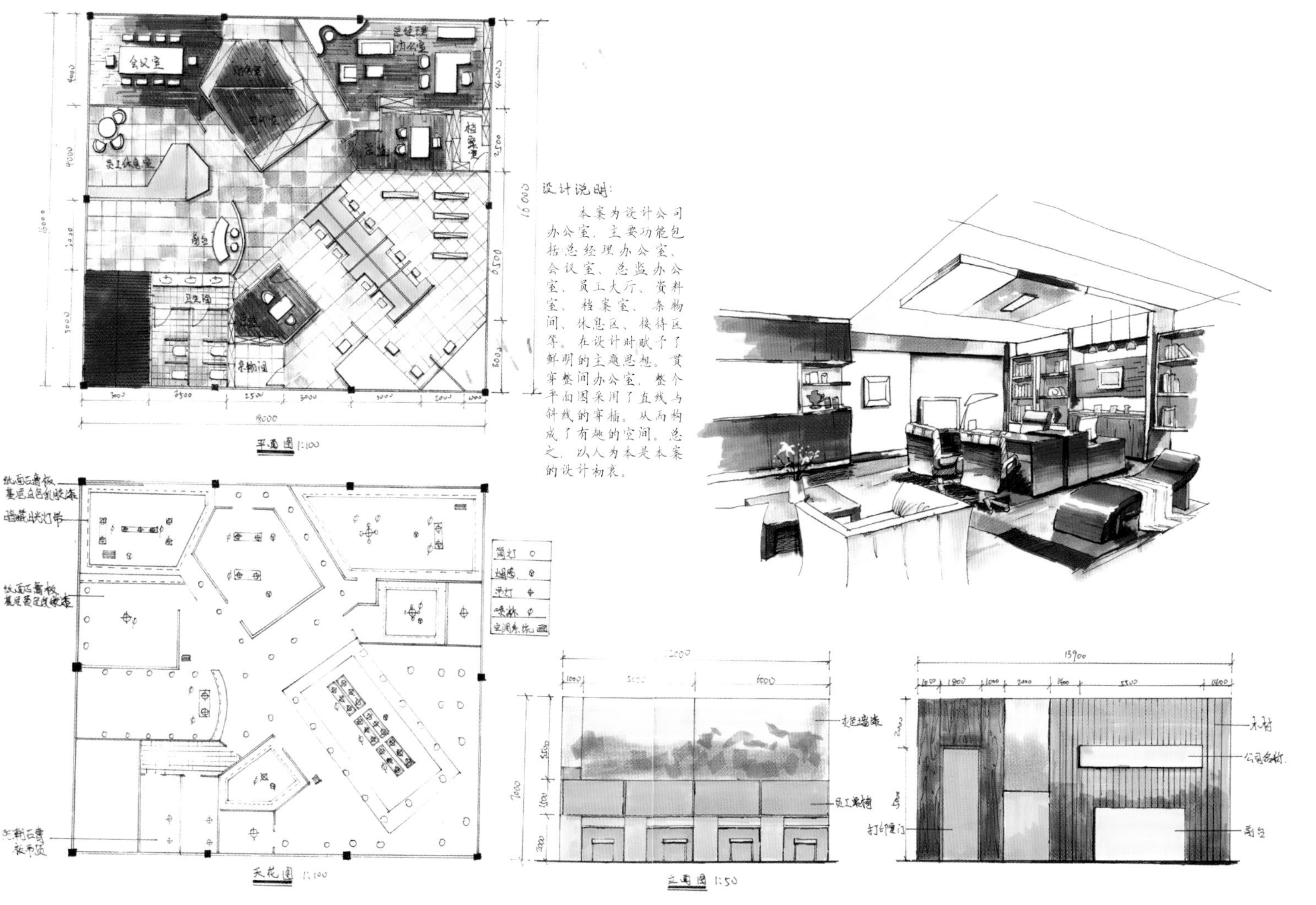

▲ 图5-35　办公室快题设计（李廷廷）

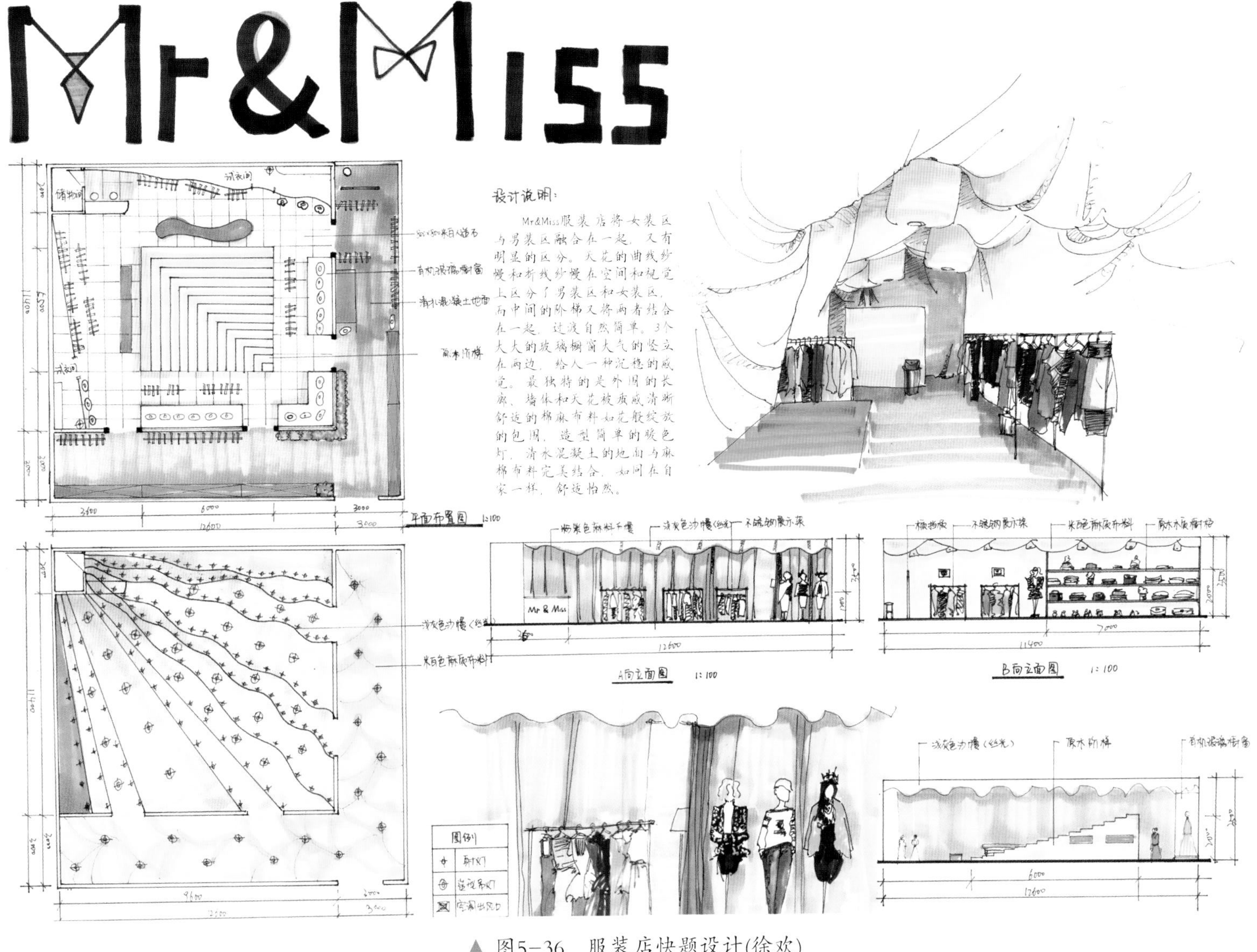

▲图5-36　服装店快题设计(徐欢)

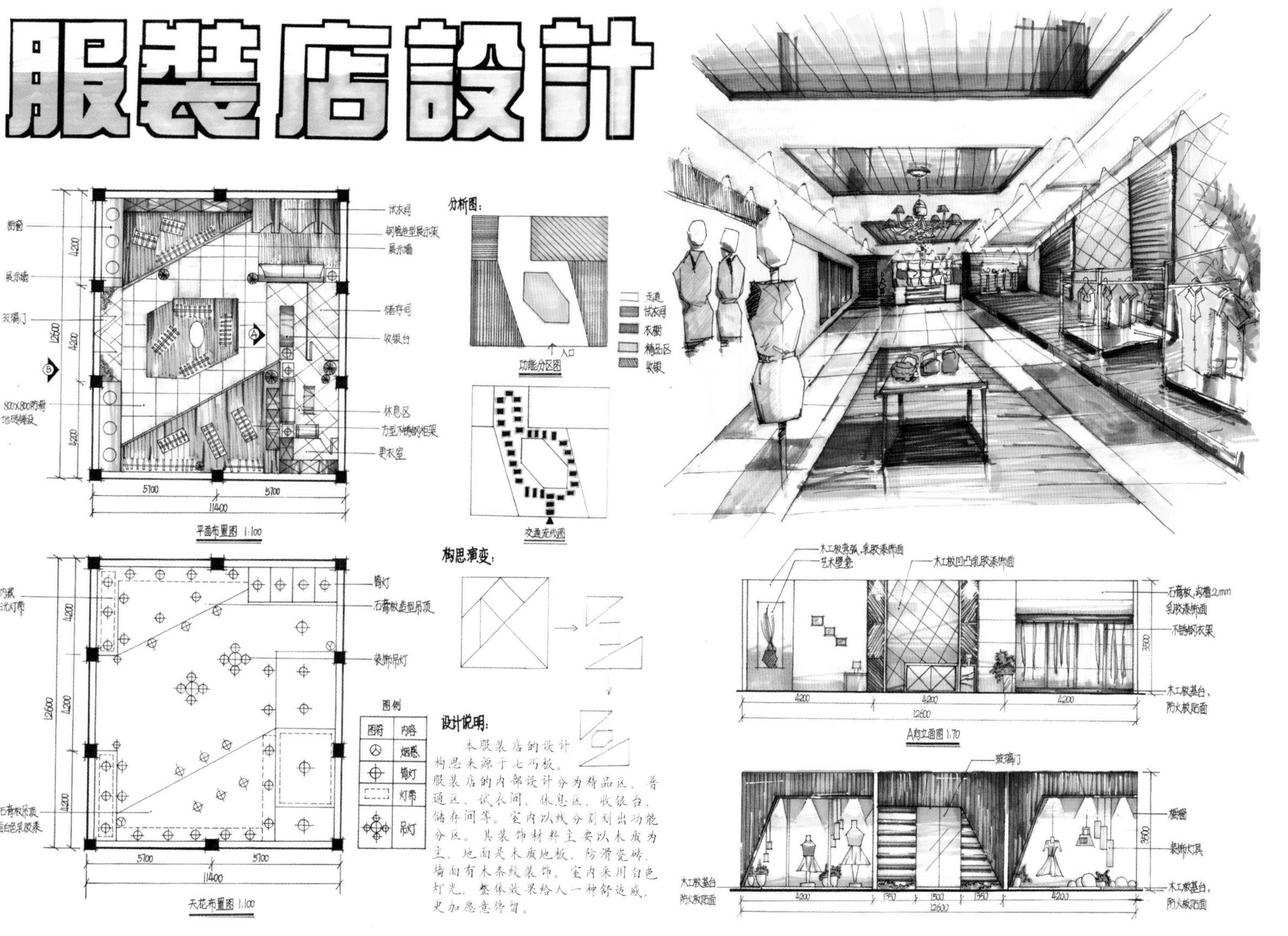

▲图5-37 服装店快题设计(王惠慧)

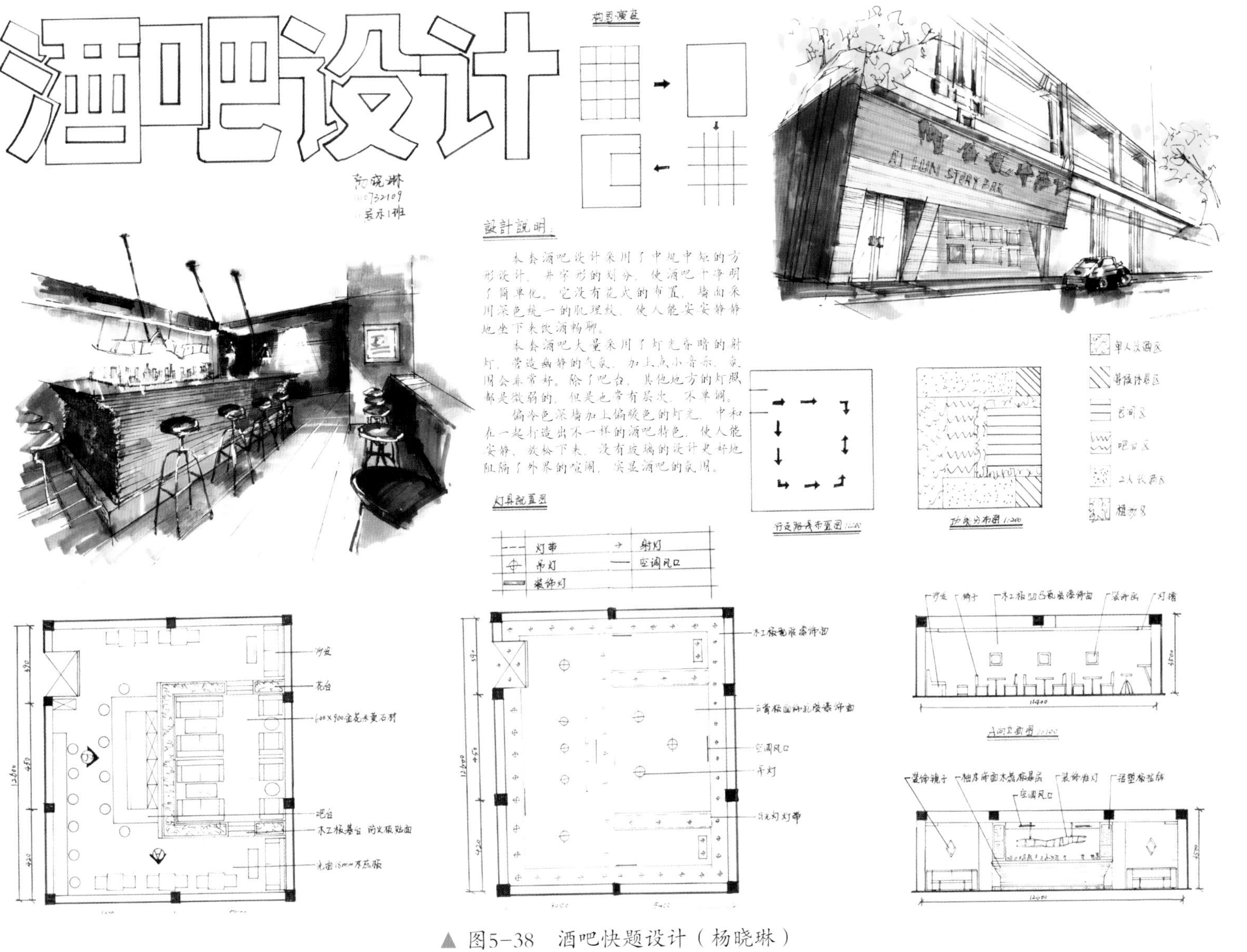

▲图5-38　酒吧快题设计（杨晓琳）

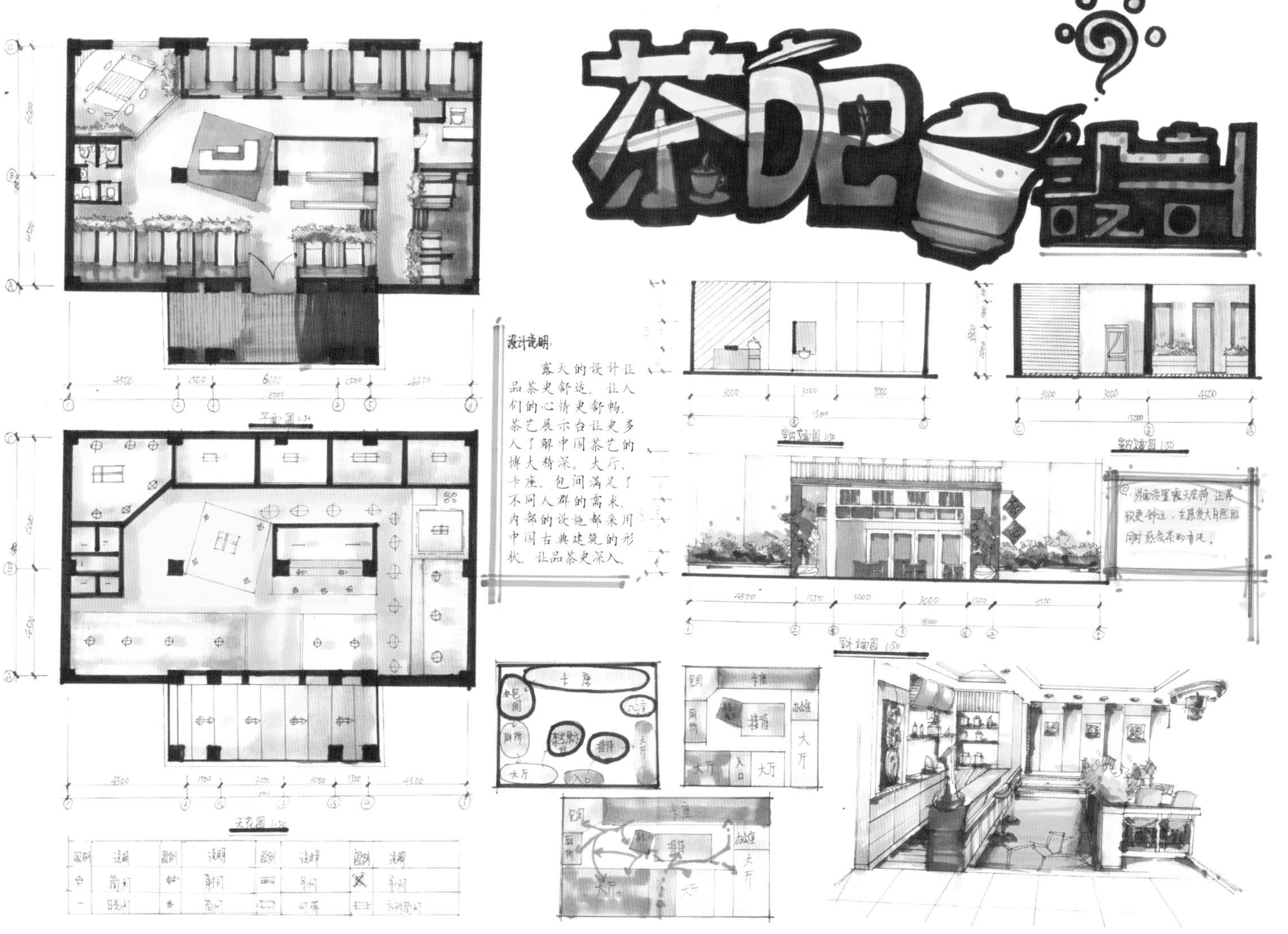

▲图5-39 茶吧快题设计（黄蓉）

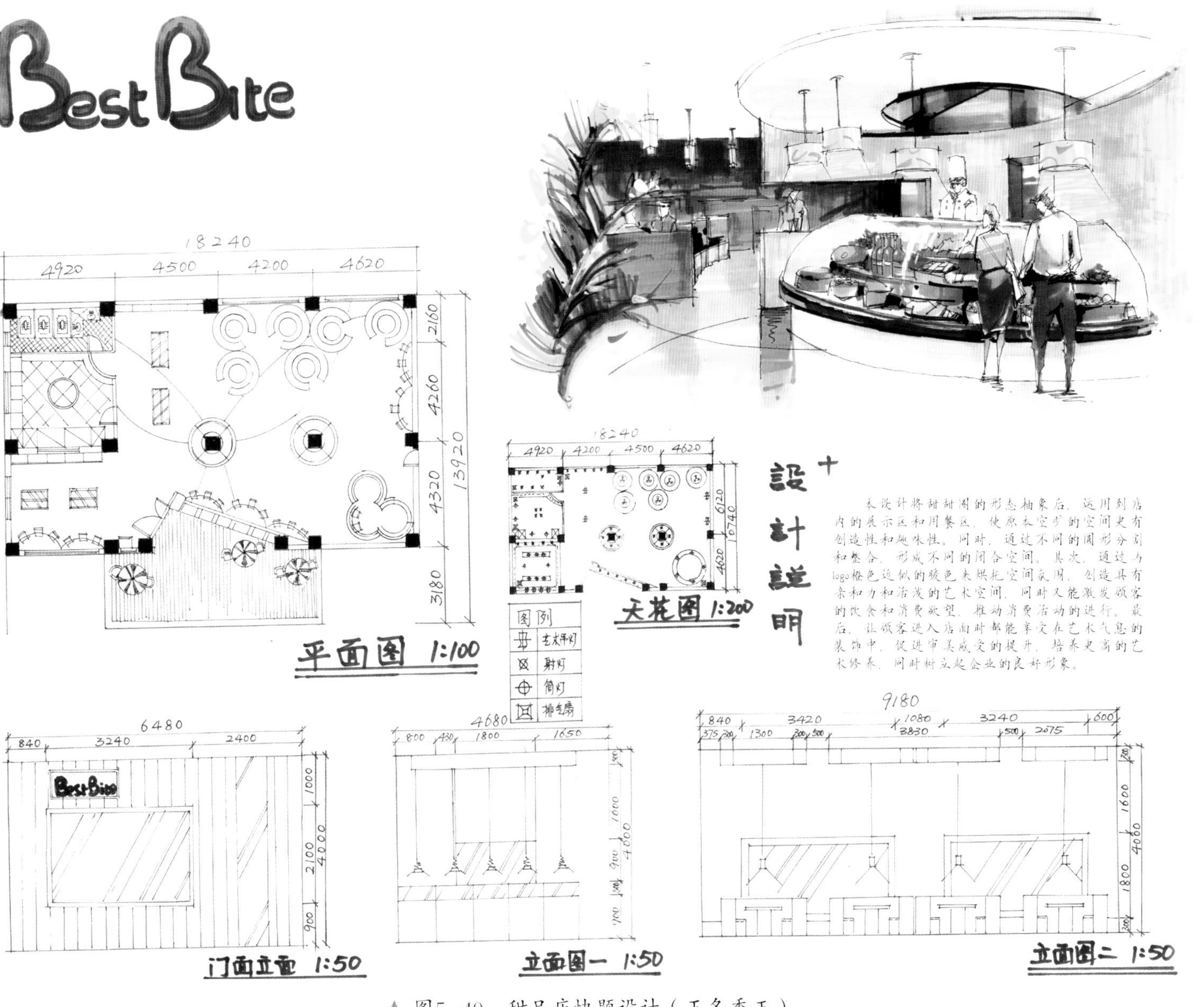

▲图5-40 甜品店快题设计（王冬香玉）

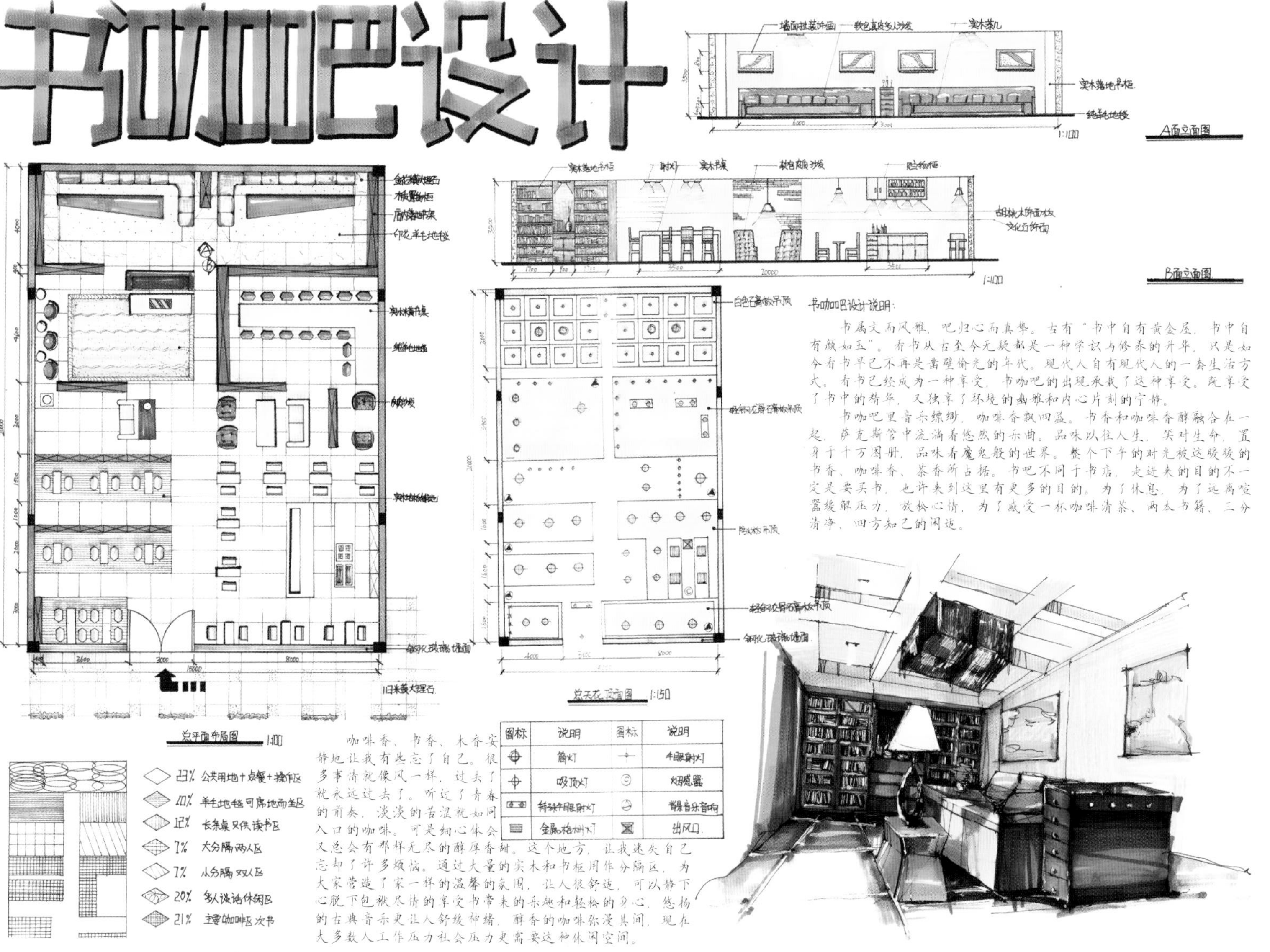

▲ 图5-41 书店咖啡厅快题设计（吕媚）

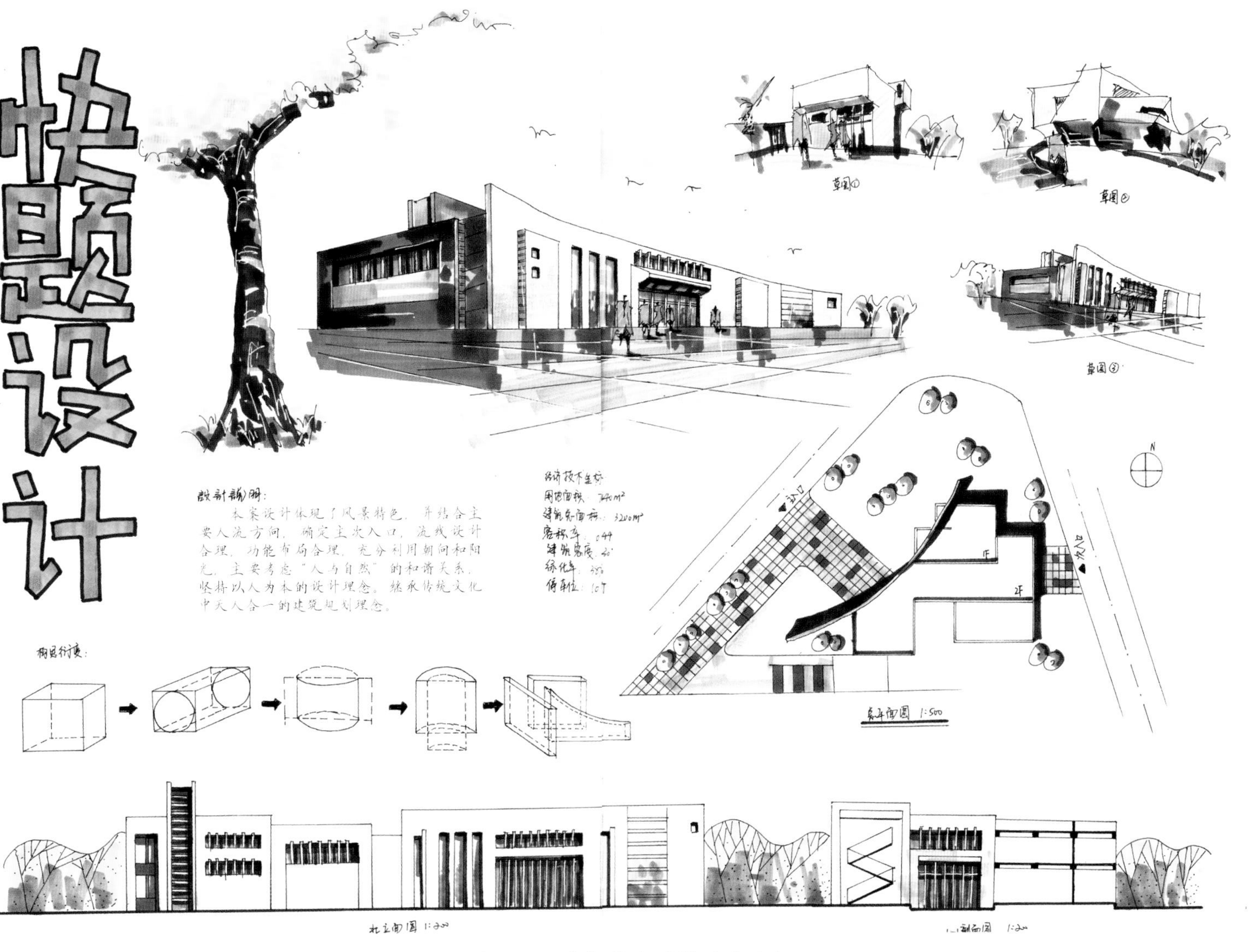

▲图5-42 商场快题设计（佚名）

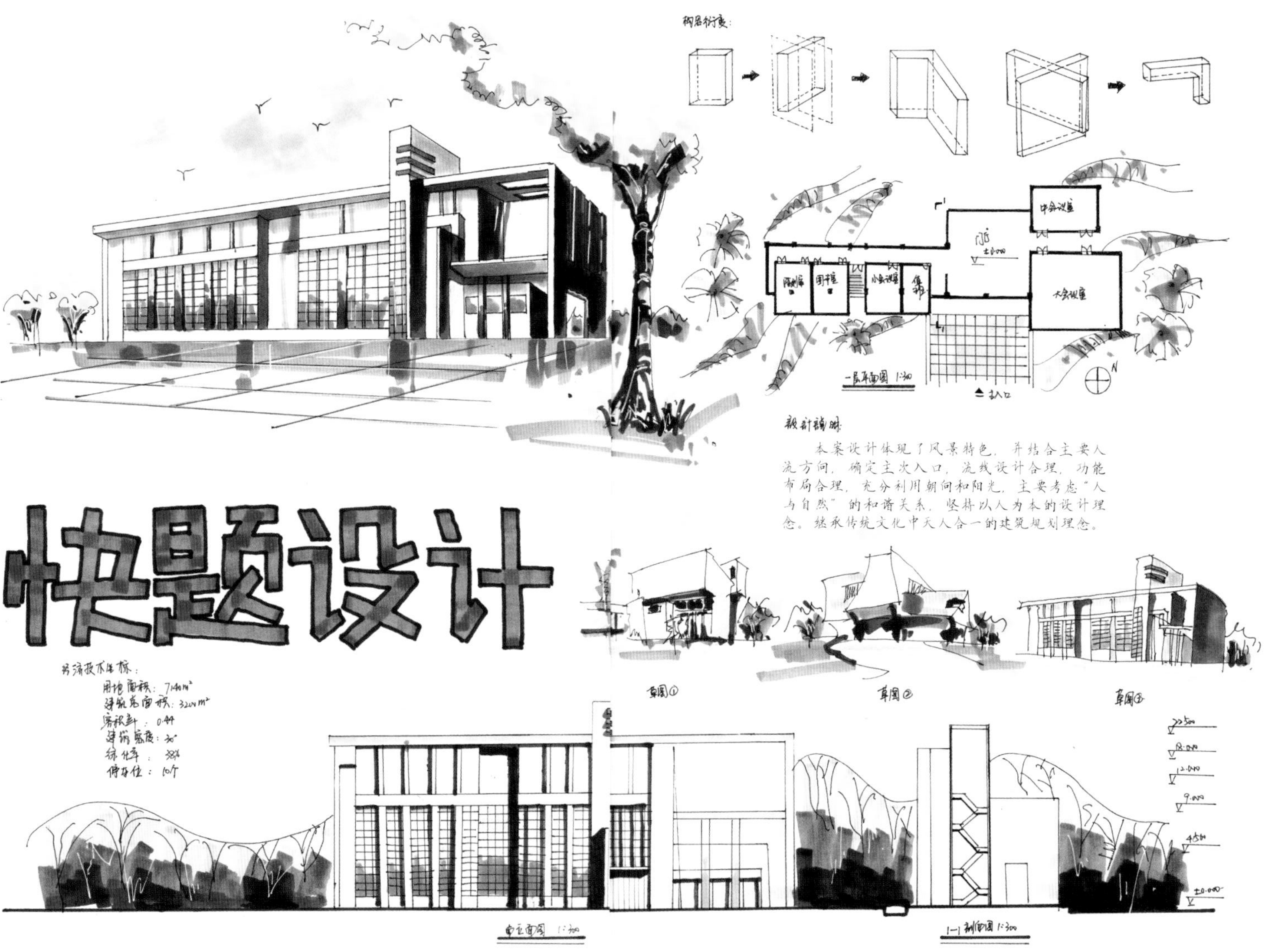

▲图5-43 办公楼快题设计（佚名）

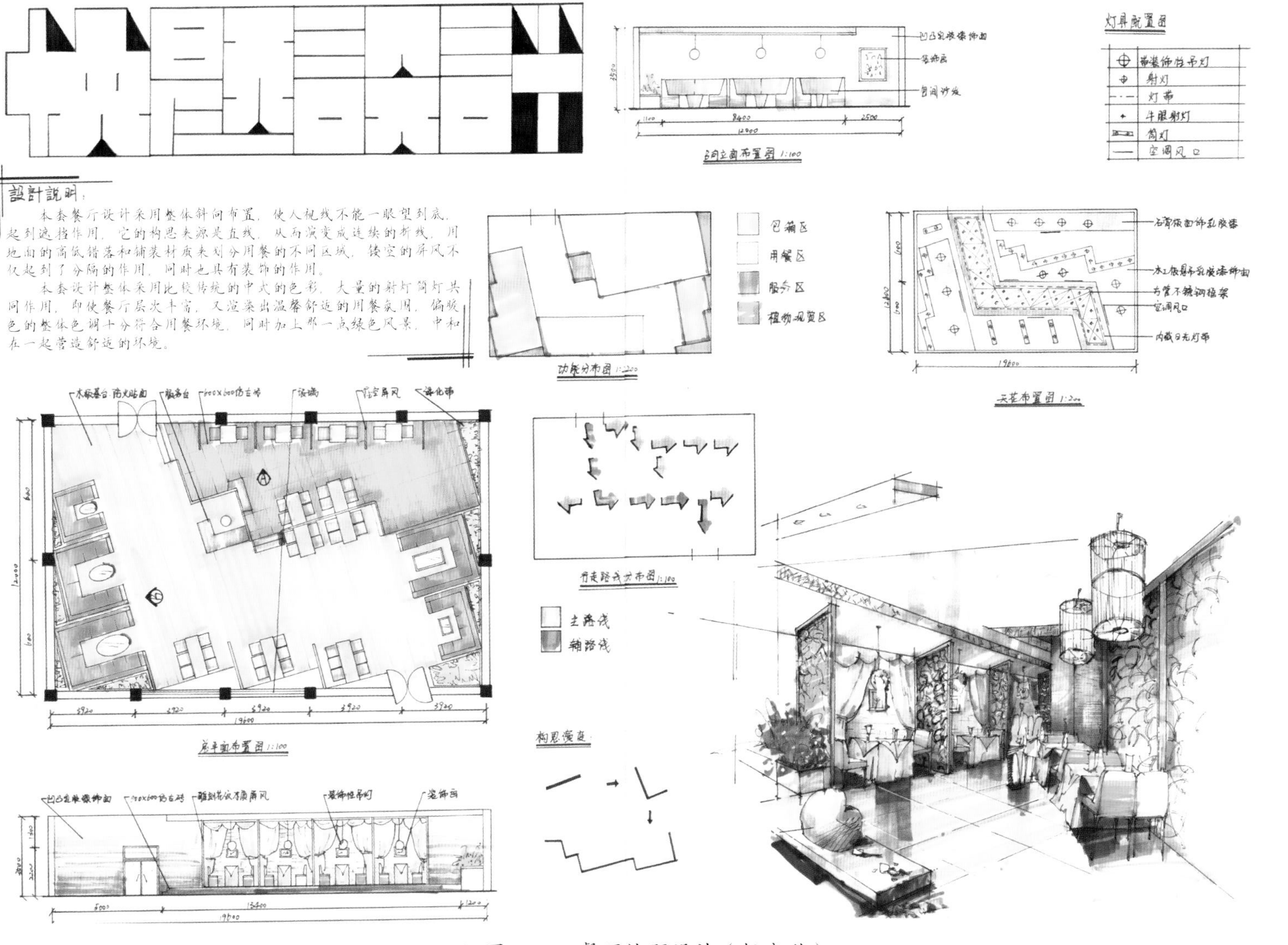

▲ 图5-44　餐厅快题设计（杨晓琳）

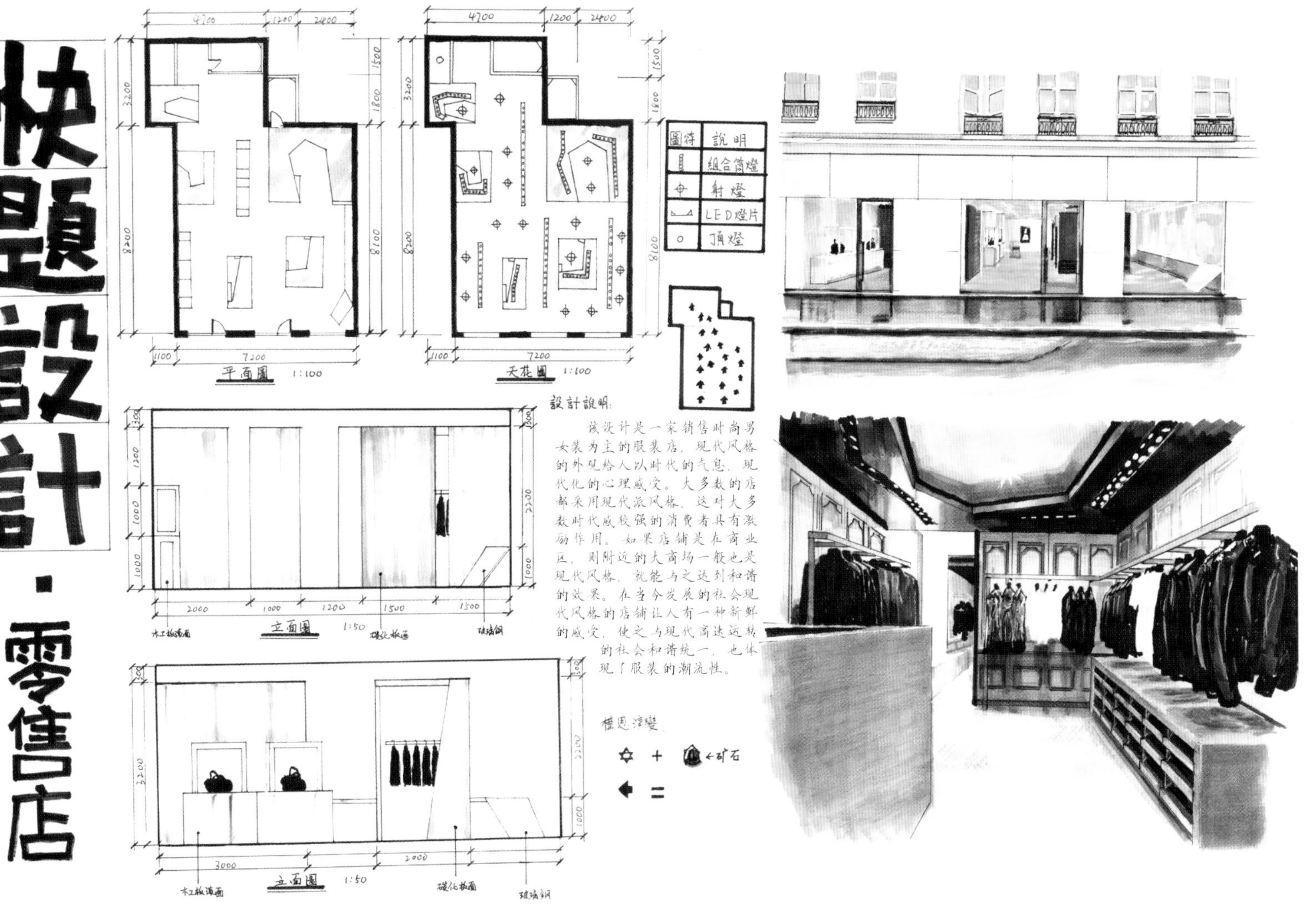

▲图5-45 零售店快题设计（曹宁）

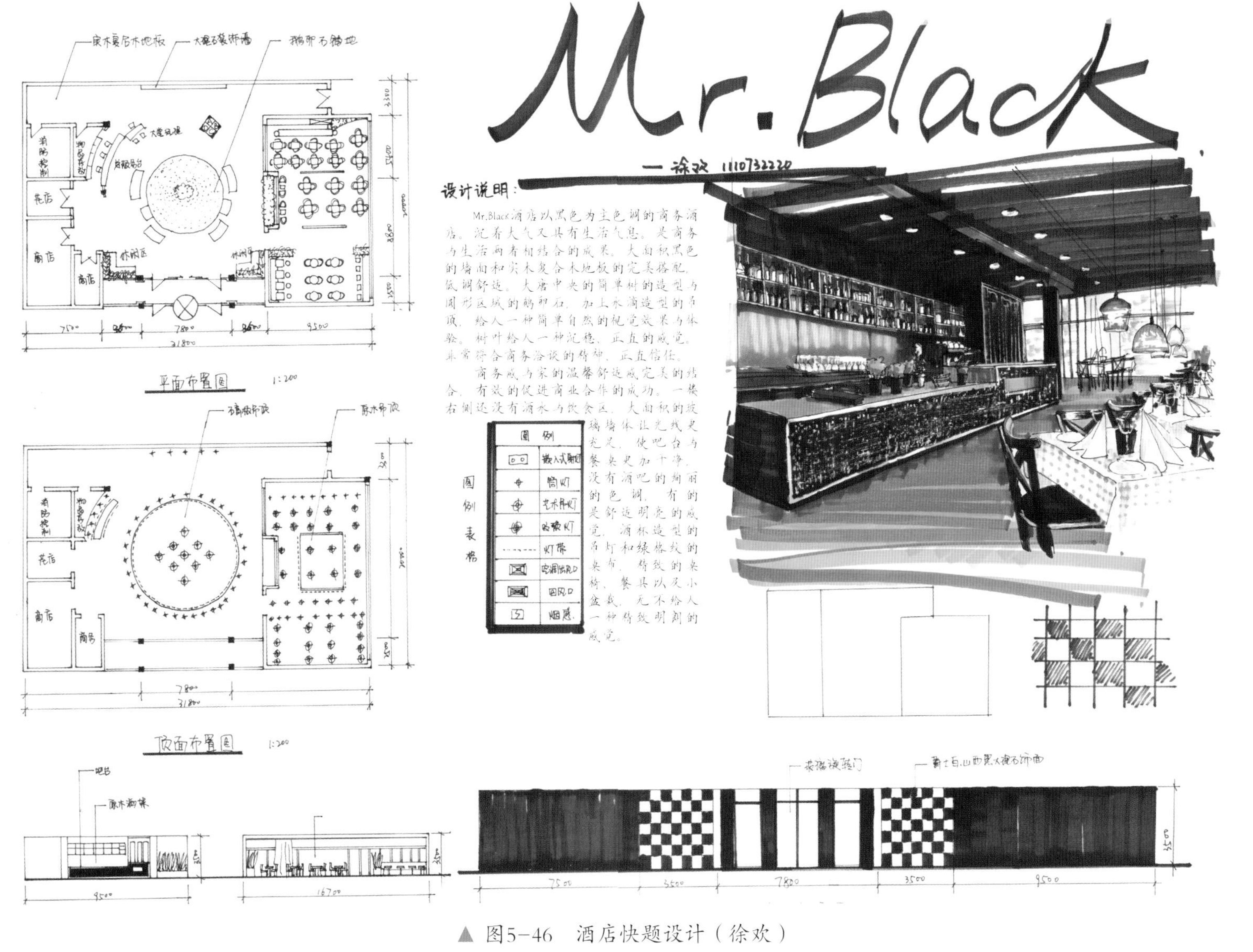

▲ 图5-46　酒店快题设计（徐欢）

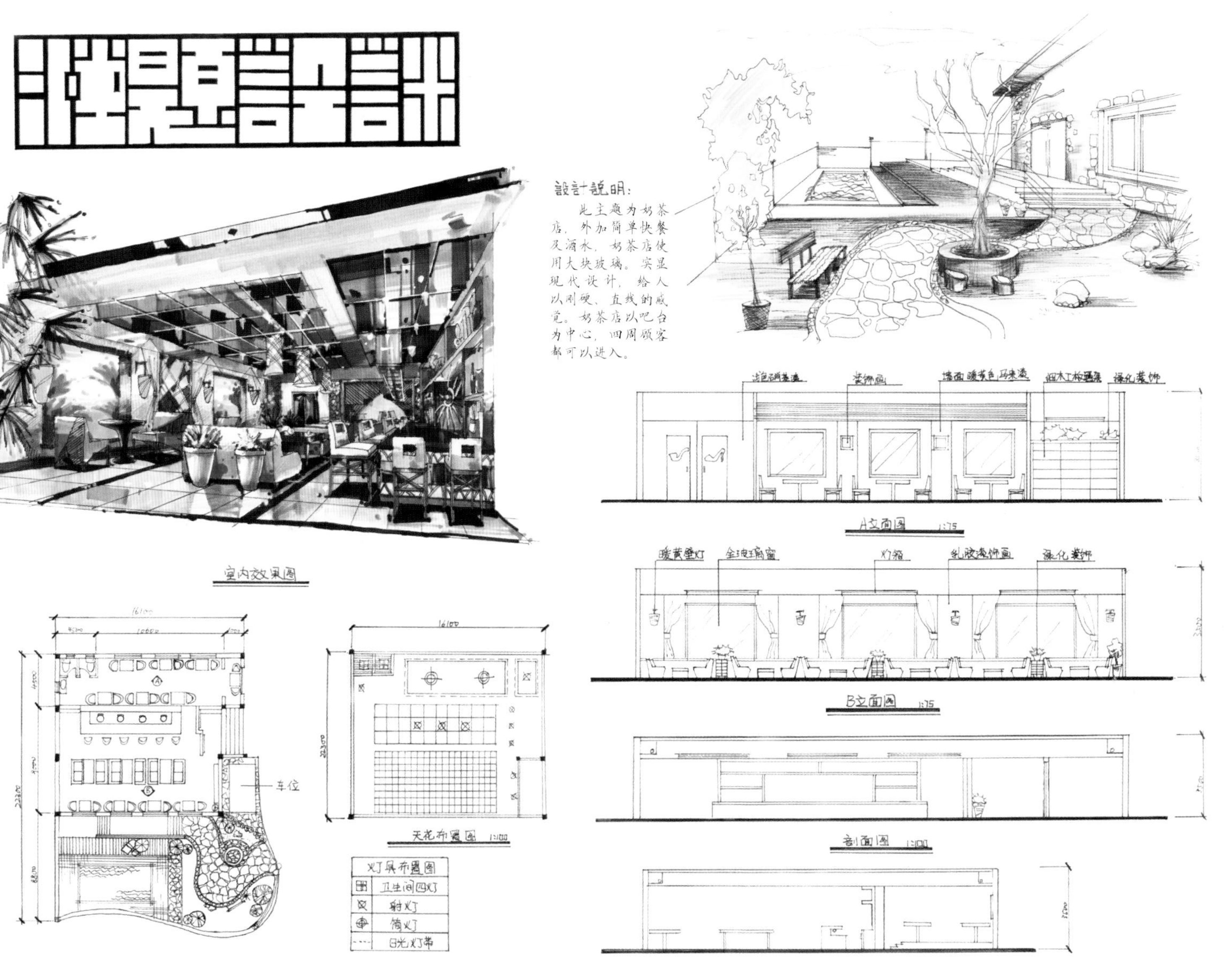

▲ 图5-47 奶茶店快题设计（陈昭义）

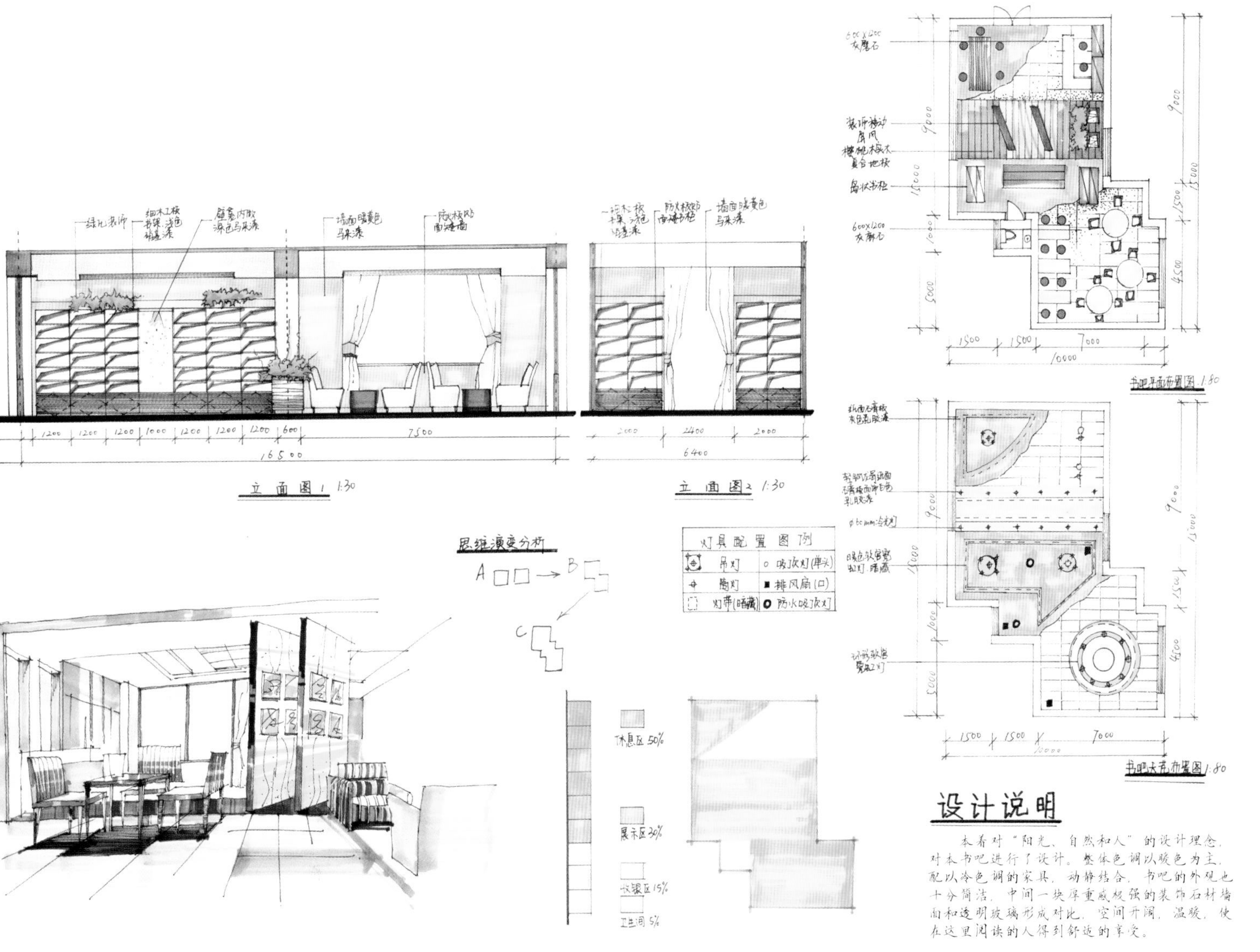

▲ 图5-48　书吧快题设计（胡文婷）

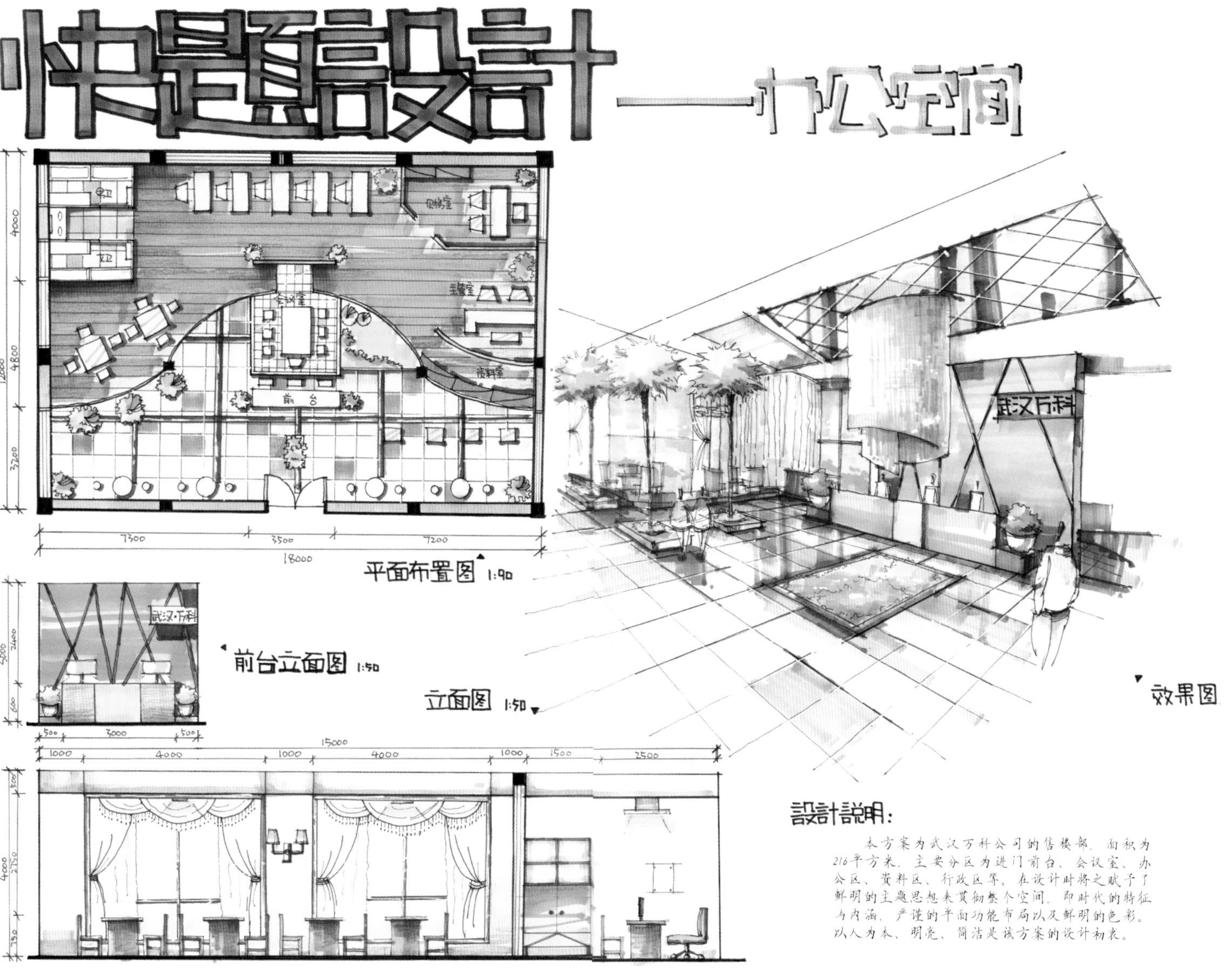

▲ 图5-49 办公间快题设计（张霄辉）

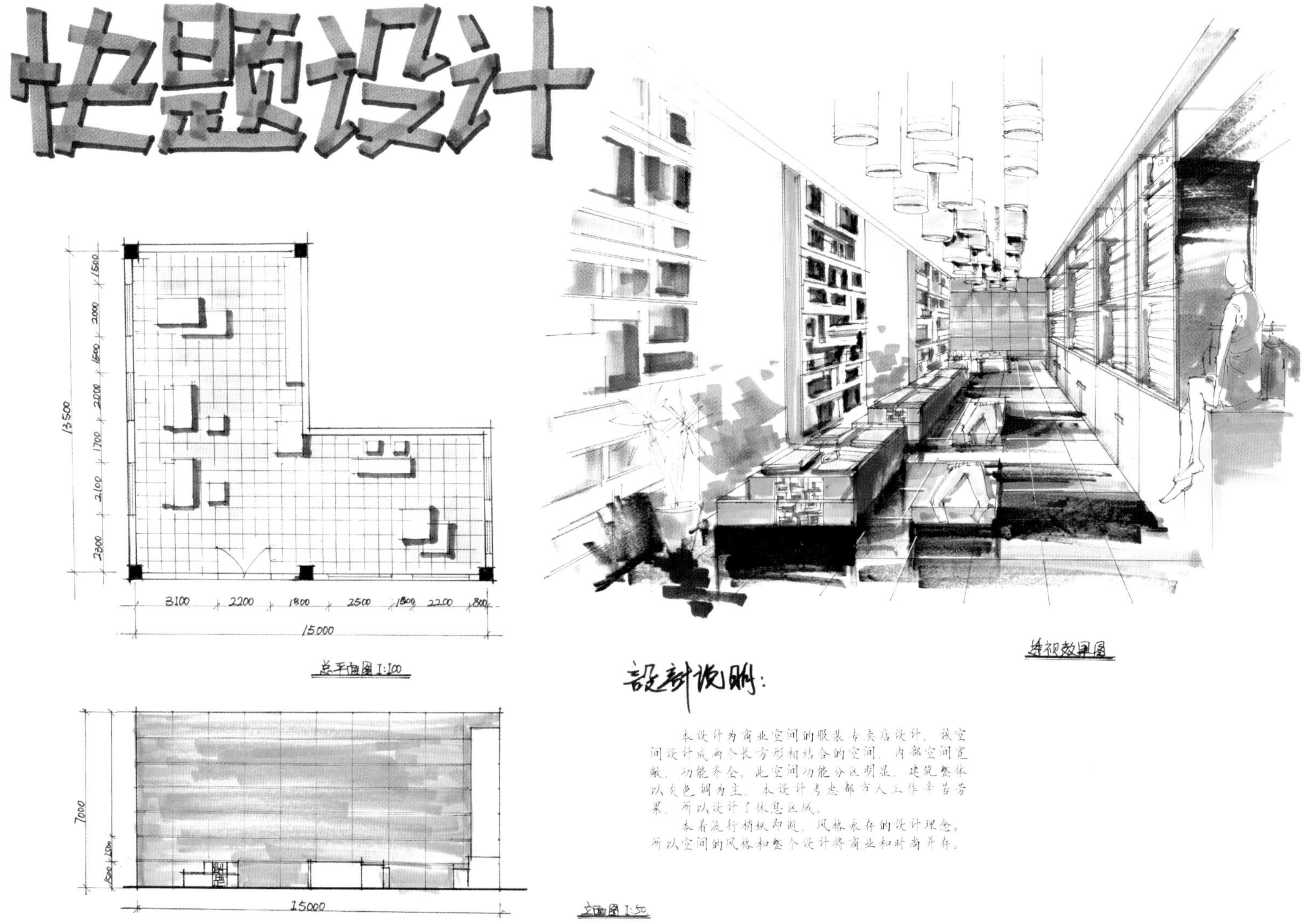
快题设计
透视效果图
总平面图 1:100
立面图 1:50
3100 2200 1800 2500 1500 2200 800
15000
13500
2300 2100 1700 2000 1500 2000 1500
7000
设计说明：
本设计为商业空间的服装专卖店设计，该空间设计成两个长方形相结合的空间，内部空间宽敞，功能齐全。此空间功能分区明显，建筑整体以灰色调为主，本设计考虑都市人工作辛苦劳累，所以设计了休息区域。
本着流行稍纵即逝，风格永存的设计理念，所以空间的风格和整个设计将商业和时尚并存。

▲ 图5-50　服装店快题设计（柏雪）

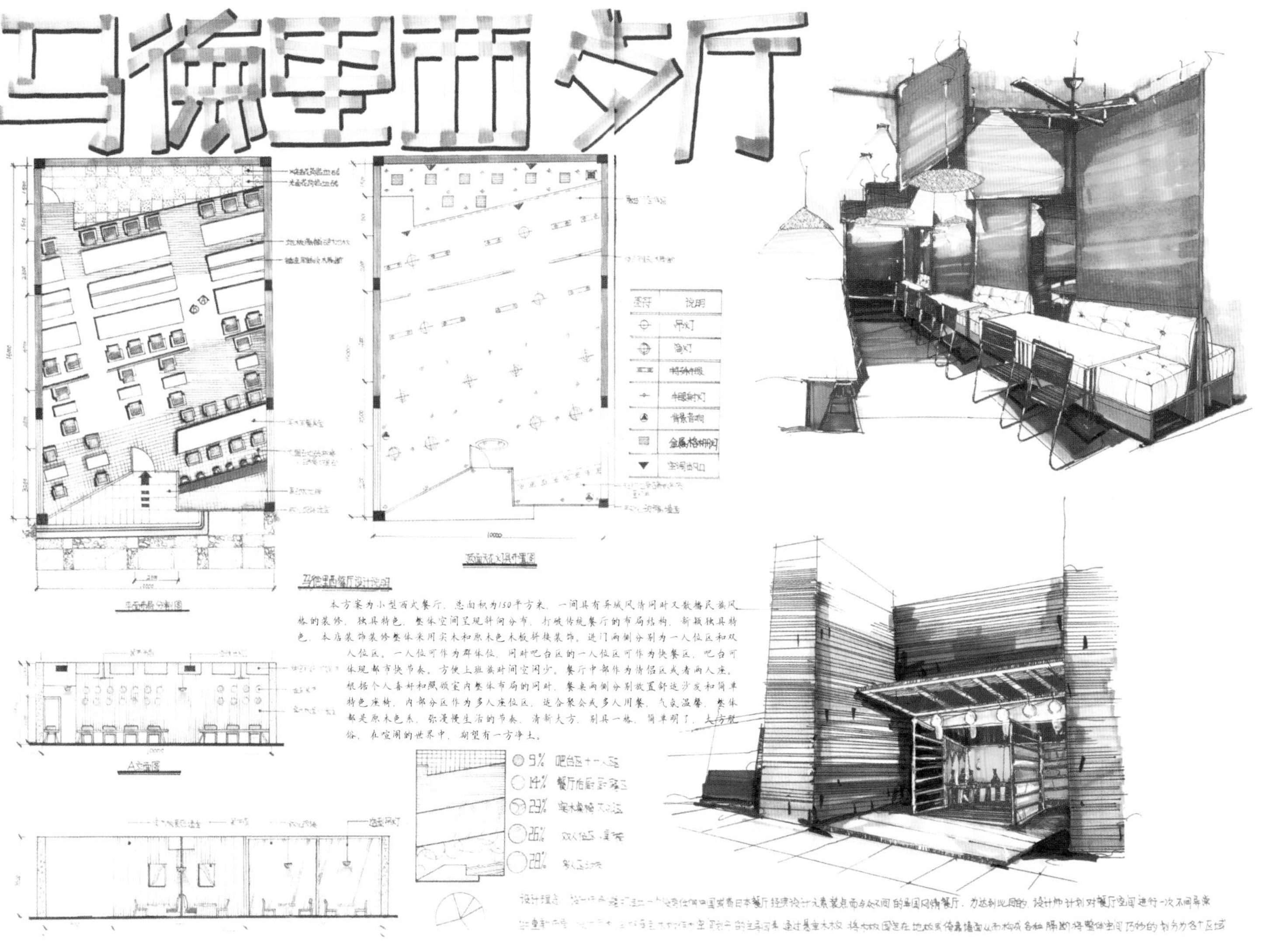

▲图5-51 餐厅快题设计（吕媚）

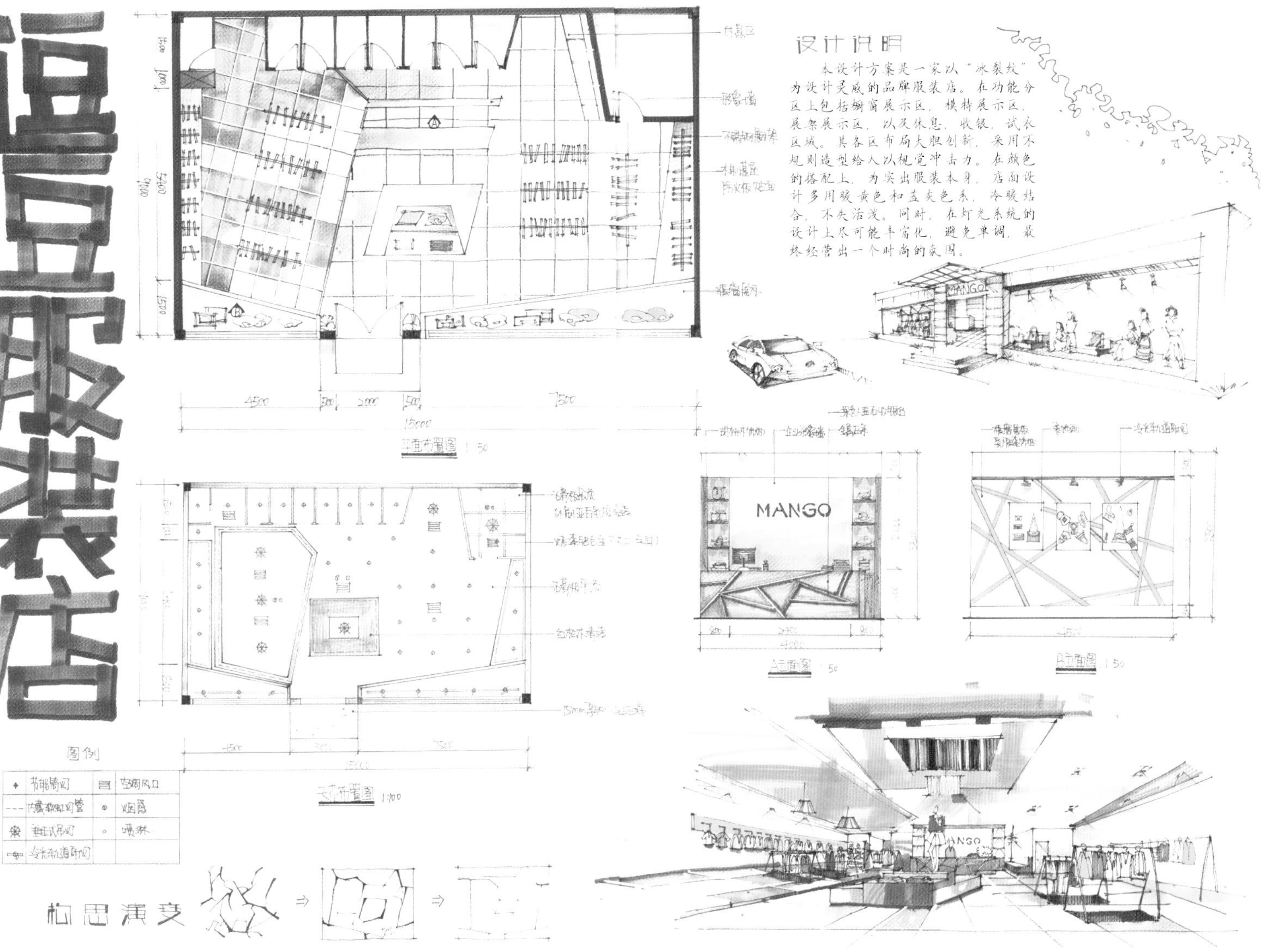

▲图5-52　服装店快题设计（王雪婕）

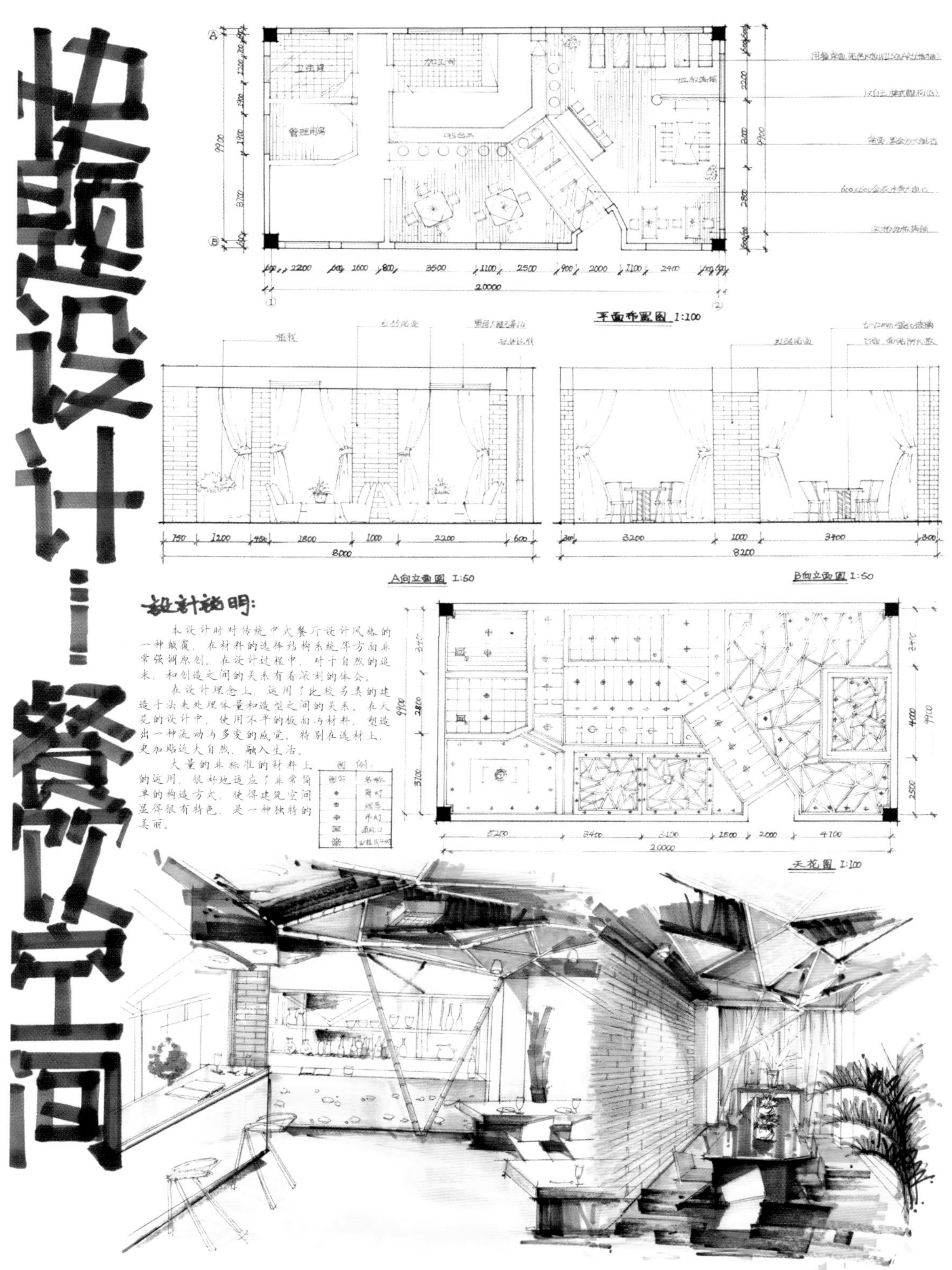

▲ 图5-53 餐饮店快题设计（柏雪）

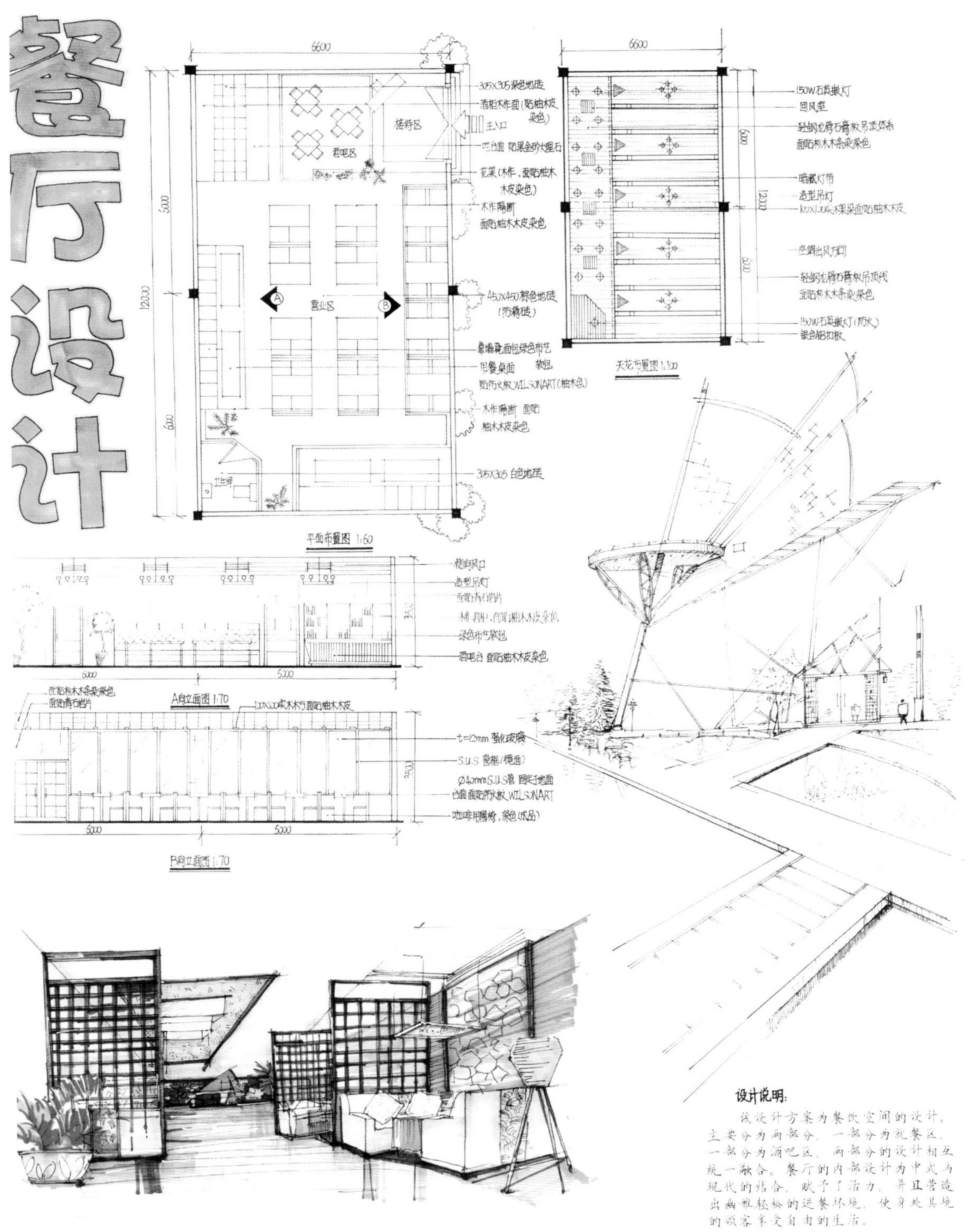

▲ 图5-54　餐厅快题设计（王惠慧）

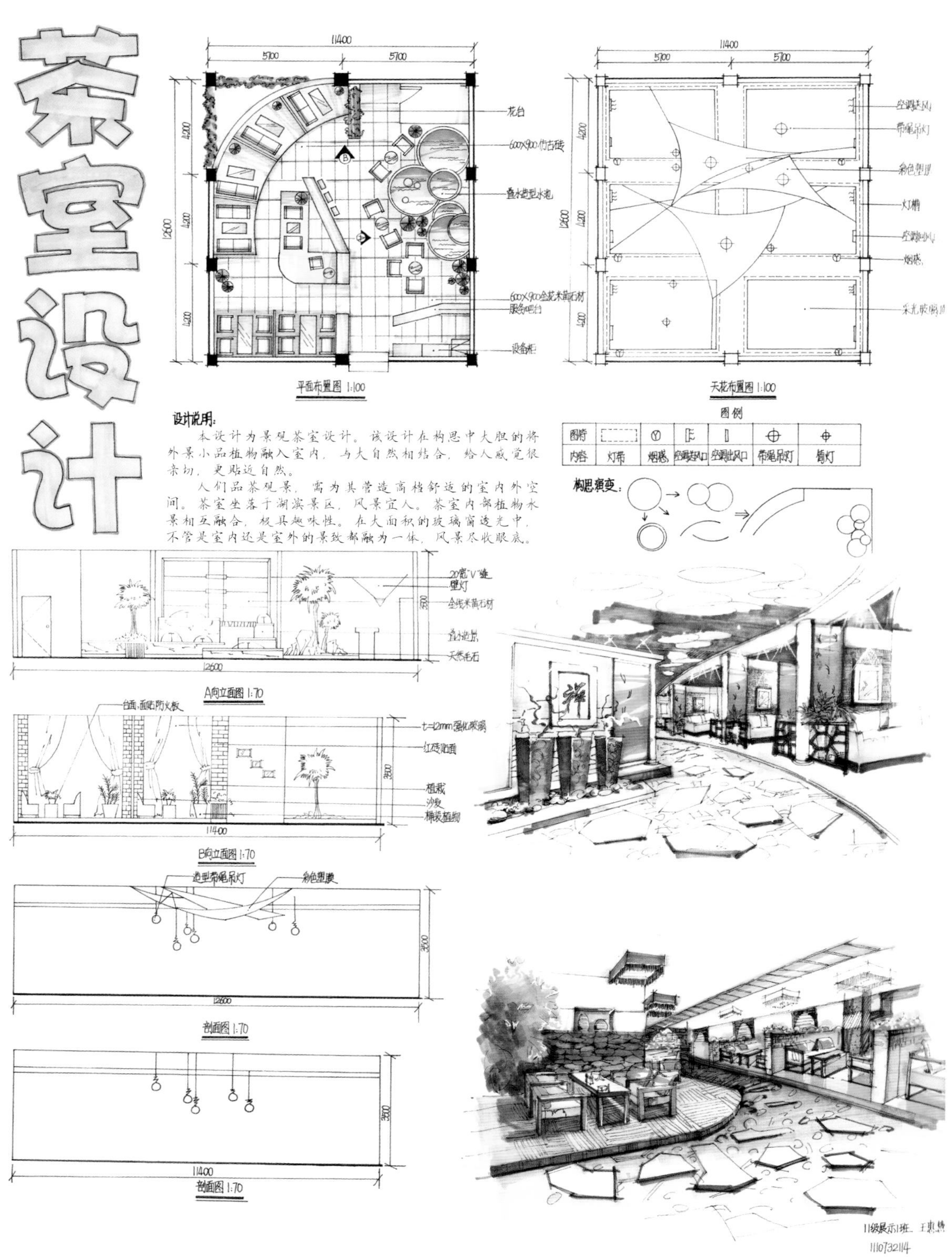

▲ 图5-55 茶室快题设计（王惠慧）

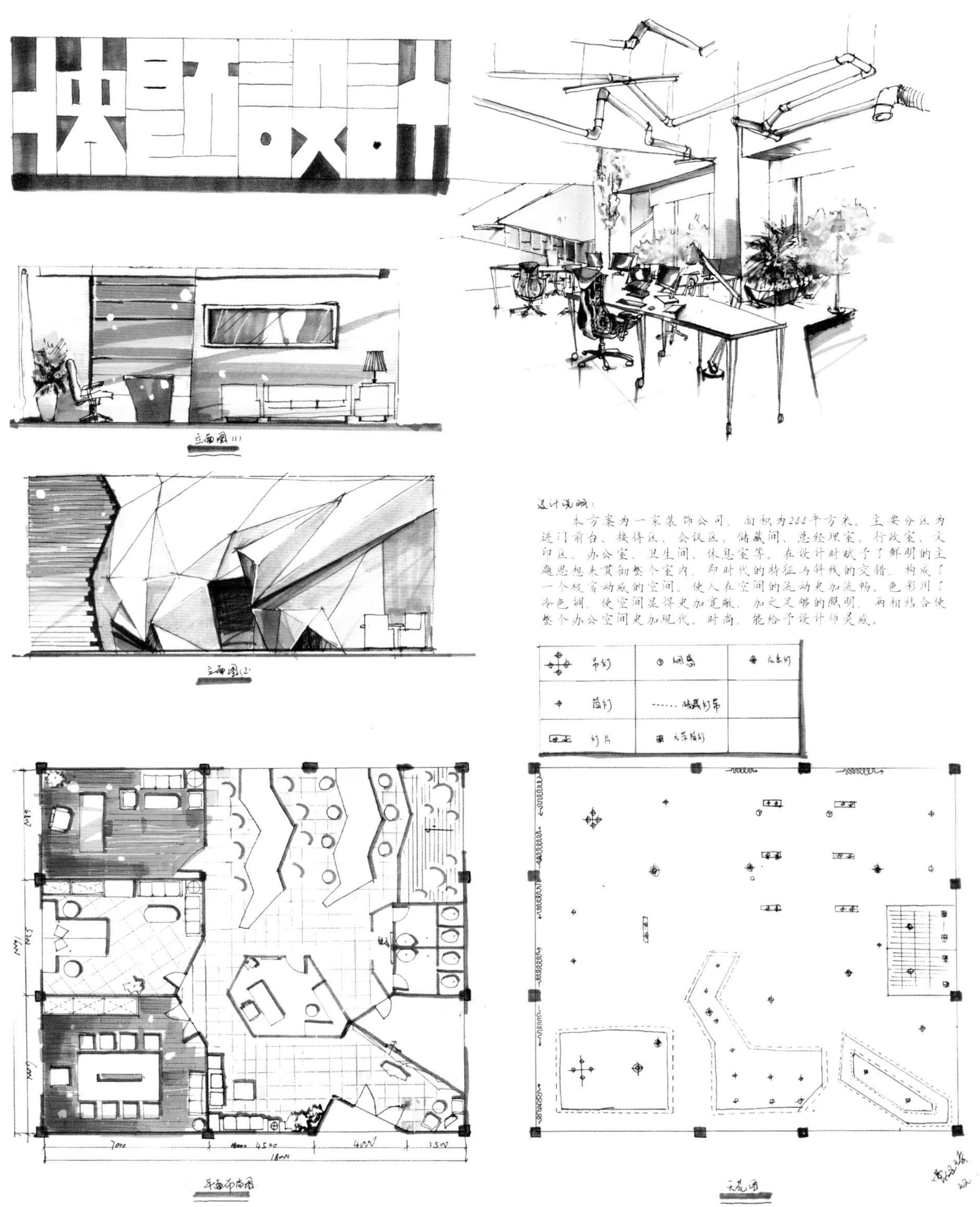

▲ 图5-56　装饰公司快题设计（曹佩琪）

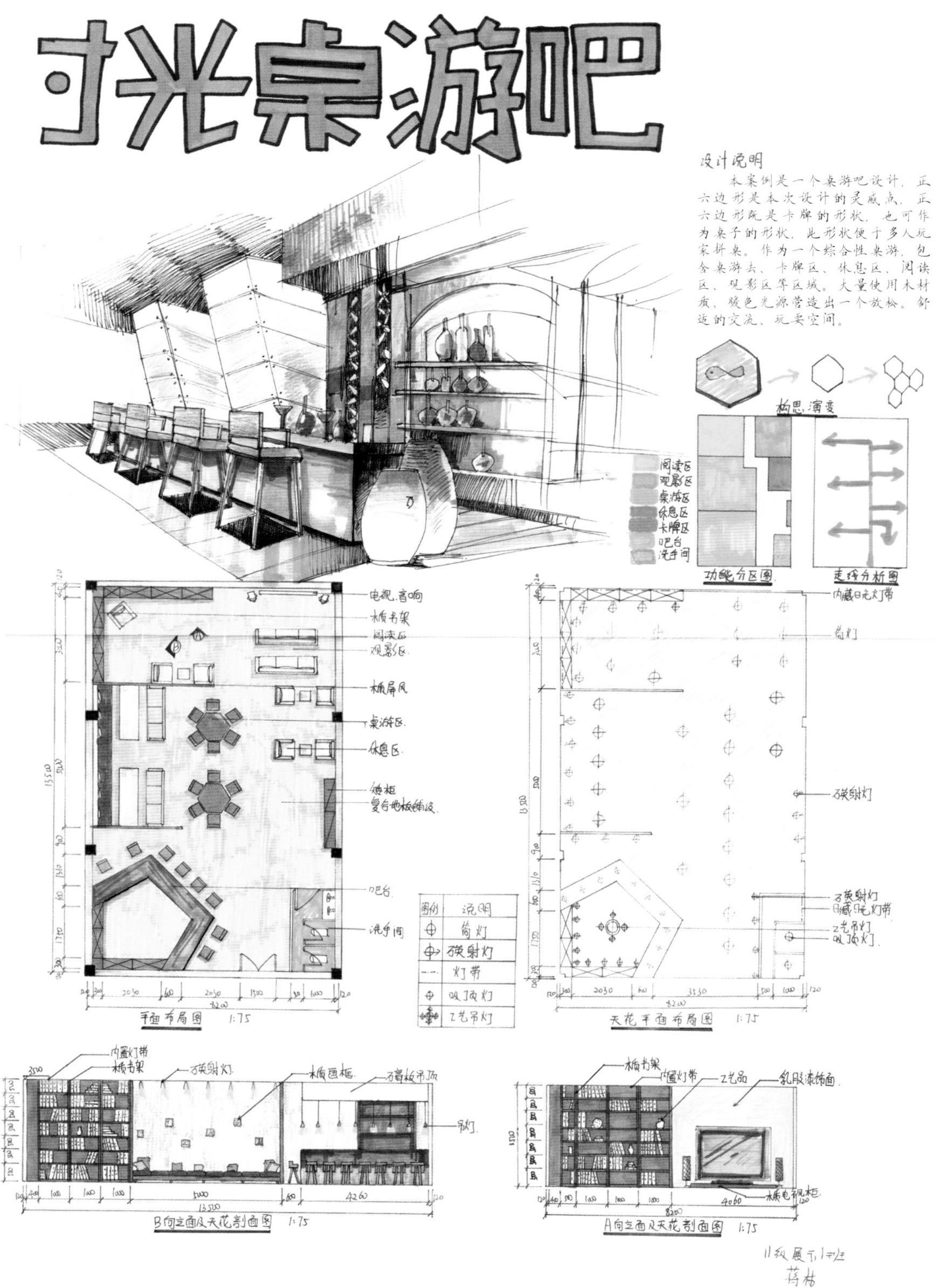

▲ 图5-57 桌游吧快题设计（蒋林）

設計説明：

广告设计公司，员工20人，面积约为200平方米，某大厦五楼，地处商业繁华区。在满足主要功能的同时，注重“共享空间”的处理，并让顾客成为主体，突出了广告公司的特征，强调了展示性，行业特点突出，让空间最大限度地“灵动”了起来。空间通透、简洁、自然、舒适的办公空间。

平面图 立面图1

效果图 立面图2

▲ 图5-58 办公室快题设计

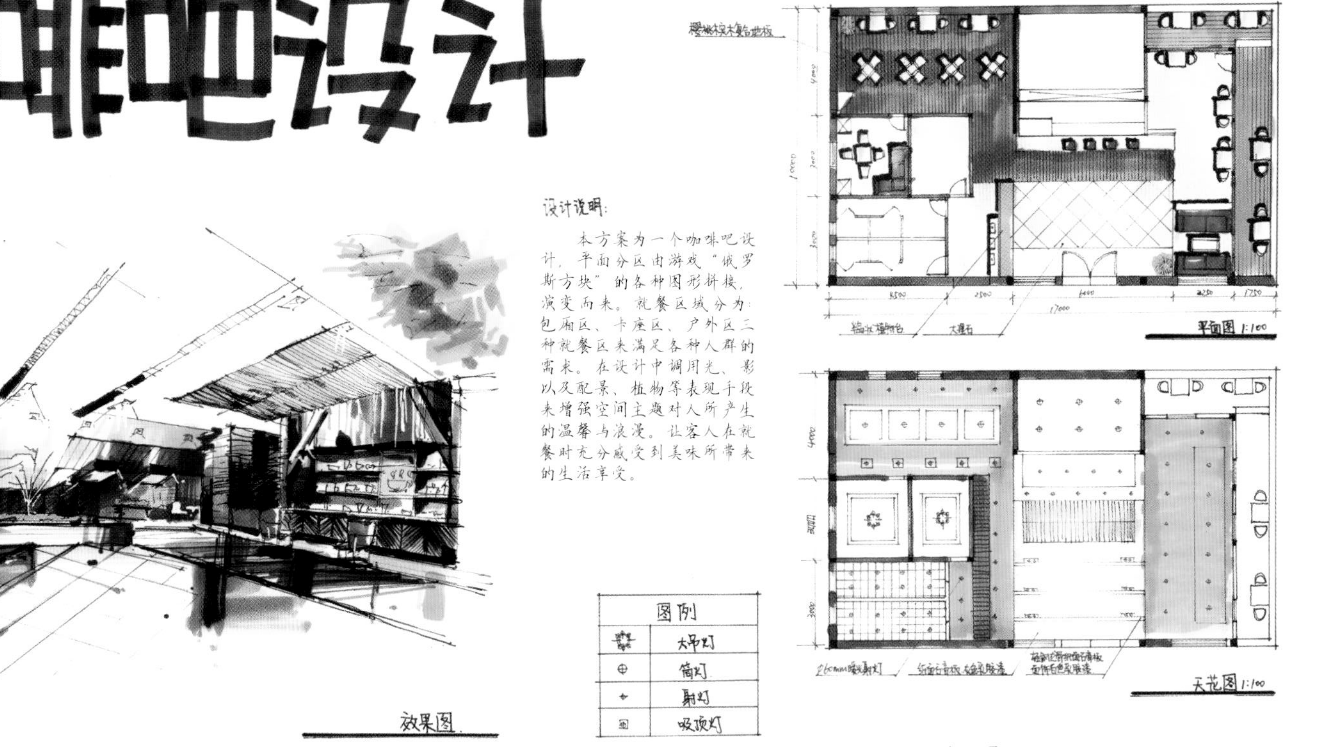

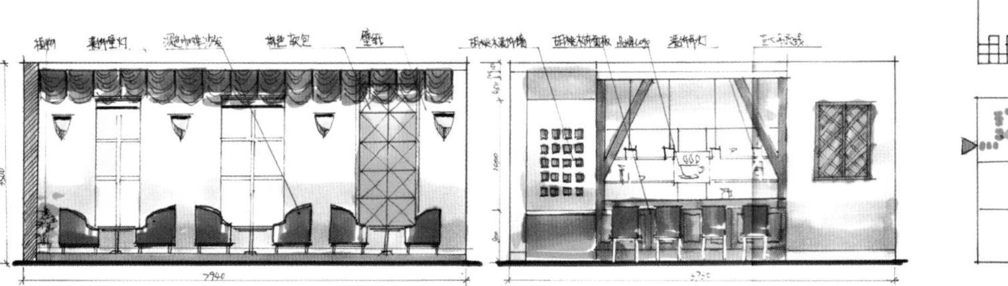

▲ 图5-59 咖啡吧快题设计

快题設計作业
办公室設計

绿植
植物装饰品
钢化玻璃不锈钢包边
乳胶漆
内嵌软光射灯
挂画
不锈钢
立面图 1:50

地板铺满
卫生间300x300地砖
档案室
会议室
财务室
120X120 做旧复古花岗岩镶嵌拼花
木制办公组合
地砖1000X1000 西班牙灰黑大理石铺满
3500 1600 5000 4000 4000
18000
平面图 1:100

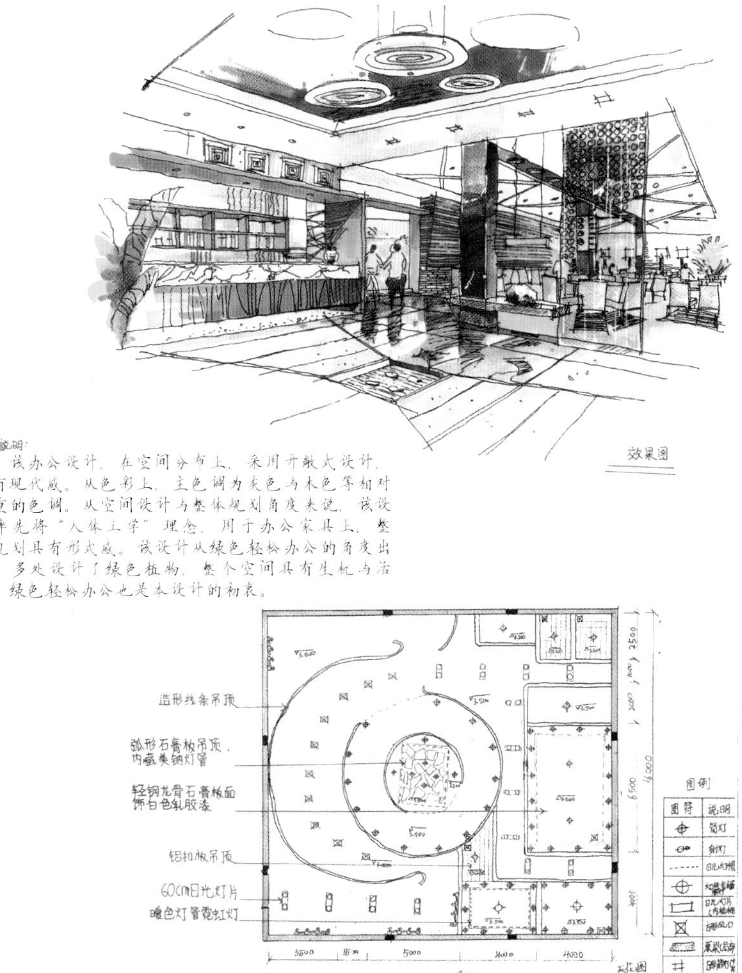

設計說明：

该办公设计，在空间分布上，采用开敞式设计，具有现代感。从色彩上，主色调为灰色与木色等相对稳重的色调。从空间设计与整体规划角度来说，该设计率先将“人体工学”理念，用于办公家具上，整体规划具有形式感。该设计从绿色轻松办公的角度出发，多处设计了绿色植物，整个空间具有生机与活力。绿色轻松办公也是本设计的初衷。

造形线条吊顶
弧形石膏板吊顶，内藏暗灯管
轻钢龙骨石膏板面饰白色乳胶漆
铝扣板吊顶
60CM日光灯片
暖色灯管霓虹灯
图例
天花图 1:100

▲ 图5-60　办公室快题设计

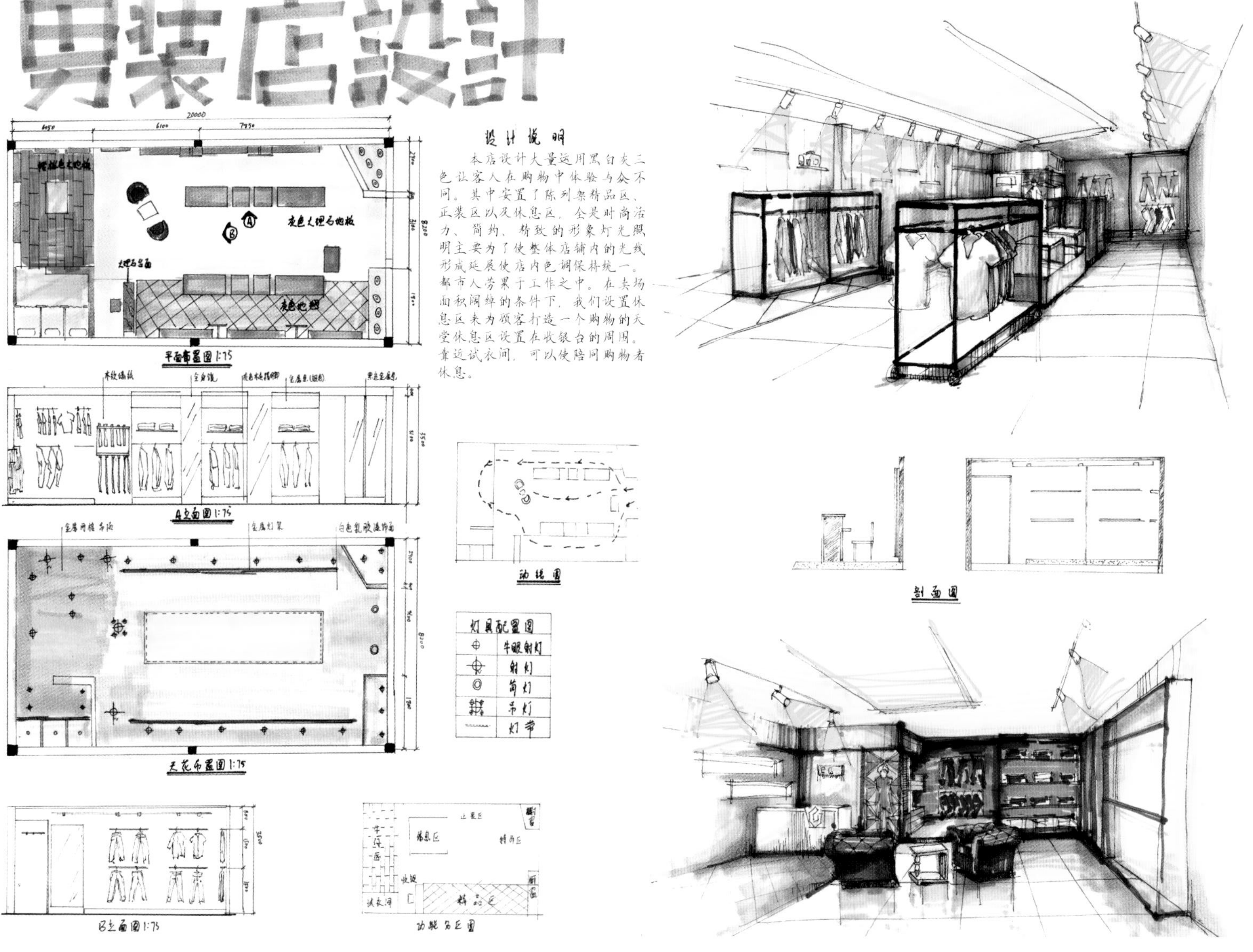

▲图5-61 服装店快题设计

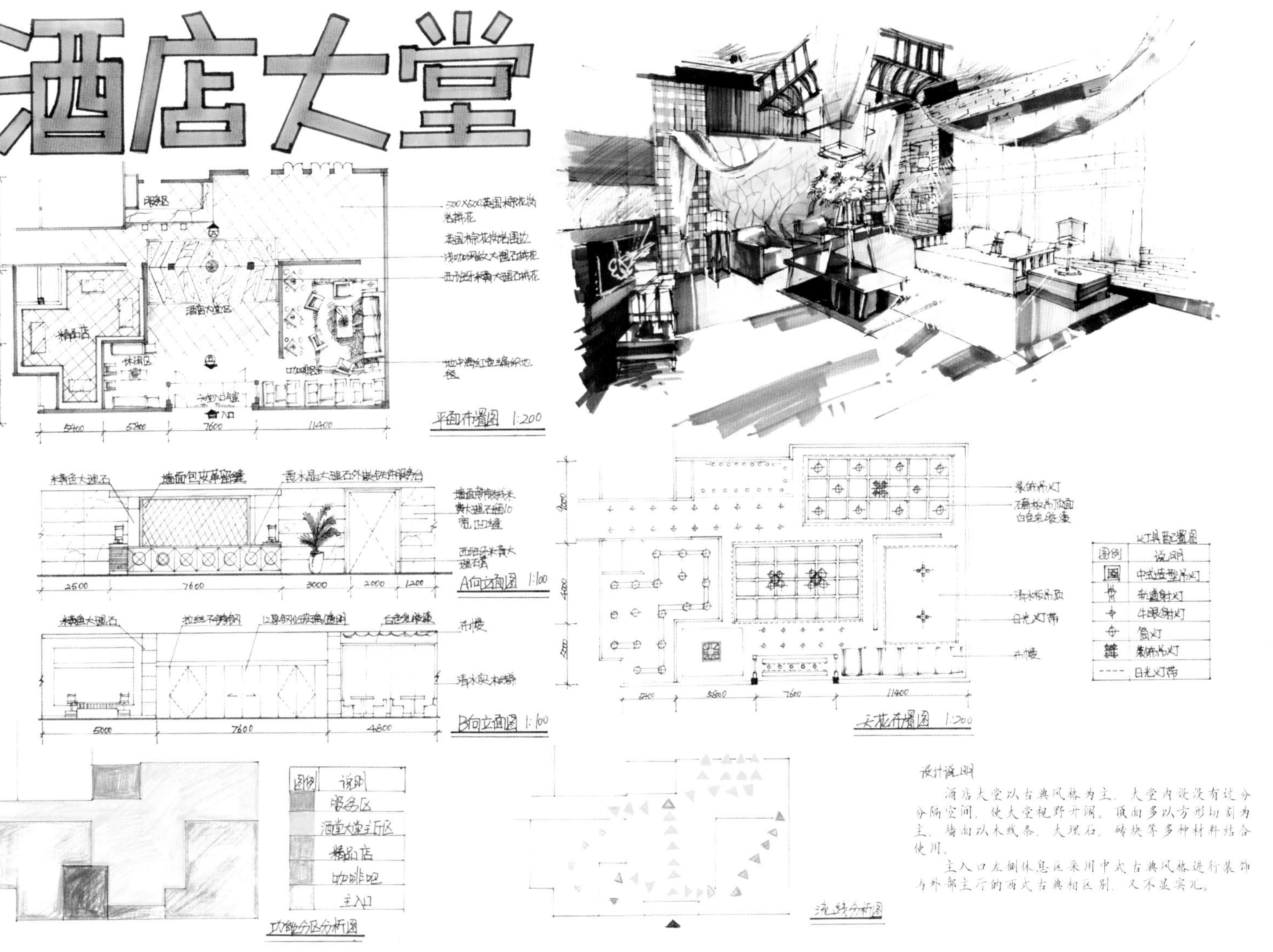

▲ 图5-62　酒店大堂快题设计

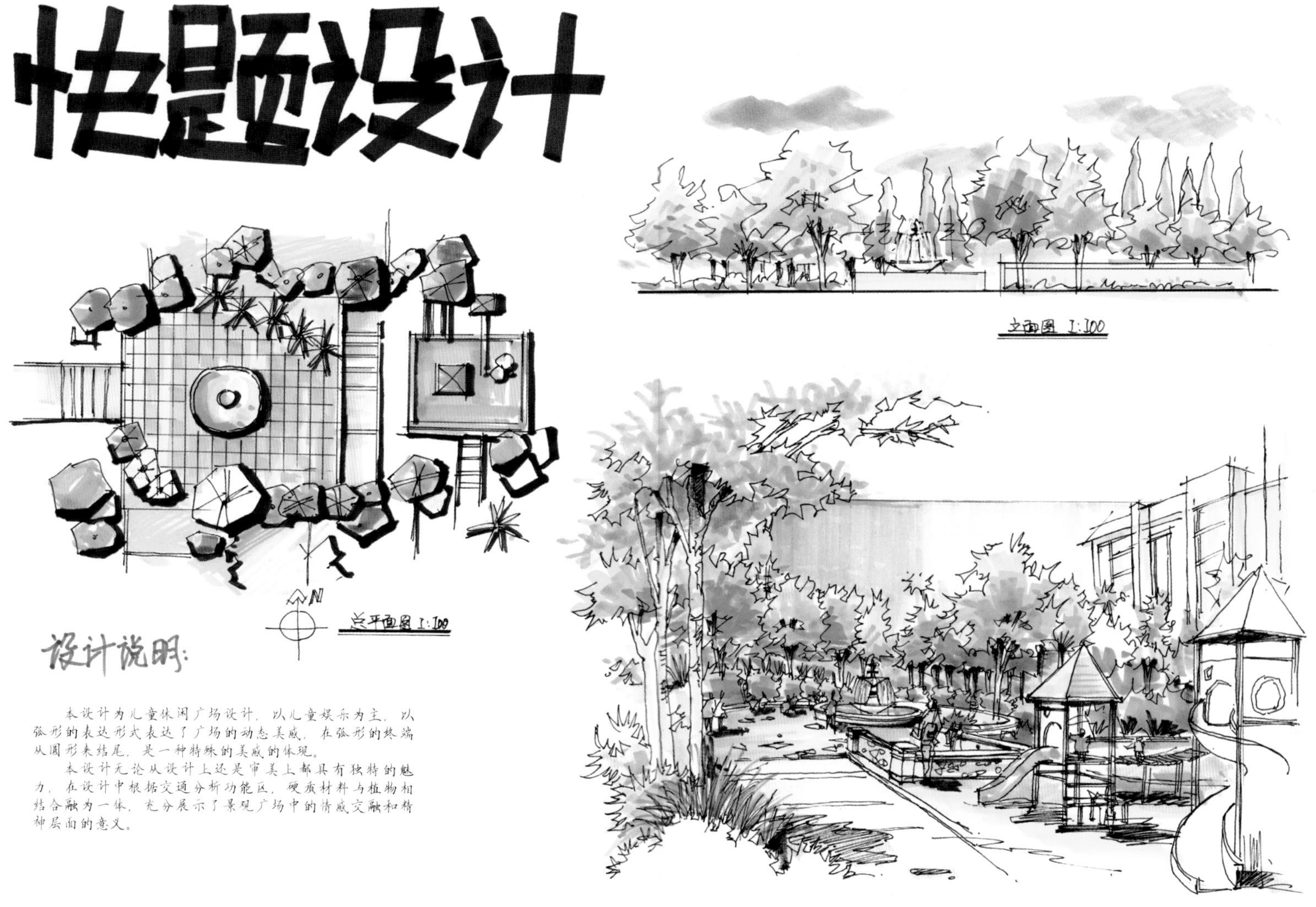

快题设计

总平面图 1:100

立面图 1:100

设计说明：

本设计为儿童休闲广场设计，以儿童娱乐为主，以弧形的表达形式表达了广场的动态美感，在弧形的终端从圆形来结尾，是一种特殊的美感的体现。

本设计无论从设计上还是审美上都具有独特的魅力，在设计中根据交通分析功能区，硬质材料与植物相结合融为一体，充分展示了景观广场中的情感交融和精神层面的意义。

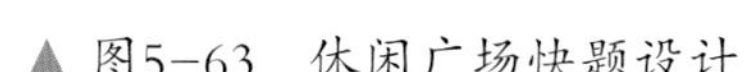

▲ 图5-63 休闲广场快题设计

前　言

口腔种植学中，临床技术和生物材料的迅速发展扩大了牙种植的临床适应证。目前，口腔种植已经成为日常牙科治疗中不可或缺的组成部分。但是，对多数牙科医生而言，口腔种植学是毕业后教育，在甄别治疗的复杂性和风险方面并没有得到应有的重视。从2003年开始，国际口腔种植学会（ITI）就推荐了SAC分类，将种植治疗程序的困难程度分为3个级别：简单、复杂和高度复杂类。

2007年3月，国际口腔种植学会（ITI）在西班牙的马略卡岛召开了多学科的28名专家参加的研讨会，制定的应用SAC分类的标准。国际口腔种植学会（ITI）很荣幸能够在本书中发表这次会议的会议纪要。

国际口腔种植学会（ITI）的目标是普及和提高牙种植学及其相关组织再生的知识，和“国际口腔种植学会（ITI）口腔种植临床指南”系列丛书一样，本书进一步实现国际口腔种植学会（ITI）为牙种植学的医生和医学教育工作者提供实践工具的期望。国际口腔种植学会（ITI）向该领域所有的从业者推荐本书。

Dieter Weingart
国际口腔种植学会(ITI)
会长

Stephen Chen
国际口腔种植学会(ITI)
教育委员会主席

致　谢

作者们衷心感谢Ms. Ute Drewes为本书所做的插图和图示。

作者们衷心感谢Ms. Jeannie Wurz 在本书编辑过程中的鼎力帮助。

作者们衷心感谢合作者Straumann Holding AG持之以恒地支持国际口腔种植学会（ITI）包括文献出版在内的各项活动。

主编、编者和译者

主编：

Anthony Dawson, MDS
Suite 7, 1 2 Napier Close
Deakin, ACT,2600, Australia
E-mail: tony@canberraprosthodontics.com.au

Stephen Chen, MDSc, PhD
The University of Melbourne
School of Dental Science
720 Swanston Street
Melbourne, VIC 3010, Australia
E-Mail: schen@balwynperio.com.au

主译：

宿玉成　医学博士，教授
中国医学科学院北京协和医院口腔种植中心主任、首席专家
中华人民共和国北京市西城区大木仓胡同41号，100032
E-mail：yuchengsu@163.com

编者：

Daniel Buser, DMD, Professor
University of Berne
Department of Oral Surgery and Stomatology
School of Dental Medicine
Freiburgstrasse 7, 3010 Bern, Switzerland
E-Mail: daniel.buser@zmk.unibe.ch

Luca Cordaro, MD, DDS, PhD
Eastman Dental Hospital, Roma
Head: Department of Periodontics and Prosthodontics
Via Guido D'Arezzo 2, Roma 00198, Italy
E-Mail: lucacordaro@usa.net

William C.Martin, DMD, MS
University of Florida, College of Dentistry
Clinical Associate Professor
Center for Implant Dentistry
Depa rtment of Oral and Maxillofacial Surgery
1600 WArcher Road, D7-6, Gainesville, FL32610, USA
E-Mail: wmartin@dental.ufl.edu

Urs C.Belser, DMD, Professor
University of Geneva
Department of Prosthodontics
School of Dental Medicine
Rue Barthélemy-Menn 19, 1211 Genéve 4, Switzerland
E-Mail: urs.belser@medecine.unige.ch

译者：

宿玉成　耿　威　汪　霞　戈　怡　彭玲燕
陈德平　刘　倩　贾四庆　皮雪敏

其他编者

Arne F. Boeckler
Martin-Luther-University Halle-Wittenberg
Associate Professor
Department of Prosthodontics
Grosse Steinstrasse 1 9, 06108 Halle(Saale)
Germany
E-Mail: arne.boeckler@medizin.uni-halle.de

Anthony J. Dickinson, BDSc, MSD
1564 Malvern Road
Glen Iris, VIC 3146, Australia
E-Mail: ajdl@iprimus.com.au

Christopher Evans, BDSc Hons(Qld), MDSc(Melb)
75 Asling St.,Brighton
Melbourne, VIC 3186, Australia
E-Mail: cdjevans@mac.com

Hidekazu Hayashi, DDS, PhD
Family Dental Clinic
2 Saki-cho Nara, Nara 630-8003, Japan
E-Mail: Hide1@nike.eonet.ne.jp

Frank Higginbottom, DDS
3600 Gaston Avenue, Suite 1107
Dallas, TX 75246, USA
E-Mail: bosom@dallasesthetics.com

Dean Morton, BDS, MS
University of Louisville, School of Dentistry
Professor and Assistant Dean
Department of Diagnostic Sciences, Prosthodontics and Restorative Dentistry
501 S. Preston, Louisville, KY 40292, USA
E-Mail: dean.morton@louisville.edu

Zahra Rashid, BSc, DDS, MS, FRCD(C), FCDS(BC)
1466 West Hastings Street
Vancouver, BC, V6G 3J6, Canada
E-Mail: zrashid@shaw.ca

James Ruskin, DMD, MD
University of Florida, College of Dentistry
Professor and Director, Center for Implant Dentistry
Department of Oral and Maxillofacial Surgery
1600WArcher Road, D7-6, Gainesville, FL32610, USA
E-Mail: jruskin@dental.ufl.edu

Thomas G.Wilson Jr, DDS, PA
Periodontics and Dental Implants
5465 Blair Road, Suite 200
Dallas TX 75231, USA
E-Mail: tom@tgwperio.com

The SAC Classification in Implant Dentistry

目　录

1 SAC分类引论

A. Dawson, S. Chen, D. Buser

1.1 引言

过去的15年间，口腔种植学已经发展成为牙列缺失和缺损的标准修复方法。临床和工艺技术的进步，扩大了牙种植治疗的适应证，为牙科医生提供了更多的医疗机会。伴随着这些进步，向患者推荐的治疗程序更加复杂。这就要求口腔种植医生具备与之相应的、更高的外科和修复治疗水平。

长期以来，已经认识到临床情况的困难程度、美学风险程度和修复及外科的并发症风险不同。迄今，口腔种植学界尚未形成公认的分类系统，用以定义治疗的复杂程度和潜在的并发症风险。为了帮助医生评价具体病例的难度，国际口腔种植学会（ITI）于2007年3月13—15日在西班牙的马略卡岛召开了共识研讨会。此次会议目标是基于简单、复杂和高度复杂的分类系统（SAC分类），为不同类型的修复和外科病例提供指导原则。

这些指导原则将为医生选择合适病例及种植治疗计划提供参考。同时，本书将作为设置不同级别的种植培训项目的有用工具。

1.2 本次共识研讨会与会者名单

本书是2007年3月13—15日国际口腔种植学会（ITI）在西班牙的马略卡岛召开的SAC共识研讨会会议纪要的纪实文献。以下是本次研讨会共识性声明和本书内容的贡献者：

Urs Belser	Switzerland	Alessandro Januário	Brazil
Daniele Botticelli	Italy	Simon Jensen	Denmark
Daniel Buser	Switzerland	Hideaki Katsuyama	Japan
Stephen Chen	Australia	Christian Krenkel	Austria
Luca Cordaro	Italy	Richard Leeungbok	South Korea
Anthony Dawson	Australia	Will Martin	USA
Anthony Dickinson	Australia	Lisa Heitz-Mayfield	Australia
Javier G. Fabrega	Spain	Dean Morton	USA
Andreas Feloutzis	Greece	Helena Rebelo	Portugal
Kerstin Fischer	Sweden	Paul Rousseau	France
Christoph Hämmerle	Switzerland	Bruno Schmid	Switzerland
Timothy Head	Canada	Hendrik Terheyden	Germany
Frank Higginbottom	USA.	Adrian Watkinson	UK
Haldun Iplikcioglu	Turkey	Daniel Wismeijer	Netherlands

1.3 SAC分类引论

SAC分类用于评价病例的治疗难度和风险，并可作为医生选择病例及治疗设计的指导原则。分类中的简单（低难度和低风险）、复杂（中等难度和中等风险）和高度复杂（高难度和高风险）可用于病例的修复和外科两个方面。但是医生个人的知识、技能和经验会影响对具体病例的分类，造成一定主观性。本书的目标是客观地表达临床病例的标准分类。但是应当认识到，修正因素可以改变具体病例的标准分类。将在本书后面章节中标出这些因素。

Sailer和Pajarola在口腔外科图谱（Sailer和Pajarola，1999）中首次提出SAC分类。作者详细描述了不同外科手术的临床情况，比如拔除第三磨牙，提出了S：简单（simple），A：复杂（advanced），C：高度复杂（complex）的分类。随后，1999年由瑞士口腔种植协会（SSOI）在为期1周的牙科质量研讨会上采用了SAC分类。SSOI的工作组从牙种植学的外科和修复的角度就不同的临床状态改进了SAC分类。2003年在瑞士Gstaad举办的国际口腔种植学会（ITI）共识研讨会上，采纳了SAC分类。此次研讨会上出现了种植外科SAC分类的（Buser等，2004）会议纪要。国际口腔种植学会（ITI）教育核心小组2006年决定稍微修改原始的分类，将名词“简单”的英文“Simple”改为“Straightforward”。

后面的章节提供了对SAC分类的评述，包括它的应用及决定因素。建立了病例类型分类标准，并提供具体病例的标准分类。随后，详细介绍SAC分类在种植外科和修复中的应用，提出并讨论了修正的因素和并发症对具体病例标准分类的影响。

尽管该分类主要是作为甄别具体病例困难程度的原则，但也作为鉴别风险和治疗患者的手段。通过告知患者根据SAC分类得到的预计限制因素、并发症和效果，患者对治疗会有所准备，使患者对可能的治疗效果形成理智的期望。对经验不足的种植医生，SAC分类提供了选择病例及制订治疗计划的工具，可以帮助他们以负责的和不断积累的方式形成自己的种植经验。经验丰富的医生可能感到有用的内容较少，但可能会发现SAC分类对制订种植治疗计划和鉴别进而控制潜在风险都很有用。

SAC分类也可用于整个治疗过程。根据临床表现和种植位点，一个标准的分类可能被患者特殊因素所改变。如有需要，在实际治疗过程中的不同阶段可能被进一步修正。

2 SAC分类的决定因素

A. Dawson, S. Chen

2.1 定义

表1 拔牙后种植时机的分类（Chen和Buser，2008）

分类	描述性术语	拔牙后时期	种植时预期的临床状态
Ⅰ型	即刻种植	即刻	拔牙位点没有骨和软组织愈合
Ⅱ型	软组织愈合的早期种植	通常为4～8周	拔牙位点软组织愈合，但无显著骨愈合
Ⅲ型	部分骨愈合的早期种植	通常为12～16周	拔牙位点软组织愈合，并有显著骨愈合
Ⅳ型	延期种植	通常为6个月，或更长的时间	拔牙位点完全愈合

过程：牙种植学的“治疗过程（process）”定义为相关的评估、计划、治疗和种植以及上部结构后续维护的整个流程，不仅仅是指临床治疗程序。

标准：本书中，和分类有关的“标准的（Normative）”是在牙种植学中特定的临床情况下，符合规范或标准。标准分类在多数情况下代表具体病例的分类。标准分类可因修正因素和／或并发症而改变。

种植时机：很多不同的分类都描述过拔牙后种植体植入时机。在本书，将使用Chen和Buser（2008）详述的分类。该分类是对Hämmerle等（2004）提出的分类的改进。表1概要总结了这一分类。

种植体负荷方案：对有关种植体植入后种植体负荷的讨论，将采用Cochran等（2004）的定义。表2做出了概要总结。

表2 负荷方案的定义（Cochran等，2004）

负荷方案	定义
即刻修复	种植体植入后，48小时之内戴入修复体，与对殆无接触
即刻负荷	种植体植入后，48小时之内戴入修复体，并与对殆接触
常规负荷	种植体植入后，经过3～6个月的愈合期，然后戴入修复体
早期负荷	种植体植入后，48小时至3个月戴入修复体，并且与对殆接触
延期负荷	种植体植入后，超过3～6个月的常规愈合期之后，戴入修复体

2.2 假说

SAC分类假设医生已经具备适当的培训、准备和维护来制订和实施治疗计划。没有一种分类可以完全涵盖严重偏离正常的病例或效果。此外，还假定医生在能力范围内进行临床操作。由此在每一个类别内，使用了以下普遍和特殊的假定：

普遍：

- 为治疗提供了适当的器械和消毒技术。
- 具有充分的临床和技工室支持。
- 能够执行推荐的方案。

患者：

- 患者全身状况良好或得以恰当处理。
- 患者对治疗效果的期望切合实际。

特殊：

- 适合位点的种植体类型、直径和数量。
- 种植体位置正确、空间充足。
- 正确选用修复材料。

2.3 分类的决定因素

对具体病例类型将基于如下因素进行标准分类。

分类的常规性决定因素包括：

2.3.1 美学和非美学位点

美学对治疗过程的影响程度是常规性决定因素。非美学位点病例将没有或仅有极低的美学风险，由此可去除一个潜在的困惑因素。根据定义，简单病例一定不能包含任何美学风险，而美学区的任何病例都必须归类为复杂或高度复杂类。在本书，美学位点是指单颗牙或多颗牙种植后的黏膜边缘在大笑时可见，或对患者具有美学重要性的区域（Belser等，2004）。

2.3.2 治疗过程的复杂性

通过治疗程序中所涉及的治疗步骤的多少和必须获得满意效果的缺牙区的大小，评估种植外科或种植修复的复杂程度。作为常规性原则，随着治疗步骤增多和必须获得满意效果的目标增高，复杂程度也随之提高。

比如，非美学位点的单颗牙种植仅涉及简单的计划。手术可能仅包括并不复杂的两个步骤：拔牙和几周后植入种植体。修复阶段也不涉及复杂操作。因此这种病例的外科和修复治疗的标准分类可归类为简单类。相反，美学位点的单颗牙修复要求更详细的评价和计划，可能包括更多的外科和修复步骤，并且一定要获得更精确的效果。这一过程的标准分类至少要归类为复杂类。在应用时看似类似，但这两个例子证实具有美学挑战性时，复杂程度也随之增加。

治疗过程的复杂程度也可以根据是否能在一定程度上明确预期效果（和所含步骤）进行评估。如果可以，就适合归类于简单或复杂类（考虑其他因素）。高度复杂病例的效果更依赖于中间程序的成功。这可能要求改变治疗计划并考虑相关的偶然性因素。例如，如果植入种植体时需要进行上颌窦底提升，上颌窦底提升术在某种程度上或多或少地影响到种植体的数量、直径和是否能同期植入种植体，继而影响最终修复体的设计。因此，在设计阶段，不可能清晰预见到最终效果，导致归类为高度复杂类。

2.3.3 并发症风险

没有一种方案可以完全避免可能使治疗复杂化或影响种植体长期成功和稳定性的风险。SAC分类可以用于鉴别和量化这些风险，以便制订某种应急治疗计划、控制风险并将出现不期望效果的可能性降到最低。因此，SAC分类可作为牙医有用的风险处理工具。

并发症可能导致下列一项或多项后果：

- 并发症使外科和／或修复治疗更加困难，但对治疗效果不会有任何影响；
- 并发症导致治疗效果欠佳，不会降低种植体的存留，但会使得一个或多个区域的效果与理想相去甚远；
- 并发症对治疗效果的影响已经达到降低最终修复体长期成功率或稳定性的程度（图1）；
- 并发症导致治疗失败。

在治疗过程的评价和计划阶段甄别风险时，治疗计划要包括位点的测量，以便将潜在的消极因素造成不良后果的可能性降到最低。可以和患者讨论这些风险，并提前告知这些潜在的不利因素。应该控制患者的期望值，使其有接受结果欠佳的心理准备。

潜在风险在何处？以下列出了可能影响临床过程复杂程度的诸多方面，这些因素均参与SAC分类：

- 生物学因素：
  - 骨和软组织量
  - 角化黏膜量
  - 是否存在感染
  - 咬合因素（例如副功能咬合）

- 机械因素：
  - 修复设计
  - 加工室的问题

- 美学因素：
  - 美学风险评估（Martin等，2007）
  - 美学区需修复的软组织缺失量

- 患者因素：
  - 美学期望超出结果的理性范围
  - 患者在治疗计划中的参与意愿
  - 依从性

- 过程因素：
  - 在治疗过程中所涉及的步骤多少及其复杂程度
  - 治疗过程中影响合作或执行计划的因素。例如，即刻负荷苛求计划性和条理性

以上因素将在本书的后面章节予以更详尽的考量。但是，在病例评价和选择治疗方案阶段，必须考虑这些潜在的并发症类型。这些潜在因素性有助于进行标准SAC分类。

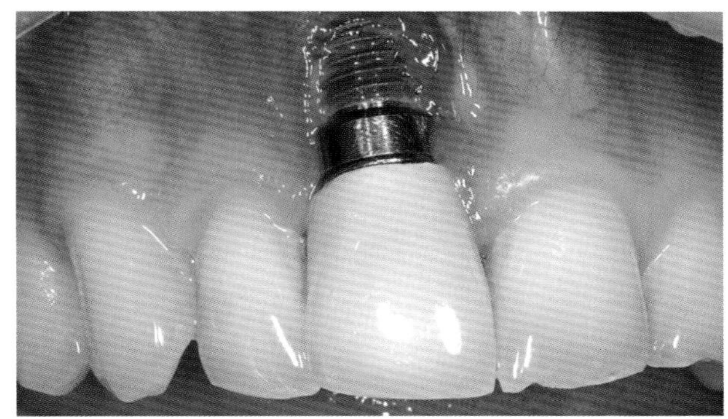

图1　上颌右侧中切牙位点的种植体唇侧观，显示唇侧黏膜退缩和骨支持丧失。种植体直径过大，并且在拔牙窝内太偏唇侧。该并发症不但影响美学成功，还有损于种植体的长期存留

3 修正因素

3.1 常规修正因素

S. Chen, A. Dawson

标准分类只是某种病例类型的标准描述。通常，因为治疗程序的复杂性不断增加，下列因素可能修正这些分类：

3.1.1 临床能力和经验

假设医生进行的种植治疗没有超出其临床能力，应该注意到某种病例类型的标准SAC分类和医生的技术和能力无关。因此，一个简单类的病例对经验丰富和不丰富的医生来说都不复杂。另一方面，高度复杂类的病例对和经验丰富与不丰富的医生来说，处理起来都比较困难。从这一点考虑，两者之间的区别是经验丰富的医生拥有技术、能力和知识，可以处理高度复杂类的病例和相关的并发症。相反，新手缺乏必要的技能和经验，建议最好让更加专业的医生完成这种高度复杂类的病例。

3.1.2 抵抗力差患者的健康状态

对抵抗力差的患者进行治疗更加困难，同时更易于发生并发症（表1）。例如，已经明确吸烟（Strietzel等，2007）和没有控制的糖尿病（Moy等，2005；Ferrira等，2006）更易于发生术后并发症和种植体失败，这被认为是种植治疗的高风险因素。其他情况也可能对种植产生影响，必须评估每一个病例。可能需要控制这些因素，以便于能够进行种植治疗，但其治疗过程通常需要改变标准的治疗方案。

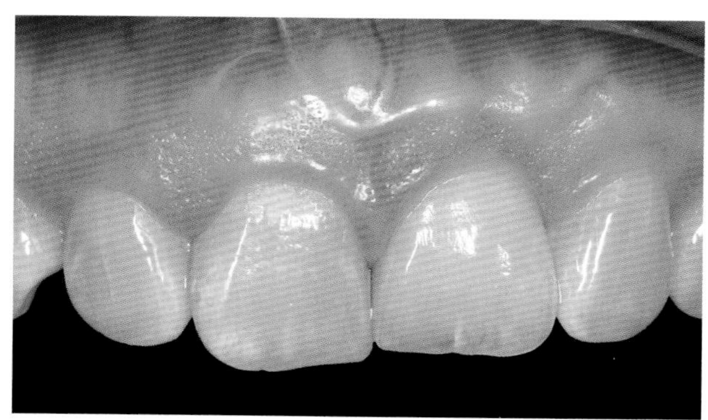

图1 种植体植入3年之后，牙殆面生长导致上颌左侧中切牙位点的种植修复体和相邻中切牙的切端不一致

表1 种植治疗的常规性风险因素（Buser等，2004）

风险因素	注意的问题
全身状态	• 影响骨愈合的严重骨病 • 免疫性疾病 • 服用类固醇类药物 • 不能控制的糖尿病 • 放疗后的骨组织 • 其他
牙周	• 进行性牙周疾病 • 顽固性牙周炎病史 • 遗传倾向
口腔卫生／依从性	• 通过牙龈指数评估自我保健状况 • 个性、智力方面
咬合	• 磨牙症

3.1.3 发育的考量

发育期患者的颌骨内植入种植体是明显的修正因素。实验研究（Thilander等，1992）和发育期患者临床病例报告（Oesterle等，1993；Johansson等，1994；Westwood和Duncan，1996）显示种植体和牙固连（ankylosed teeth）的作用相似，可以延缓种植体周围骨发育。最终导致种植修复体咬合

面降低和／或种植体腭向错位（图1）。这种临床表现不仅和美学问题相关（种植修复体和对侧同名牙对比，切端和龈缘不协调），也关系到修复体处于低咬合位置时的功能问题。

基于这些原因，年轻患者的种植体植入应该推迟至颅颌面／骨骼生长完成之后（Koch等，1996）。然而，对青少年来说，发育期变化很大，实际年龄不能作为唯一标准。现在推荐使用多种方法来判定发育停止，包括连续的头影测量分析、牙弓内牙齿的萌出类型（例如，第二磨牙的萌出）、身高对发育的评价和手、腕部放射线评估（Op Heij等，2003）。需要注意的是，短面型或长面型者，在20岁后种植体相邻的天然牙可能会进一步萌出，对美学和功能均构成风险（Op Heij等，2006）。

有证据证明，人的一生中颅颌面生长不会完全停止，而是缓慢地持续下去（Behrents，1985）。随着时间推移，牙齿位置的适应性变化可能影响美学和功能，需要在成年后修改或更换种植体支持的修复体（Oesterle和Cronin，2000）。

3.1.4 医源性因素

进入治疗程序之前，不合理的治疗计划，不理想的术前治疗结果，经常增加种植治疗阶段的困难。例如，对上颌侧切牙位点，正畸治疗不能在相邻两颗牙的根方创造出理想的间隙时，植入种植体是非常困难的。不理想的种植体三维位置同样也会增加修复过程的困难（Buser等，2004），可能因特殊临床表现而改变SAC分类（图2～图7）。

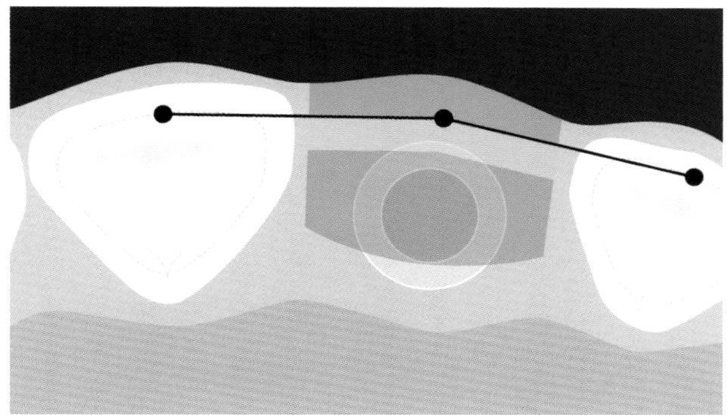

图2　唇舌向安全带和危险带的示意图

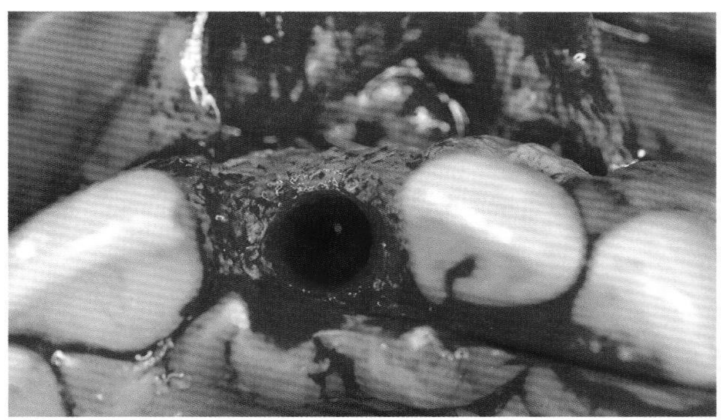

图3　种植窝预备后的殆面观，显示合适的唇舌向种植体位置及完整的唇侧骨壁

图4　通过牙周探针可以看到种植体肩台在唇舌向的正确位置

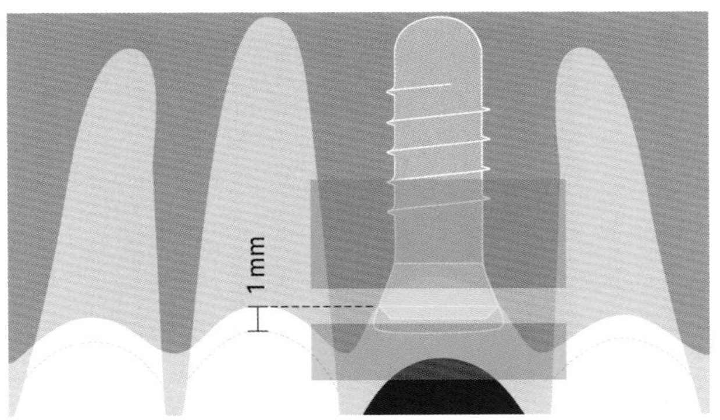

图5　冠根向的安全带和危险带

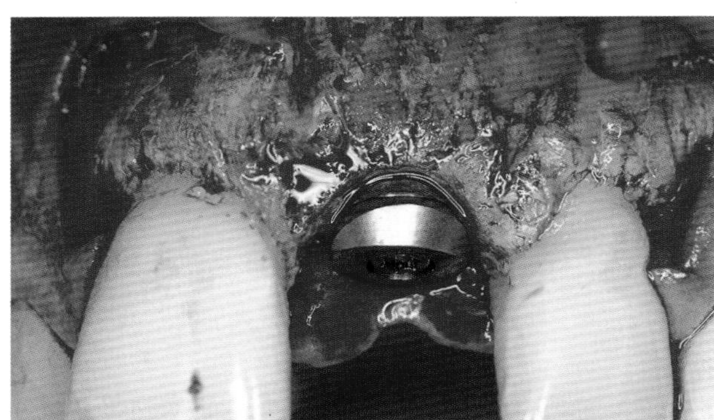

图6 冠根向正确的种植体植入位置

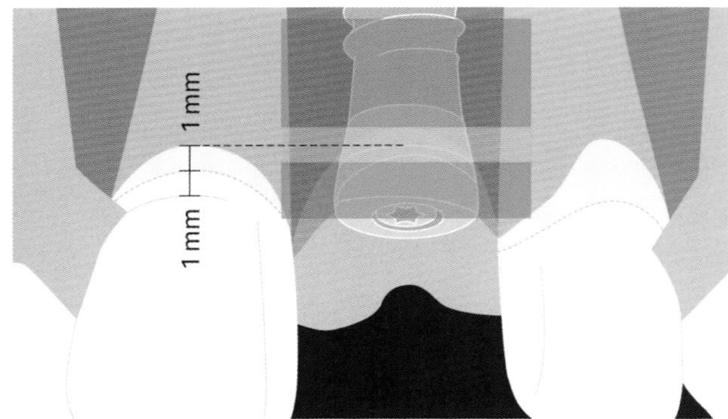

图7 示意图说明冠根向的安全带和危险带

3.2 美学修正因素

S. Chen, A. Dawson

当患者正常地功能活动或微笑时，将暴露种植修复体及周围龈缘的美学问题。但是，不是所有的种植治疗都存在美学风险。这一系列的修正因素已经在“国际口腔种植学会（ITI）口腔种植指南”（第一卷）：美学区种植治疗：单颗牙缺失的种植修复（Martin等，2007）一书中做过详细讨论。

表1列举了导致美学风险的因素。美学风险评估表（Esthetic Risk Assessment，ERA）可用于决定特殊治疗的负面美学风险，辅助医生对病例进行SAC分类。应该注意，根据定义，有某些美学风险的病例（例如，修复体边缘暴露）至少应该归类为复杂类病例。

在ERA中列出的因素都影响到种植修复体周围硬组织及软组织量和健康状态，同时介绍了它们如何影响美学效果。在有美学要求的位点进行的种植修复就如同在画廊展示的油画。周围的软组织及其支持种植体的骨组织就类似于油画周围的边框。一副好的画框能够更好地烘托艺术作品的整体美学效果，相反，劣质的画框却会使作品质量大打折扣。对种植修复也是同样的道理。

表1 美学风险评估表（ERA）

美学风险因素	风险程度		
	低	中	高
健康状态	健康，免疫功能正常		免疫功能低下
吸烟习惯	不吸烟	少量吸烟（<10支／天）	大量吸烟（>10支／天）
患者的美学期望值	低	中	高
唇线	低位	中位	高位
牙龈生物型	低弧线形，厚龈生物型	中弧线形，中厚龈生物型	高弧线形，薄龈生物型
牙冠形态	方圆形		尖圆形
位点感染情况	无	慢性	急性
邻面牙槽嵴高度	到接触点≤5mm	到接触点5.5～6.5mm	到接触点≥7mm
邻牙修复状态	无修复体		有修复体
缺牙间隙的宽度	单颗牙（≥7mm）	单颗牙（≤7mm）	2颗牙或2颗牙以上
软组织解剖	软组织完整		软组织缺损
牙槽嵴解剖	无骨缺损	水平向骨缺损	垂直向骨缺损

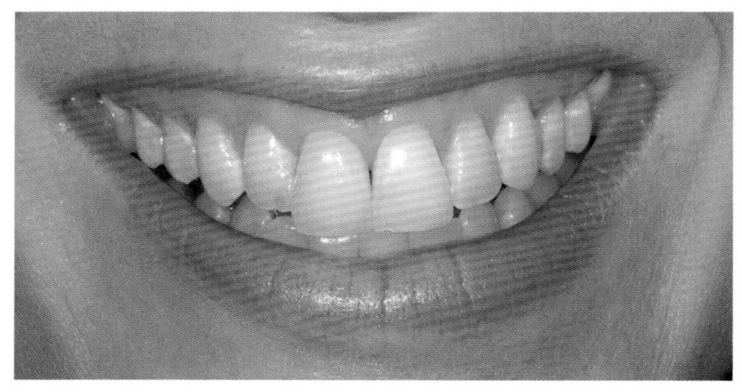
图1 高位笑线患者的面像。微笑时，可见上颌左侧中切牙位点的种植体和相邻中切牙之间的牙龈乳头变钝

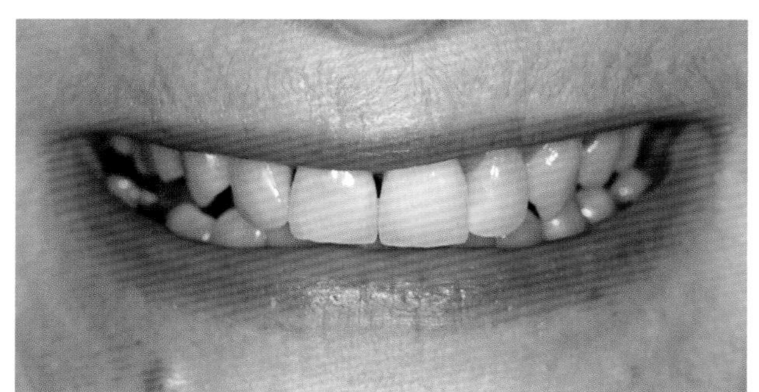
图2 低位笑线患者的面像。尽管上颌左侧中切牙位点的种植体和相邻中切牙之间的牙龈乳头已经缺失，但患者微笑时并不容易发现

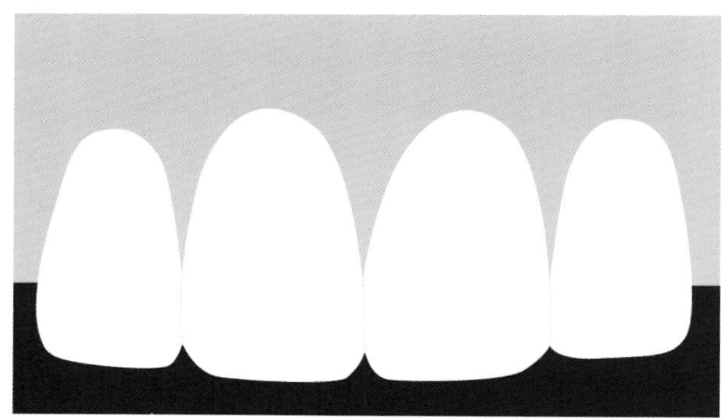
图3 薄龈生物型的示意图。注意，尖圆形牙冠和高弧线形龈缘形态

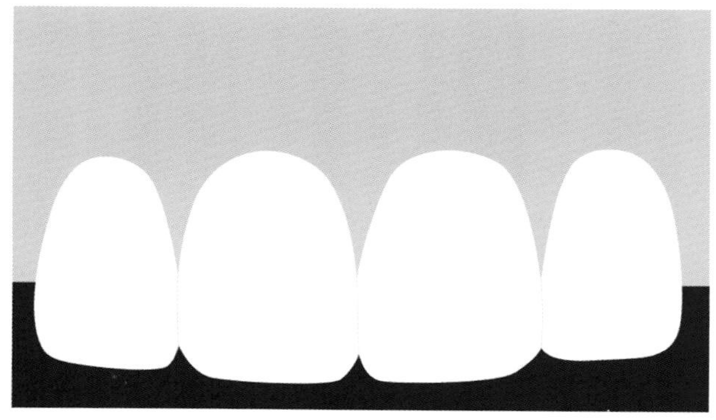
图4 厚龈生物型的示意图。注意，方圆形牙冠和低弧线形龈缘形态

3.2.1 健康状态

全身情况的影响，例如健康状态和吸烟，首先和愈合过程的可预期性相关。之前，已经讨论了这些问题。

3.2.2 美学期望值

为美学病例制订方案时，患者对美学效果的期望值也是一个重要问题。有不现实要求或美学期望值非常高的患者非常难以应对，因为种植治疗的美学效果可能难以满足这些期望或需要。应该全面告知患者关于ERA中介绍的局限因素如何影响最终效果，在评估和制订治疗计划时必须尽早地将这些问题和患者沟通。另外，如果种植之外的其他治疗方案能提供更满意或可预期的效果，也应予以考虑。

3.2.3 笑线

在行使功能或微笑时，所设计的种植修复体及其周围黏膜组织的暴露程度，是界定美学或准美学位点的一个主要因素。如行使功能或微笑时，看不到种植体周围龈缘，种植位点一般被认为美学风险很小或没有风险。这个区域暴露得越多，美学风险越大（图1和图2）。

3.2.4 牙龈生物型

软组织生物型可能影响种植修复的美学效果（Kois，2001）。在天然牙，薄龈生物型通常与高弧线形牙龈形态及尖圆形牙冠相关（图3）。相反，厚龈生物型的牙龈形态一般是低弧线形和方圆形牙冠（图4）（Olsson等，1993）。另外，厚龈生物型的角化龈宽于薄龈生物型（Müller和Eger，1997）。

在单颗种植位点，与薄龈生物型相比，厚龈生物型的牙槽嵴唇侧软组织相对更厚（Kan等，2003）。薄龈生物型较厚龈生物型似乎更容易发生种植修复体周围软组织退缩（Evans和Chen，2008），也更难形成理想的软组织穿龈轮廓。厚龈生物型相对较少，但似乎宽容度更大，更容易掌控。因此，从厚龈生物型到薄龈生物型，美学风险逐渐增加（Martin等，2007）。

3.2.5 周围软组织量

ERA的很多因素和软组织量及种植位点的骨支持有关。在某种意义上，可以影响种植体的植入及修复，对形成与周围牙列和软组织的对称性及协调性密切相关。某些因素可能影响这些组织量，例如牙槽骨吸收和黏膜退缩，将会增加美学风险和治疗难度。

当存在美学风险时，种植体周软组织的骨支持非常关键（Belser等，1998；Buser和von Arx，2000），将严重影响对天然牙和种植体之间龈乳头（Choquet等，2001）或2颗种植体之间龈乳头（Tarnow等，2000；Tarnow等，2003）的支持。单颗牙种植病例，完整的龈乳头是由邻牙的邻面牙槽嵴支持，似乎可以通过选择合适的种植体、良好的外科技术保持龈乳头高度，降低美学风险。然而，存在一些由于牙周病、较深修复体龈下边缘或进行性感染导致支持龈乳头的骨组织退缩的病例中，治疗效果欠佳的风险非常高。当近远中向间隙减小时，牙槽嵴的骨改建会损害支持性骨组织，发生以上问题。包含多颗牙修复的较大缺牙间隙，形成多颗修复体之间“自然”的龈乳头的外形非常困难（Buser等，2004），必须使用义龈修复。

3.3 外科修正因素

S. Chen, D. Buser, L. Cordaro

表1列出了从外科角度评估种植位点时，应该考虑的一些修正因素。

3.3.1 骨量

种植治疗的基本要求是骨量充足，以支持适当长度的种植体（Buser等，2000）。在拔牙后，吸收性改建导致不同类型和程度的骨吸收（图1a，b），水平向和垂直向骨量减少（Schropp等，2003）。进而，需要在种植体植入前或植入同时进行骨增量。辅助性骨增量程序增加了外科治疗的难度。

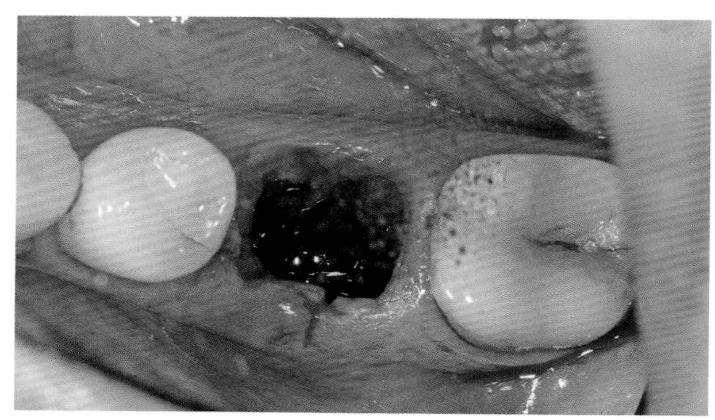

图1a 下颌左侧第一磨牙位点拔牙后的殆面观

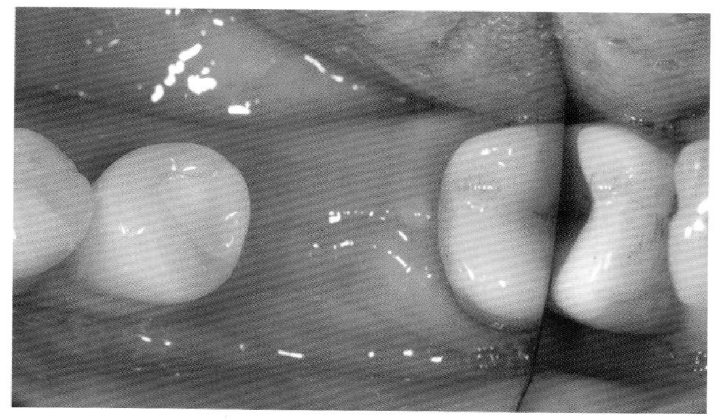

图1b 12周之后，软组织愈合、牙槽嵴颊侧骨吸收

水平向骨量不足，当预计的种植体周围骨缺损至少存在两侧骨壁时，可以同期骨增量（详见第4章）。同期进行水平向骨增量方案认为是中等难度，需要具备使用屏障膜和／或骨移植材料及骨代用品的技术和经验。如果预计骨缺损是一壁型缺损，建议采用分阶段治疗方案。与这些缺损类型相关的治疗程序，例如使用块状骨和颗粒状骨代用品联合移植和／或空间维持或屏障膜帐篷治疗程序，进行侧向骨增量是高难度的，需要临床技能和经验。同样，增加了手术和术后并发症的风险。

垂直向骨量不足，少量的牙槽嵴缺损可以不用骨增量；然而，种植体肩台相对于黏膜边缘可能植入较深。这增加了后续修复程序的难度，以及进行种植体周围组织健康长期维护的难度。如果在根方存在特殊的解剖结构，降低了可用骨高度，可以考虑使用特殊种植系统中短于标准的种植体。但是，短种植体的长期存留率没有得到充分证实，甚至有可能降低。在骨高度降低的位点，邻近的特殊解剖结构增加了手术并发症的风险。出于这些原因，存在垂直向骨量不足的位点归类于中等难度的外科程序。

牙槽嵴顶或根方存在垂直向骨量不足的位点，垂直向骨增量技术包括上颌窦底或鼻底骨移植，使用屏障膜和／或自体骨移植材料或骨代用品进行垂直向牙槽嵴增量，以及牵张成骨。这些是高难度治疗程序，增加了手术并发症的风险。医生需要具备高水平的临床技能和丰富经验来获得这些治疗程序的成功。

表1　外科修正因素

位点因素	风险和困难程度		
	低	中	高
骨量			
水平向	充足	不足，但允许同期骨增量	不足，需要提前进行骨增量
垂直向	充足	牙槽嵴顶少量不足需要略深的冠根向种植体植入位置；邻近特殊解剖结构的根方少量不足，需用短种植体	不足，需要提前进行骨增量
解剖风险			
靠近重要的解剖结构	低风险	中等风险	高风险
美学风险			
美学区	非美学区		美学区
生物型	厚龈生物型		薄龈生物型
唇侧骨壁厚度	充足≥1mm		不足<1mm
复杂程度			
之前或同期治疗程序	种植体植入，无辅助性治疗程序	种植体植入，同期辅助性增量程序	种植体植入，分阶段的辅助性增量程序
并发症			
手术并发症的风险	低	中	高
并发症的后果	无不良影响	治疗效果欠佳	治疗效果严重受损

3.3.2 解剖风险

种植手术对邻近的解剖结构造成风险，例如邻牙牙根、神经血管束、上颌窦和鼻腔以及皮质骨穿孔。术前需要进行详细的临床和放射线评估，以确定这些结构受损伤的风险等级。如果取自体骨或软组织移植，就必须考虑供区的解剖风险。根据临床条件，风险可以是从低到高。

3.3.3 美学风险

美学风险评估已经在第3.2节讲述。根据外科观点，组织生物型是决定风险程度的一个重要因素。与厚龈生物型位点相比，薄龈生物型位点龈缘退缩的风险显著增加（Evans和Chen，2008），常常需要辅助性硬组织和软组织增量加以避免。这增加了治疗难度，需要医生具备高水平的临床技能和丰富的经验来成功地完成这些治疗程序。在美学区种植，薄龈位点非常难以处理，美学并发症的风险增高。

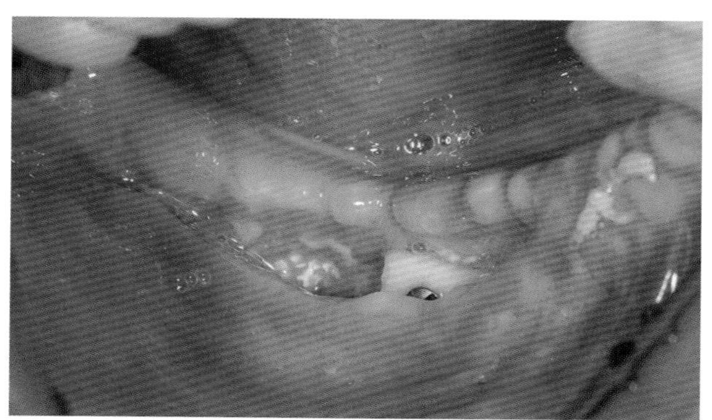

图2 下颌后牙位点创口裂开的临床观，位于牙槽嵴外侧骨增量时的移植骨暴露

唇侧骨壁支持着种植体唇侧黏膜。如果种植体植入后唇侧骨壁过薄（<1mm），种植体周围水平向和垂直向骨吸收以及种植体表面暴露风险增加（Block和Kent，1990），增加了随后发生龈缘退缩的可能。经常需要使用辅助性硬组织和软组织移植使周围骨吸收及黏膜退缩降至最低。由于美学风险较高，唇侧骨壁过薄的位点是高难度病例。

3.3.4 复杂程度

不需要进行辅助性硬组织和软组织增量的种植位点被认为是低难度。需要辅助性增量的位点是中等或高难度，这需要根据复杂性及需要的步骤多少，以及是同期还是分阶段治疗进行界定。

3.3.5 并发症

种植医生可以应用多种手术及增量技术。医生必须彻底地理解向患者推荐的技术优点、缺点以及其支持这些技术的临床证据。

任何外科技术都具备固有的并发症风险。这受到多种因素影响，包括治疗方案的复杂性、邻近某些解剖结构、美学因素以及医生的治疗经验和能力。并发症的风险可以从低到高，必须针对每个病例和所选择的不同技术进行评估。

进一步考量的是并发症的后果。如果某种并发症处理后不会对种植体或修复体产生不良影响，这些并发症可以认为是低风险。如果并发症导致不利的骨和/或软组织效果，其长期后果的风险应该是中到高（图2），这取决于并发症的特点。

3.4 修复修正因素

A. Dawson, W. Martin

表1显示了可能影响具体病例SAC分类的诸多修复问题和风险。

表1 修复修正因素

		困难程度		
问题	备注	低	中	高
口腔环境				
口腔健康状态		无活动期疾病		有活动期疾病
邻牙状态		有修复体		无修复体
缺牙原因		龋病／创伤		牙周病或副功能咬合
修复空间				
殆龈距离	指从预计的种植修复体边缘到对殆之间的距离	修复空间充足	修复空间受限，但不影响修复	需要辅助性治疗，以获得充足的修复空间
近远中向距离	和被修复牙相称的牙弓长度	修复缺失牙的空间充足	需要减径或减数	需要辅助性治疗，以获得满意的效果
修复范围		单颗牙	连续多颗牙	全牙列
种植体周围的组织量和特点	指是否有足够的组织量以支持最终修复体，或是否需要修复体义龈	不需要义龈修复		为了美学或发音，需要义龈修复

续表

		困难程度		
问题	备注	低	中	高
咬合				
殆型		前牙引导		无引导
殆型相关性	种植修复体对殆型的参与程度	不参与		修复体参与引导
副功能咬合	并发症风险是针对种植修复体而非种植体存留	不存在		存在
临时修复体				
种植体愈合期间		不需要	可摘式	修复体边缘位于龈缘根方>3mm
临时种植修复体	使用临时修复体来改进美学和软组织过渡带	不需要	修复体边缘位于龈缘根方<3mm	修复体边缘位于龈缘根方>3mm
负荷方案	至今，即刻修复和负荷程序缺乏科学文献证实	常规或早期		即刻
材料／制作	制作最终修复体时选用的材料和技术	树脂材料 ± 金属加强	金属烤瓷	
维护需要	基于患者的表现和设计的修复体，预计的维护需求	低	中	高

3.4.1 口腔健康状态

口腔健康状态可以影响种植修复治疗的困难程度。活动期的口腔疾病会潜在增加治疗难度，作为一般性原则，这种情况应在种植治疗前处理。

偶尔，如果能够调改种植修复体的邻牙形态或外形，是有利的。如果这些牙没有进行修复而且是健康的，这些治疗不合乎要求，会使治疗复杂化。如果这些牙齿已经修复，更易于调改。

由于牙周疾病（Baelum和Ellegaard，2004；Karoussis等，2003）或副功能咬合（Brägger等，2001）导致的牙齿缺失的种植修复有更大的潜在并发症或失败可能。这病史提示治疗医生要注意这些风险。

3.4.2 修复空间

可用于种植修复的空间会影响所设计的修复体类型。一般来说，在近远中向间隙满足种植体植入之后，垂直间隙能否满足基台、附着体及修复材料会严重地影响治疗计划（Martin等，2007）。如果受到任何限制，致使种植治疗不能获得功能和／或美学方面满意的修复体，可能就需要辅助性治疗。否则，将采用其他的修复选择。只有极少数病例需要修复体的唇舌向减径，通常为修复体唇舌径过大影响发音的病例。

3.4.3 缺牙区的组织量

通常，缺牙区牙槽嵴的大小对外科阶段的治疗影响要超过修复阶段。然而，为了美学或发音，需要用义龈替代硬组织和软组织缺损时，可能会增加种植治疗的困难程度。

3.4.4 咬合

患者的殆型以及种植修复体的参与程度都会影响种植修复的困难程度，并可能产生最终修复体的并发症。从殆学角度，与组牙功能殆相比，种植修复体受到前导的保护，并且没有参与引导，几乎不会发生相关并发症。另外，有副功能咬合习惯的患者更可能发生种植修复体的并发症，诸如螺丝松动、基台或螺丝折断和饰面材料崩裂（Brägger等，2001）。

3.4.5 临时修复体

种植治疗的愈合阶段，如需要使用临时修复体会增加治疗难度。在牙列缺失的病例问题会更多，临时义齿会对愈合期的种植体产生非控制性负荷，增加了早期失败的风险。必须加以注意，确保在早期愈合的关键阶段，临时修复体不会影响种植体愈合。

种植体支持式临时修复体经常用于改进美学“过渡带”；含意是，形成能模拟天然牙的种植修复体穿龈轮廓（图1～图3）。在需要临时修复体的位点，种植体肩台位于龈缘下的深度会对治疗难度产生显著影响。

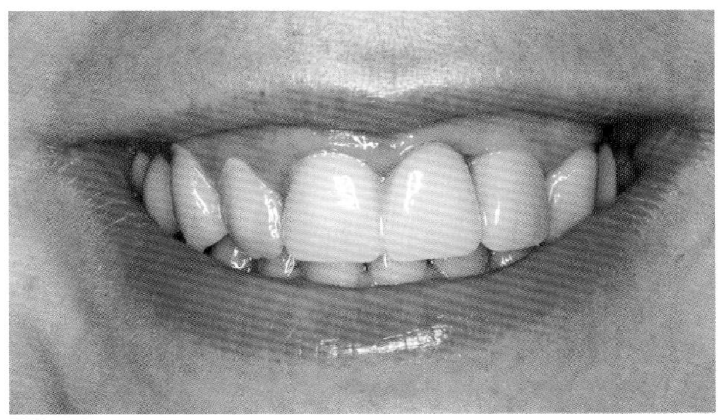

图1　临时修复体戴入后的正面观

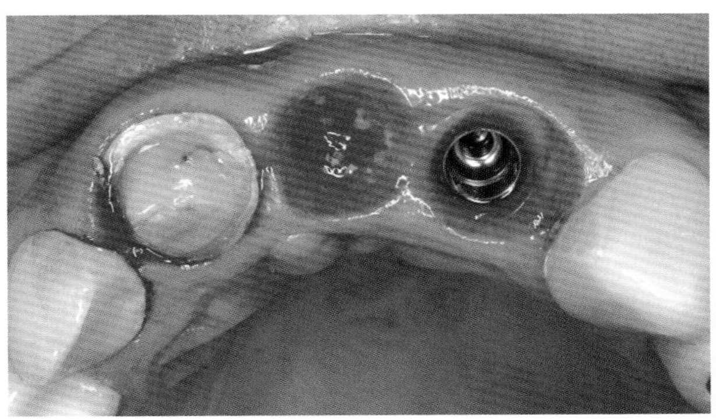

图2　使用临时桥形成过渡带，在上颌左侧中切牙位点使用卵圆形的桥体，侧切牙位点使用种植修复体

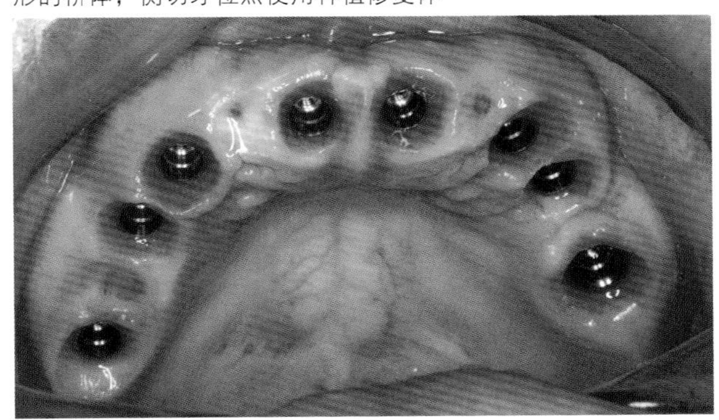

图3　在全牙列种植修复的病例中，使用临时桥形成种植体周围黏膜轮廓

3.4.6 负荷方案

种植体何时、如何负荷将影响修复治疗的困难程度。应该注意到，目前除了在下颌牙列缺失特别适合的条件下（Cochran等，2004），缺乏将即刻负荷作为常规修复方案的证据。因此，常规负荷（愈合时间>3个月）和早期负荷（愈合时间<3个月，但>2天）可能比即刻负荷（即种植体植入后48小时内戴入临时或最终修复体）更简单。即刻负荷方案是更加困难的治疗程序，需要外科医生、修复医生及技师的密切配合。

3.4.7 修复材料及制作技术

为一个位点设计的修复体类型及修复体制作所使用的材料将决定治疗程序的复杂性及难度。在此，修复体跨度也是一个影响因素。单纯金属基底树脂修复体更容易制作且不易变形（Ortorp和Jemt，2006）。相反，金属烤瓷修复技术在制作过程中有变形风险，特别是长桥修复体（Bridger和Nicholls，1981；Zervas等，1999），因为没有被动就位而导致应力集中在修复体上。只有在修复体戴入一段时间之后才会出现并发症。至少，在修复体戴入一段时间之后将发生崩瓷。

3.4.8 维护需要

修复体的维护需要在制订种植治疗计划时进行评估。设计的修复体长度、副功能咬合、计划的修复技术及牙医的偏好都将会影响这项评估。一般来说，越复杂的修复越需要更高级别的维护。

3.5 应用

A. Dawson, S. Chen

对具体的种植病例，以上所有讨论到的修正因素都可能对其产生影响。应该在评估和制订治疗方案的阶段参考这些因素，制订应急方案来解决这些可能会影响治疗效果的问题。

在随后的章节中，将讨论有关决定标准和具体分类的外科和修复问题，并列表讨论与不同病例类型相关的修正因素。需要为一个具体病例进行简单、复杂或高度复杂分类的读者，可将其病例的具体表现与这些表格中的描述进行匹配。为其病例进行的SAC分类将代表与该病例相关因素最为匹配的难度级别。

4 外科病例分类

4.1 外科分类原则

S. Chen, D. Buser, L. Cordaro

外科病例SAC分类应遵循以下常规性原则。这些原则有助于形成外科病例类型的标准分类。本章将讨论修正因素对这些病例类型的影响。

这些病例分为3组。前两组是根据病例发生在高或低美学风险区的位点进行区分。在这两组中，又分为单颗牙缺隙的种植病例，双种植体支持的少于3颗牙的较小缺隙的种植病例，3颗以上种植体支持的多于3颗牙的较大缺隙的种植病例。第3组为拔牙后拔牙窝内即刻植入种植体的病例，也就是即刻（Ⅰ型）种植（Hämmerle等，2004）。由于特定的硬组织和软组织因素，拔牙窝内种植体植入单独分为一组。

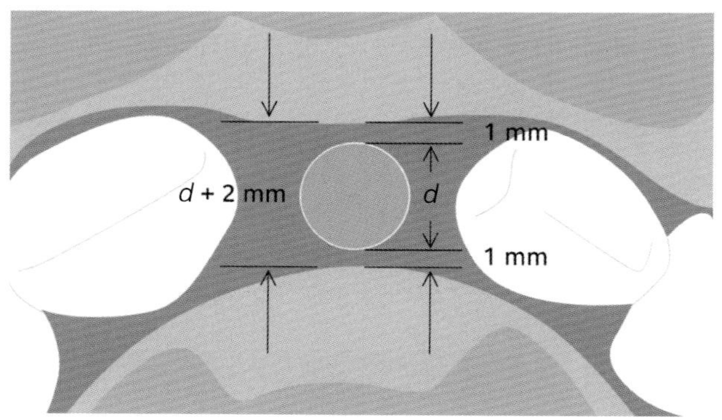

图1 种植体植入需要的最小唇舌向骨宽度的示意图。种植体植入需要的最小唇舌向骨宽度至少要比种植体体部直径大2mm（d+2mm，种植体体部直径=d）。假设种植体植入位置在牙槽嵴中央，那么种植体的唇侧和舌侧向至少各有1mm的骨量

4.1.1 常规标准

可以基于以下常规标准将外科病例分类为简单、复杂和高度复杂的病例。

简单病例

- 预计外科过程简单，外科风险最小。
- 解剖风险最小。
- 预计术后并发症最少。
- 最小的美学风险。

复杂病例

- 预计外科过程较为复杂。
- 邻近重要解剖结构，增加种植体植入的难度。
- 术后并发症增加。
- 中度至高度美学风险。

高度复杂病例

- 预计外科过程非常复杂。
- 邻近重要解剖结构，种植体植入的难度和风险最高。
- 对临床医生和助手的手术水平要求高。
- 术后并发症风险高。
- 高度美学风险。

4.1.2 位点特异性标准

除了以上常规标准之外，每一类型的病例还要考虑以下位点特异性标准：

骨量：关系到是否有充足的骨量植入种植体，或种植体植入在以修复为导向的正确位置，而不需要辅助性骨增量手术。

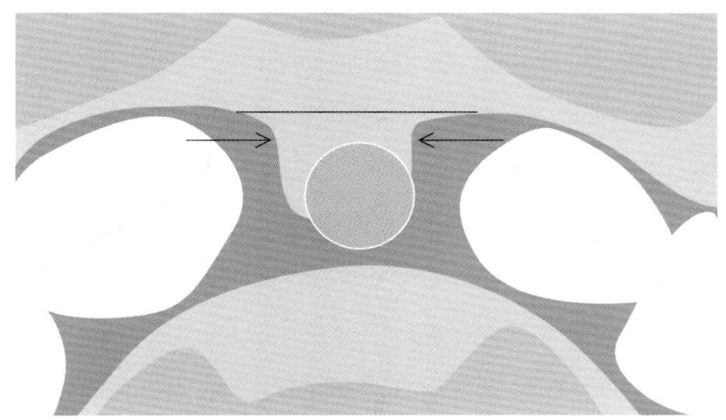

图2a　如果预计的骨缺损至少存在两个完整骨壁（箭头），并且种植体位于牙槽嵴界限之内（直线表示唇侧牙槽嵴的外侧界限），建议种植体植入同期骨增量

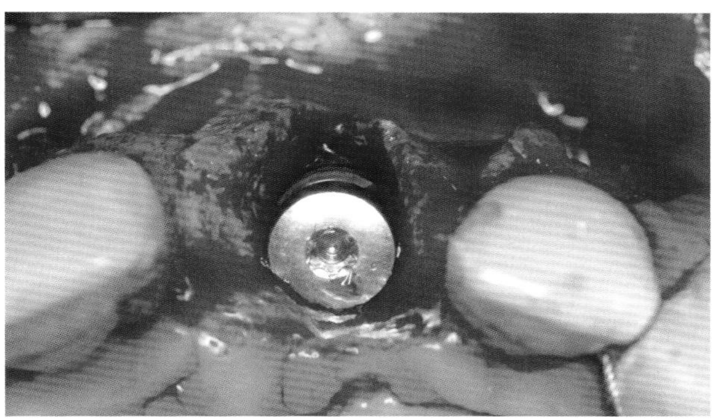

图2b　种植体位于唇侧骨壁缺损的拔牙窝内殆面观。在近中和远中面尚存两个骨壁。种植体位置良好地限制在牙槽嵴轮廓之内。这种临床状态可以进行同期骨增量

- 作为常规性原则，唇舌向骨宽度至少要保证唇侧和舌侧各1mm的骨量（Buser等，2000）。对这一要求的描述，见图1：

种植体体部直径+2mm（为唇侧和舌侧提供各1 mm的骨厚度）

考虑到市场上不同种植体系统中种植体直径之间的差异，建议以下的最小唇舌向骨宽度（表1）：

细直径种植体（种植体直径为3.0～3.5mm）：唇舌向骨宽度5.0～5.5mm

标准直径种植体（种植体直径为3.5～4.5mm）：唇舌向骨宽度5.5～6.5mm

粗直径种植体（种植体直径为4.5～6.0mm）：唇舌向骨宽度6.5～8.0mm

- 如果术前检查确定，种植体周围骨缺损至少存在两个骨壁，可以进行同期骨增量手术（图2a，b）。要特别注意，确保种植体唇侧表面没有穿出牙槽嵴唇侧轮廓（图3）。否则，要求外科医生应用屏障膜维持空间，稳定移植骨和/或骨代用品。

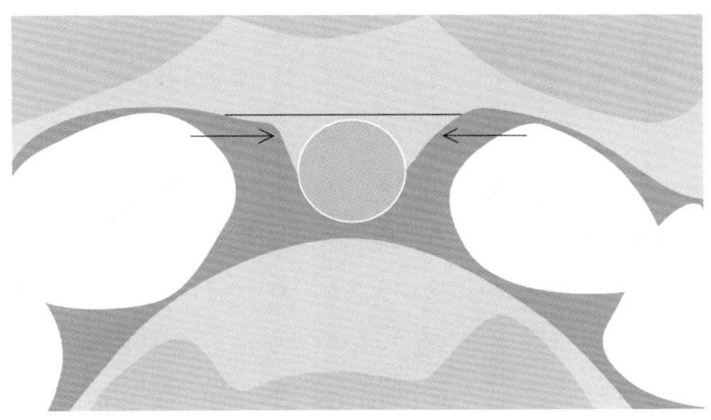

图3　该病例骨缺损存在两个完整骨壁（箭头）。但是相对于两侧邻牙完整骨壁的位置，决定了种植体靠近牙槽嵴的唇侧界限（直线），可以考虑同期骨增量，然而，外科医生更需要用屏障膜维持空间、稳定移植材料，并且存在骨再生不良的风险

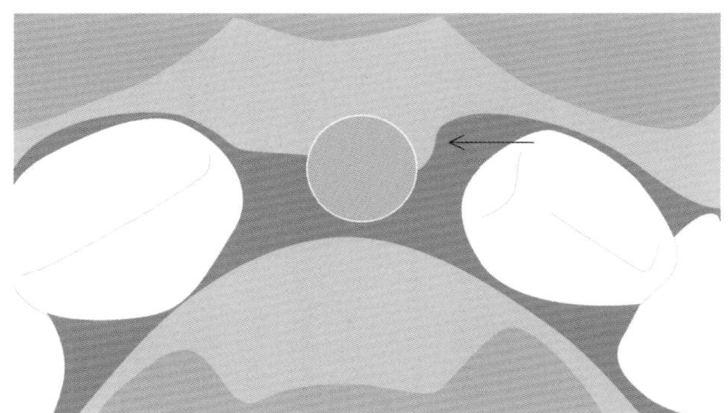

图4　如果预计骨缺损仅有一侧骨壁（箭头），同期骨增量手术是不可预期的。这种情况建议进行分阶段步骤，也就是说，第一阶段进行骨增量手术，一定时间之后的第二阶段进行种植体植入术

• 如果预计骨缺损仅存在一个骨壁（图4），建议进行分阶段的骨增量方法。一壁型或无骨壁型骨缺损的同期骨移植或牙槽嵴扩张技术，被视为高度复杂类的治疗程序。

表1　不同直径种植体所推荐的最小唇舌向骨宽度

种植体体部直径	体部直径范围（mm）*	最小唇舌向骨宽度（mm）
细直径种植体	3.0 ~ 3.5	5.0 ~ 5.5
标准直径种植体	3.5 ~ 4.5	5.5 ~ 6.5
粗直径种植体	4.5 ~ 6.0	6.5 ~ 8.0

*是指种植体体部直径，并非种植体肩台或修复平台的直径

解剖风险：与可能涉及的邻牙牙根、神经血管、上颌窦或鼻腔以及皮质骨穿孔等相关。也要考虑到供区位点的解剖风险。

美学风险：与存在的解剖条件，或能导致不利于美学效果的硬组织和软组织并发症有关。在美学重要区，为获得可预期的美学效果，对辅助性硬组织和软组织增量程序和高水平外科技术的需求增多。美学风险的修正因素包括组织生物型、笑线、存在的骨缺损和患者的期望值。依据分类的目的，美学区主要局限于上颌前牙和前磨牙区。要认识到，根据不同的临床病例，其他位点也可能有美学重要性。

复杂程度：与计划进行的外科程序的认知难度有关。以下因素增加了外科手术程序的难度：

• 最少角化黏膜宽度和缺乏前庭深度的位点。

• 即刻种植或辅助性牙槽嵴保存手术。

- 其他干预，包括为位点预备的正畸牙移动，牵张成骨，牙槽嵴劈开或扩张术，不翻瓣手术和导航手术等。

- 在种植体植入前或同期进行辅助性硬组织和软组织移植程序，或种植体植入后的额外治疗程序。

- 口外取骨技术，由于对医生和助手外科技术的高要求，视为高度复杂类治疗程序。

并发症：所有的外科手术引起的短期和长期并发症风险。

并发症风险：指把可能的并发症风险作为外科程序的结果，包括供区发病。也指因术前条件导致种植体位置不正确的风险，或者硬组织和软组织并发症风险。

并发症后果：并发症可能导致以下后果：

- 并发症使得外科和后续修复过程更加困难，但不影响效果。

- 并发症导致欠佳的治疗效果，这不降低修复体的存留率，但导致患者难以再接受其他位点的种植。

- 并发症影响到治疗效果，使种植体和最终修复体的长期成功率或者稳定性降低。

- 并发症使整个治疗程序失败。

拔牙窝内种植：拔牙同时（Ⅰ型，即刻种植）或者在软组织愈合后（Ⅱ型，早期种植）在拔牙窝内植入种植体。

如果拔牙窝完整或仅有唇侧骨壁受损或缺失，种植体周围唇舌向骨缺损可以进行同期骨增量手术。当存在两个或多个骨壁缺损，或者垂直向骨量不足时，要考虑分阶段治疗方案。

4.1.3 分类表

以后的章节将提供外科病例类型分类。

标准分类只是病例类型的标准展示。先前提到过，修正因素可以改变标准分类，并且就具体病例做出分类判断时必须要考虑到修正因素。为达到分类和简化分类表的目的，美学位点被认为是前上颌的位点。尽管在分类表中上颌后部和下颌位点被归为非美学区，但是每个病例必须依据具体表现以及口腔正常功能和微笑状态下的牙暴露程度来决定。

分类的目的不只为了列举某一具体病例所采取手术程序的所有组合，而是提供可能需要的辅助性治疗程序的适应证。

4.2 低美学风险区单颗牙缺失间隙的种植

S. Chen

表1显现了低美学风险区单颗牙缺隙的种植分类。当解剖风险低、骨量充足、种植体可以植入到正确的修复位置时，手术难度和并发症风险较低。标准分类为简单类。

当水平向骨缺损、种植同期骨增量时，治疗过程需要用到骨或骨代用材料和／或屏障膜。这些辅助性技术，增加了治疗程序的难度，标准分类为复杂类。值得注意的是，少量种植体周围骨缺损的骨增量并发症风险可能较低，但随着缺损的加大，风险增加。如果从其他部位切取自体骨，可能导致额外的供区并发症。

如果水平向骨缺损，达到需要在种植体植入前进行骨增量的程度时，缺乏骨壁支持的，水平向骨增量显著增加了治疗难度。基于术者的偏好，侧方骨增量可能要求联合使用自体骨移植（块状和／或颗粒状）或者骨代用材料，间隙维持的帐篷机制，或屏障膜（可吸收性，不可吸收性和／或增强型）。这种情况难度高，具备中度并发症风险，标准分类为高度复杂类。

当骨高度不足，不论是骨吸收还是邻近重要的解剖结构所致，都必须进行增加骨高度的手术。这些手术包括外置法植骨，垂直向引导骨再生术（GBR），上颌窦底提升术，牵张成骨和神经移位术等。多数病例，这种缺损部位也需要进行水平向骨增量。这些手术难度高，只能由经验丰富的外科医生进行。由于增加了损伤重要解剖结构和术后并发症的风险，此类病例的标准分类为高度复杂类。

表1 低美学风险区的单颗牙缺隙病例的外科分类

<table>
<tr><td colspan="2">低美学风险区</td><td colspan="5">病例类型：单颗缺牙间隙</td></tr>
<tr><td colspan="5">风险评估</td><td rowspan="2">标准分类</td><td rowspan="2">可能需要的辅助性手术及备注</td></tr>
<tr><td>骨量</td><td>解剖风险</td><td>美学风险</td><td>复杂程度</td><td>并发症风险</td></tr>
<tr><td colspan="7">定义特点：单颗种植体</td></tr>
<tr><td>充足</td><td>低</td><td>低</td><td>低</td><td>低</td><td>简单</td><td></td></tr>
<tr><td>水平向骨缺损，允许同期骨增量</td><td>低</td><td>低</td><td>中</td><td>低</td><td>复杂</td><td>• 同期水平向骨增量
• 小缺损并发症风险低，大缺损风险高
• 供区并发症</td></tr>
<tr><td>水平向骨缺损，需要预先植骨</td><td>低</td><td>低</td><td>中</td><td>高</td><td>高度复杂</td><td>• 水平向骨增量
• 涉及颏孔
• 供区并发症</td></tr>
<tr><td>垂直向骨缺损</td><td>高</td><td>低</td><td>高</td><td>高</td><td>高度复杂</td><td>• 垂直向和／或水平向骨增量
• 涉及颏孔
• 上颌窦底提升
• 某些垂直骨增量技术损伤邻牙的风险
• 供区并发症</td></tr>
</table>

4.2.1 临床病例：下颌左侧前磨牙和磨牙缺失

28岁男性患者，身体健康，下颌左侧第二前磨牙和第一磨牙缺失（图1）。尽管两颗牙缺失，临床检查近远中向间隙为11mm、牙龈到对颌牙列垂直高度为6mm。明显可见上颌左侧第二前磨牙轻微过度萌出。患者口腔卫生良好，牙体和牙周健康。曲面体层放射线片显示颏孔到牙槽嵴顶距离为12～14mm（图2）。

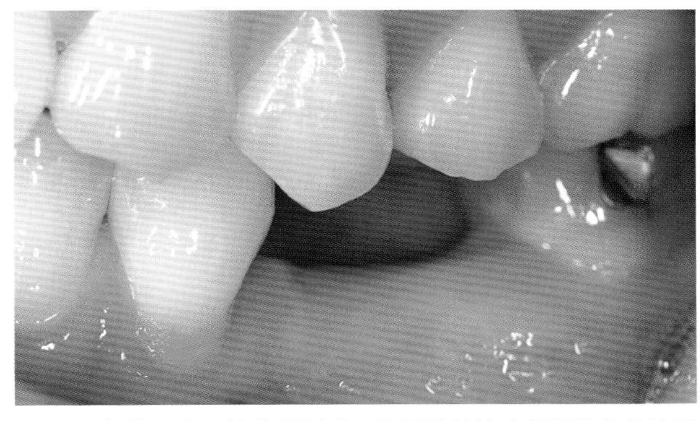

图1 下颌第一磨牙缺失颊侧观，显示种植治疗所需的充足的近远中向距离和适当的垂直向距离

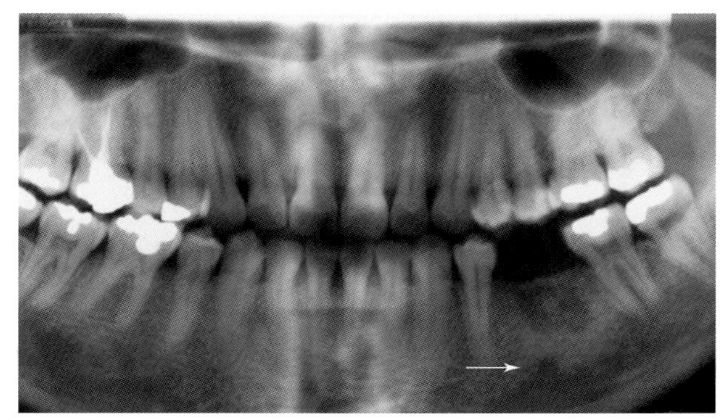

图2 下颌左侧第二前磨牙和第一磨牙位点的曲面体层放射线片，显示下颌神经管上方充足的垂直向骨高度。注意：颏孔的位置（箭头）

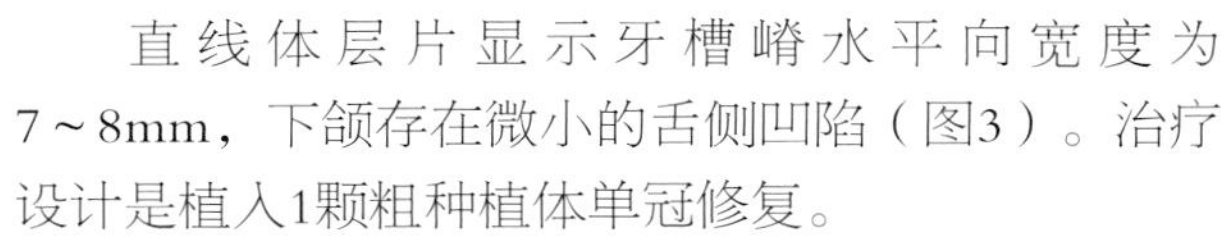

直线体层片显示牙槽嵴水平向宽度为7～8mm，下颌存在微小的舌侧凹陷（图3）。治疗设计是植入1颗粗种植体单冠修复。

对于植入单颗种植体，骨量充足时解剖风险最小，手术难度相对较低，术中和术后并发症风险低。因此，外科手术SAC分类为简单类（表2）。

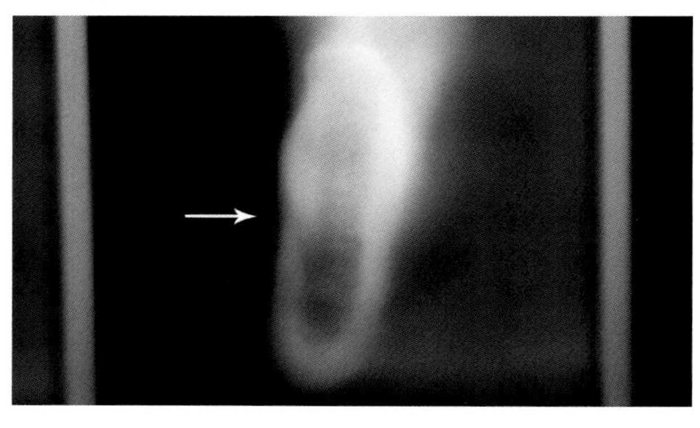

图3 下颌左侧第二前磨牙和第一磨牙位点的直线体层片，显示充足的水平向骨宽度，微小的牙槽嵴舌侧凹陷。注意：颏孔的位置（箭头）

表2 下颌左侧前磨牙和磨牙缺失病例，单颗种植体支持修复体的外科SAC分类

一般因素	评估	备注
全身禁忌证	无	
吸烟	无	
发育因素	无	
位点因素	**评估**	**备注**
骨量	充足	
解剖风险	低	• 颏孔到牙槽嵴顶之间的距离12～14mm • 舌侧皮质骨穿孔风险最小
美学风险	低	
复杂程度	低	• 张口度充足，提供充足的手术入路 • 骨量充足，种植体植入时不需要辅助性骨增量
并发症风险	低	• 植入长度10mm种植体，并发症风险低
负荷方案	早期	• 计划种植术后6~8周修复
SAC分类	简单	

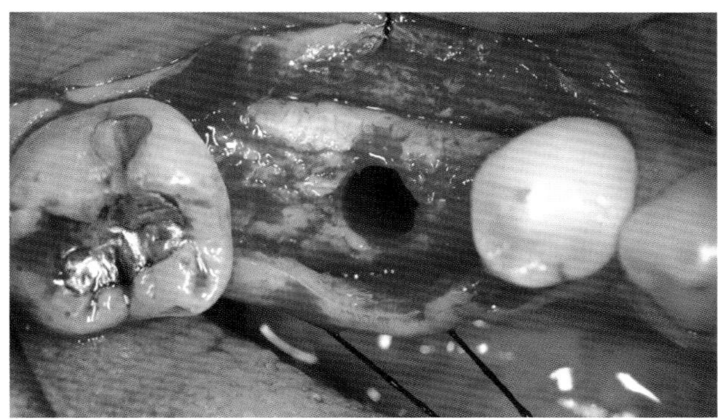
图4　种植窝预备的术中观，显示唇侧和舌侧充足的骨壁厚度

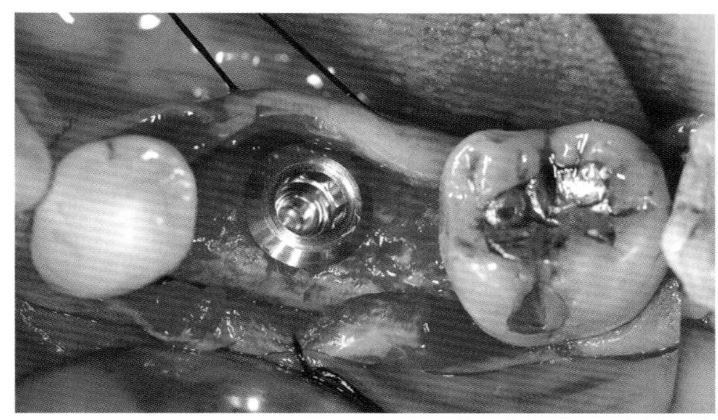
图5　种植体植入术中观

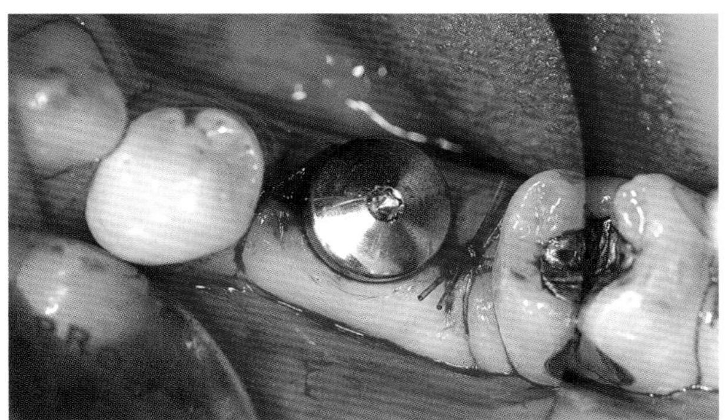
图6　种植体上安放愈合帽，间断缝合关闭创口

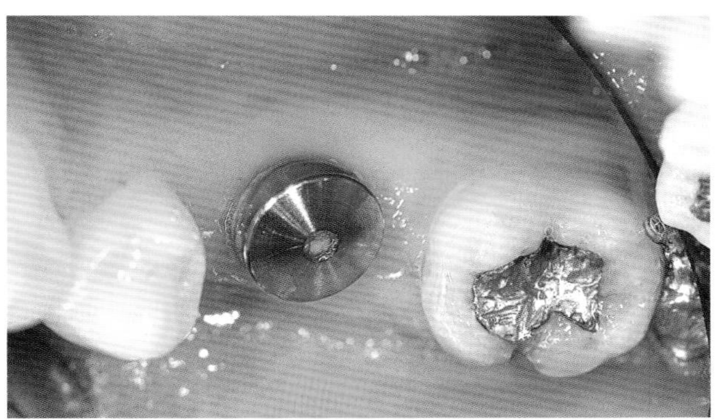
图7　6周后的临床状况，种植体获得了成功的骨结合

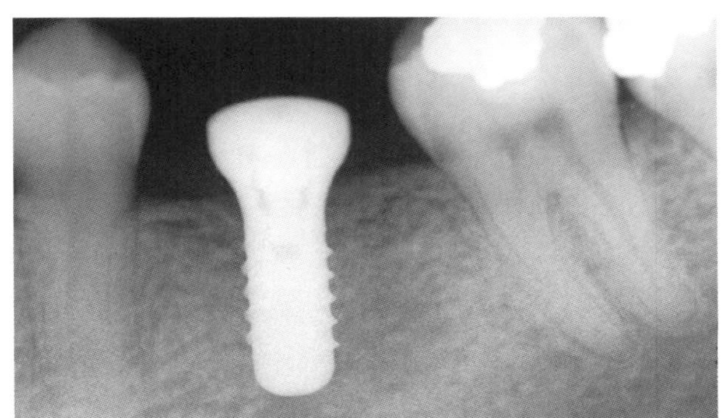
图8　种植体植入6周后的根尖放射线片

颊侧和舌侧翻全厚瓣，暴露牙槽嵴，确认水平向骨宽度（图4）。暴露牙槽嵴颊侧和舌侧面，确定没有缺损或凹陷。植入1颗体部直径4.8mm、长度10mm，宽颈修复肩台（6.5mm）SLA种植体（Straumann系统，Straumann AG，Basel，Switzerland）（图5）。种植体颊侧和舌侧均有1mm骨壁厚度。种植体上安放愈合帽，间断缝合关闭创口（图6）。6周之后，种植体获得成功的骨结合（图7和图8），随后用粘接固位金属烤瓷修复体修复。

4.3 下颌低美学风险区较小缺牙间隙的种植

D. Buser

表1总结了下颌低美学风险区种植体植入较小缺牙间隙的种植外科分类。这些病例仅限于单颗或2颗种植体最多支持3颗牙的修复体。当解剖风险低、骨量充足、种植体得以植入正确位置时，难度和并发症风险低。标准分类为简单类。

当水平向骨缺损，但允许种植体植入同期骨增量时，治疗通常需要植入骨或骨代用品和／或屏障膜。这些辅助性手术增加了治疗难度，标准分类为复杂类。尽管小的种植体周围骨缺损并发症风险较低，但是当缺损增大时，风险随之加大。如果从其他部位切取自体骨，可能增加供区并发症。

如果位点是水平向骨缺损、种植体周围缺损少于两个完整骨壁，强力推荐分阶段治疗。缺少骨壁支持的位点需要水平向骨增量时，明显增加了外科医生的手术难度。基于临床指征和术者偏好，水平向骨增量技术可能应用各种组合，包括自体骨移植或骨代用材料、间隙维持的“帐篷”机制和屏障膜等。这些手术要求术者经过良好的训练和有一定的临床经验。只能在初期增量手术获得成功效果时植入种植体。这类病例难度高、具有中等并发症风险，标准分类为高度复杂类。

不管是由于牙槽嵴吸收，还是邻近重要解剖结构引起的种植位点骨高度不足，都需要增加骨高度。这些手术包括外置法植骨、垂直向引导骨再生。多数病例，骨缺损位点同时需要水平向骨增量。这些手术难度大、损伤重要解剖结构和术后并发症的风险高，标准分类为高度复杂类。

表1　低美学风险区较小缺牙间隙病例的外科分类

<table>
<tr><td colspan="2">低美学风险区</td><td colspan="5">病例类型：较小的缺牙间隙</td></tr>
<tr><td colspan="4">风险评估</td><td></td><td rowspan="2">标准分类</td><td rowspan="2">可能需要的辅助性手术及备注</td></tr>
<tr><td>骨量</td><td>解剖风险</td><td>美学风险</td><td>复杂程度</td><td>并发症风险</td></tr>
<tr><td colspan="7">定义特点：2颗种植体，最多修复3颗缺失牙</td></tr>
<tr><td>充足</td><td>低</td><td>低</td><td>低</td><td>低</td><td>简单</td><td></td></tr>
<tr><td>水平向骨缺损，允许同期骨增量</td><td>低</td><td>低</td><td>中</td><td>中</td><td>复杂</td><td>• 同期水平向骨增量
• 小缺损并发症风险低，大缺损风险高
• 供区并发症</td></tr>
<tr><td>水平向骨缺损，需要预先骨增量</td><td>低</td><td>低</td><td>高</td><td>中</td><td>高度复杂</td><td>• 水平向骨增量技术
• 涉及颏孔
• 供区并发症</td></tr>
<tr><td>垂直向和／或水平向骨缺损</td><td>高</td><td>低</td><td>高</td><td>高</td><td>高度复杂</td><td>• 垂直向和／或水平向骨增量
• 涉及颏孔
• 上颌窦底提升
• 某些垂直向骨增量技术损伤邻牙的风险
• 供区并发症</td></tr>
</table>

4.3.1　临床病例：下颌左侧前磨牙和磨牙缺失

女性患者，因为龋病腐蚀破坏了下颌左侧第二前磨牙的固位力，导致短跨度的三单位固定修复体（fixed dental prosthesis，FDP）丧失。临床检查下颌左侧第二前磨牙牙根不能保留，必须拔除（图1）。第一磨牙位点，因为失用性萎缩，导致牙槽嵴水平向宽度显著减少。曲面体层放射线片显示下颌左侧骨高度充足（图2）。

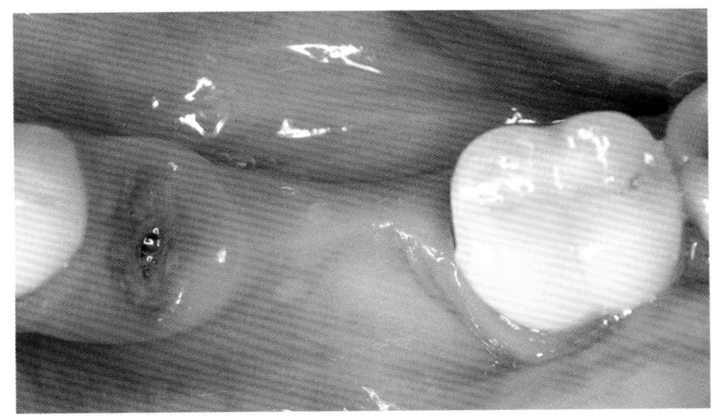

图1　殆面观，显示下颌左侧第二磨牙牙根

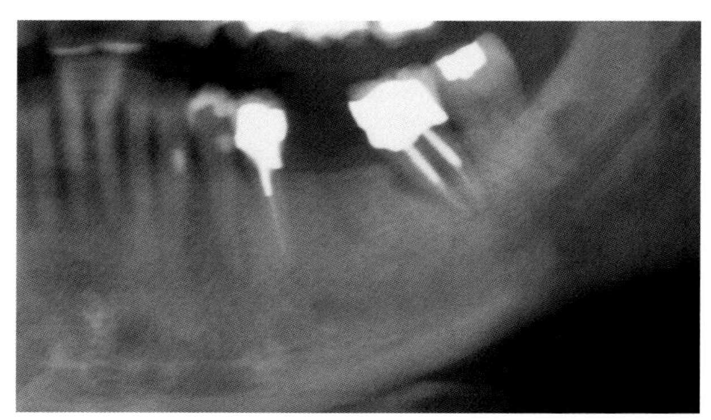

图2 下颌左侧曲面体层放射线片

颏孔位于下颌左侧第二前磨牙根方略偏远中。下颌左侧第二磨牙明显近中倾斜，近中面可见透射影。患者希望用固定修复体恢复下颌左侧的咬合，尽可能不做分阶段治疗。治疗方案是：拔除第二前磨牙残根和第二磨牙，运用早期种植理论来保持低并发症风险；种植体植入第二前磨牙和第二磨牙位点同期GBR；种植体支持的三单位FDP。

术前评估两处种植位点（下颌左侧第二前磨牙和第二磨牙），显示充足的骨宽度和骨高度。但是，预计第二前磨牙拔牙窝骨缺损，可能破坏颊侧骨壁。低解剖风险，但手术时要注意保护颏神经。因为需要同期GBR和初期创口关闭，确定手术为高难度。认为GBR的并发症风险较低。在整个手术过程中仔细翻瓣和注意保护颏神经，颏神经损伤的风险较低。SAC外科分类为复杂类（表2）。

表2 下颌左侧前磨牙和磨牙缺失修复病例的外科SAC分类

一般因素	评估	备注
全身禁忌证	无	
吸烟	无	
发育因素	无	
位点因素	**评估**	**备注**
第二前磨牙和第二磨牙位点的骨量	宽度充足，但第二前磨牙位点拔牙窝骨缺损	• 第二前磨牙位点二壁型骨缺损 • 第二磨牙位点为标准种植体植入
解剖风险	低	• 颏孔位于两个种植位点之间
美学风险	低	
复杂程度	中	• 第二前磨牙位点同期GBR
并发症风险	低	• 同期GBR的并发症风险低 • 翻瓣时可能伤及颏神经，需要在整个手术过程中加以保护
负荷方案	早期	
SAC分类	复杂	

拔除第二前磨牙残根和第二磨牙（图3）。6周的软组织愈合期之后（图4），计划在有骨缺损的第二前磨牙牙槽窝和有骨缺损的第二磨牙牙槽窝略偏近中处植入种植体（图5）。预计在第二前磨牙拔牙窝颊侧有缺损，并存在两个完整骨壁。为此，该位点种植体植入同期GBR手术是可行的，标准分类为复杂类。第二磨牙位点为非潜入式愈合的标准植入方式（图6）。8周的无异常愈合期之后，用环切技术暴露第二前磨牙位点种植体，安放愈合帽。2周之后，戴入种植体支持式三单位FDP（图7和图8）。

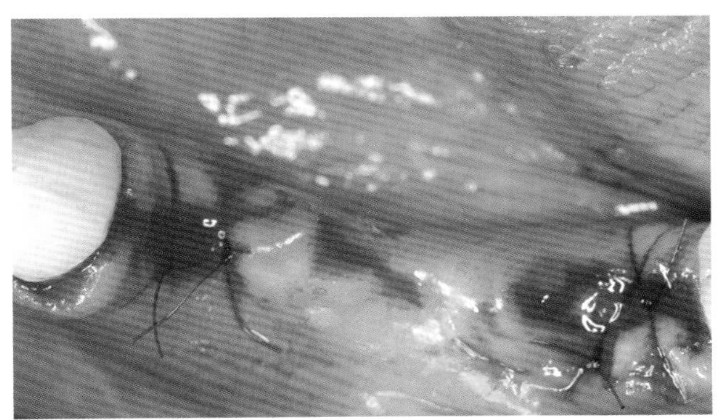

图3　拔除第二前磨牙牙根和第二磨牙后的殆面观

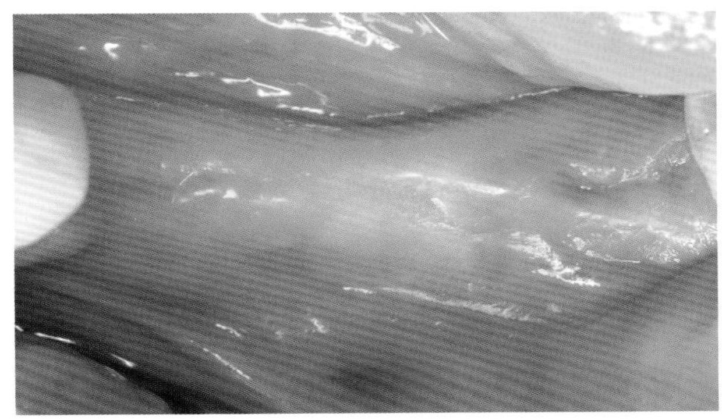

图4　拔牙6周后牙槽嵴殆面观

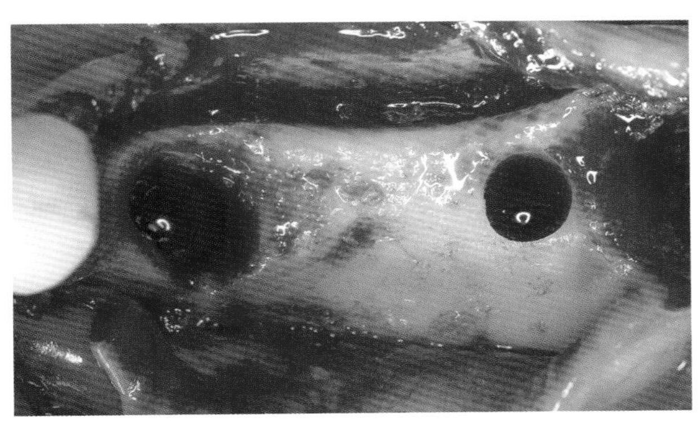

图5　翻瓣之后，第二前磨牙拔牙窝明显。第二磨牙牙槽窝略偏近中处预备远中种植体的种植窝

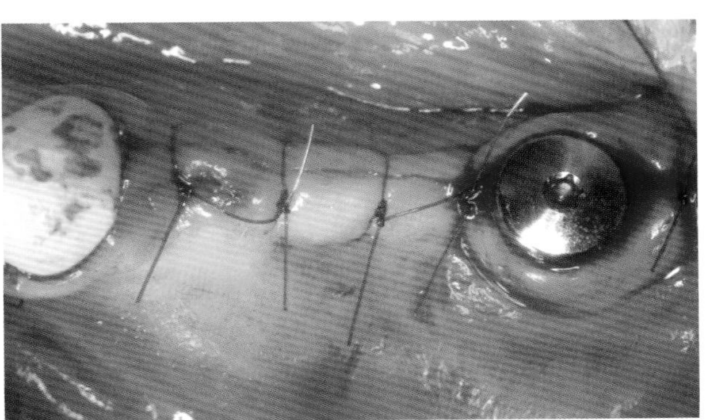

图6　第二前磨牙位点种植体植入同期GBR，关闭创口。第二磨牙位点种植体为标准的非潜入式植入

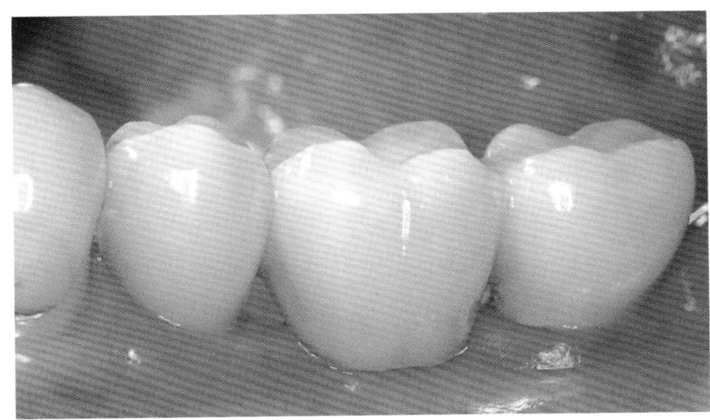

图7　种植体支持的三单位FDP的颊侧观

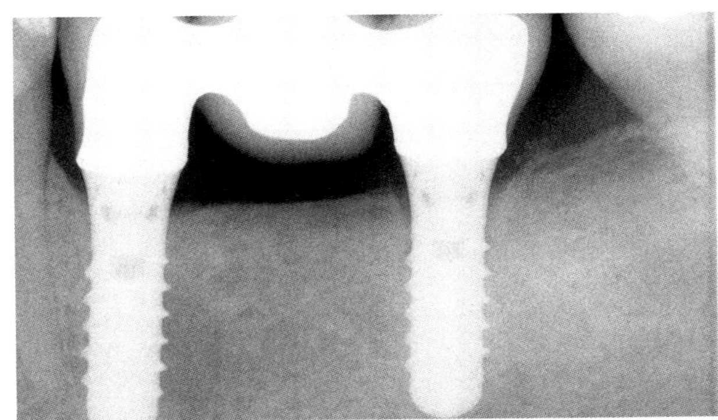

图8　种植体和最终FDP的放射线片

4.4 低美学风险区较大缺牙间隙的种植

L. Cordaro

表1概括了低美学风险区较大缺牙间隙的种植外科程序分类。较大缺牙间隙定义是指缺失牙多于3颗，需要植入多于2颗的种植体支持FDP。当解剖和美学风险低、充足的骨量允许在正确的修复位置合适地植入种植体时，这样的手术程序为简单类。因为种植体数量增多，要求外科医生适当地保持种植体的相对平行和分布，被视为中度复杂程度和低并发症风险。

类似的情况，牙槽嵴骨宽度减少需要在种植体植入同期骨增量时，标准分类为复杂类。需要在种植体植入同期骨增量，为中度解剖和外科风险。这些治疗程序通常需要使用自体骨或骨代用材料增量，并且在愈合期受到可吸收或不可吸屏障膜的保护。其美学风险低，并为中等复杂程度。

当水平向骨缺损的重建需要在种植体植入前进行时，非美学区的较大缺牙间隙改变了标准分类。重建手术包括块状骨移植，或应用自体骨或骨代用材料和可吸收或不可吸收，或加强型屏障膜联合应用的引导骨再生技术。由于对术者要求更高，并需要多种外科手术，手术复杂性高。值得注意的是，二期手术植入种植体的可能性，是依据第一次进行的水平向骨增量是否能够获得成功来决定。如果水平向骨增量的结果不理想，后期种植体植入可能受到影响。其美学风险低，但是具有中等解剖风险和并发症风险。此病例类型为标准分类的高度复杂类。

垂直向骨缺损无论是否合并水平向骨缺损，外科程序均为高度复杂类。这些病例中，先于或同期于种植体植入的严格、苛刻的骨重建程序，通常有高解剖风险、并发症风险和失败率。这些因素使手术的复杂程度达到极限。下颌后部位点的垂直增量，甚至对经验非常丰富的外科医生来说，手术也具有相当的挑战性。

表1　低美学风险区较大缺牙间隙病例的外科分类

低美学风险区		病例类型：较大的缺牙间隙				
风险评估					标准分类	可能需要的辅助性手术及备注
骨量	解剖风险	美学风险	复杂程度	并发症风险		
定义特点：2颗以上种植体，修复3颗以上缺失牙						
充足	低	低	中	低	简单	无
水平向骨缺损，允许同期骨增量	中	低	中	中	复杂	• 同期水平向骨增量 • 小缺损并发症风险低，大缺损并发症风险高 • 涉及颏孔 • 供区并发症
水平向骨缺损，需要预先骨增量	中	低	高	中	高度复杂	• 水平向骨增量 • 涉及颏孔 • 供区并发症
垂直向骨缺损，伴有或不伴有水平向骨缺损	**高**	低	高	高	高度复杂	• 损伤邻牙的风险 • 垂直向和／或水平向骨增量 • 涉及颏孔 • 上颌窦底提升 • 供区并发症

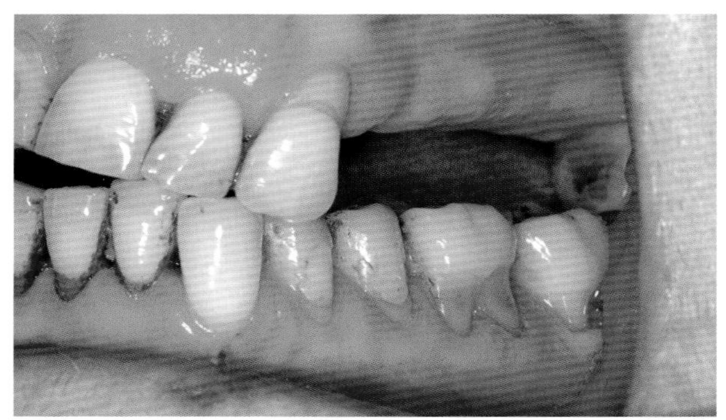

图1 上颌左侧后部较大缺牙间隙的口内观。第一磨牙至第二磨牙缺失

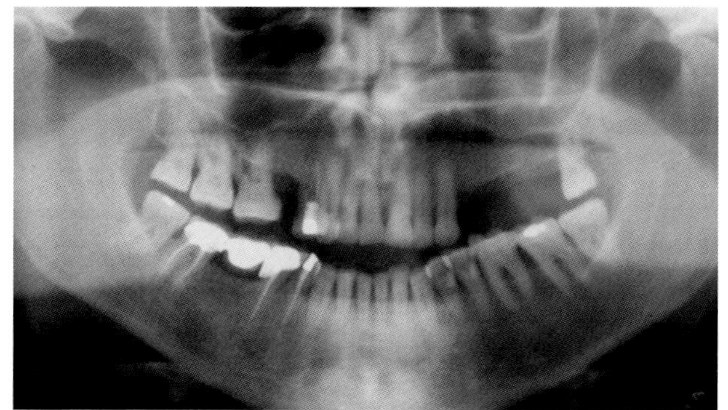

图2 曲面体层放射线片显示上颌左侧后牙缺失

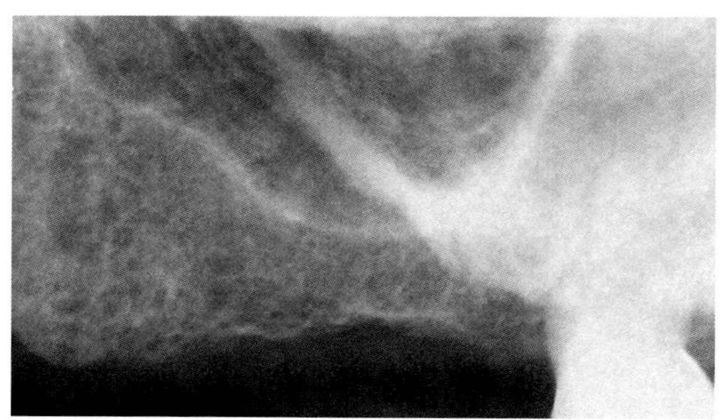

图3 根尖放射线片显示第一磨牙、第二磨牙位点骨高度降低

4.4.1 临床病例：上颌左侧4颗后牙缺失

58岁女性患者，上颌左侧较大的缺牙间隙需要固定修复（图1）。身体健康，口腔卫生维护尚可，明显的前牙开殆和创伤殆。曲面体层放射线片和根尖放射线片显示第一磨牙、第二磨牙区骨高度降低（图2和图3）。治疗方案是通过上颌窦底提升和人工合成材料移植增加上颌后部骨高度。骨成熟之后，计划植入3颗种植体支持式四单位FDP。种植体预计植入第一前磨牙、第一磨牙和第二磨牙位点。这种设计，修复体不含有悬臂，避免了前磨牙位点种植体相邻，预期有更好的美观效果。

术前评估，水平向骨量充足，但是磨牙区垂直向骨高度降低。由于涉及上颌窦，解剖风险高。因微笑时可见上颌前磨牙，美学风险评估为中等。由于计划行多种手术程序，涉及外科技术要求高的上颌窦底骨增量术，为高度复杂程度。但是，通过分阶段的治疗程序，任何上颌窦底骨增量的并发症与后期的种植体植入过程相对独立。因此，并发症风险和任何各种并发症的后果都只被视为中度。外科SAC分类为高度复杂类（表2）。

表2　上颌左侧4颗后牙缺失病例的外科SAC分类

一般因素	评估	备注
全身禁忌证	无	
吸烟	无	
发育因素	无	
位点因素	**评估**	**备注**
骨量	宽度充足	• 第一磨牙、第二磨牙位点垂直向骨缺损 • 需要上颌窦底骨增量
解剖风险	高	• 涉及上颌窦
美学风险	中	• 后部缺牙间隙 • 患者微笑可见上颌前磨牙
复杂程度	高	• 需要分阶段方案 • 上颌窦骨增量的技术要求 • 初期上颌窦骨增量成功后，才可能在磨牙位点植入种植体
并发症风险	中	• 上颌窦底骨增量手术会出现术中和术后并发症风险
负荷方案	早期	
SAC分类	高度复杂	

上颌窦底增量同期植入骨代用品避免了切取自体骨。因为第一个外科步骤只是骨重建，通过未累及尖牙周围软组织的垂直松弛切口，翻黏骨膜瓣后，获得上颌窦外侧壁的入路。上颌窦膜提升之后，植入双相磷酸钙材料（Straumann Bone Ceramic，Straumann AG，Basel Switzerland）（图4～图6）。

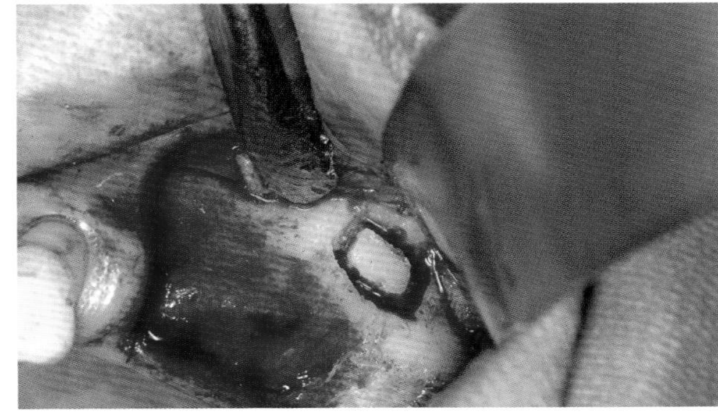

图4　牙槽骨颊侧观及上颌窦开窗轮廓

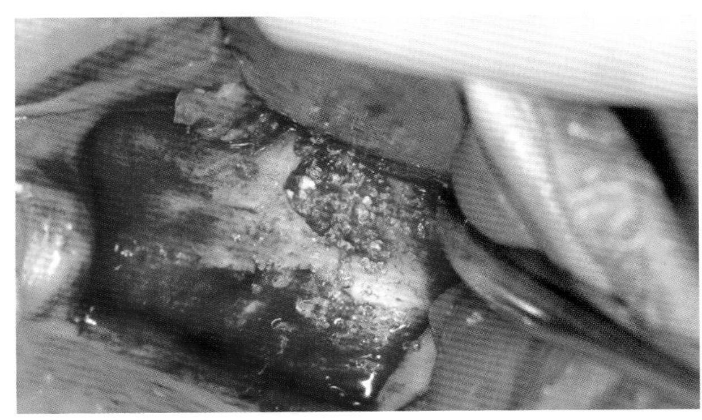

图5　植骨后侧壁开窗的术中颊侧观

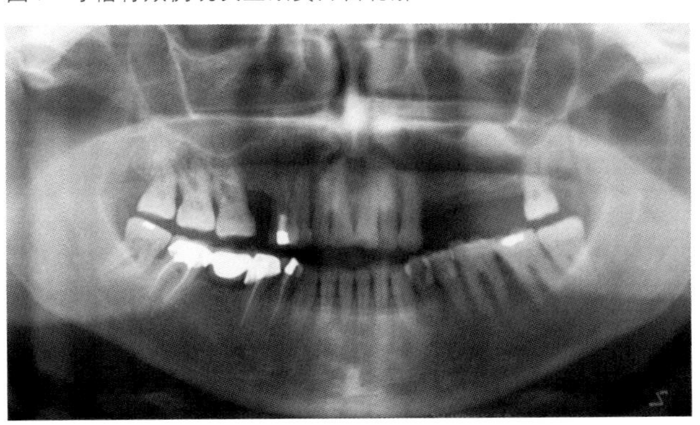

图6　曲面体层放射线片显示上颌左侧上颌窦底提之升后

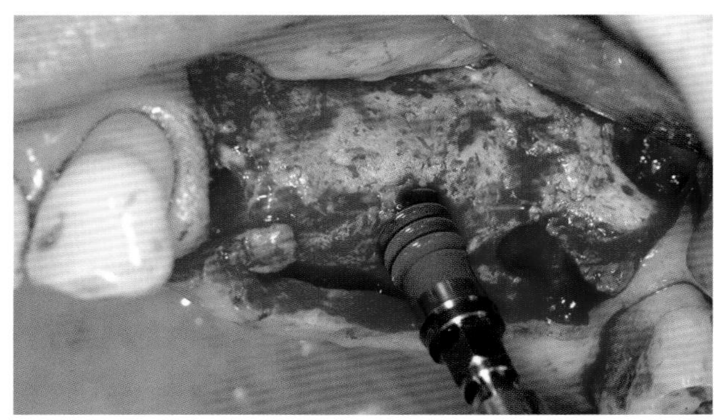
图7 4个月后再次手术，术中观显示3个种植窝，1颗种植体正在植入第一磨牙位点

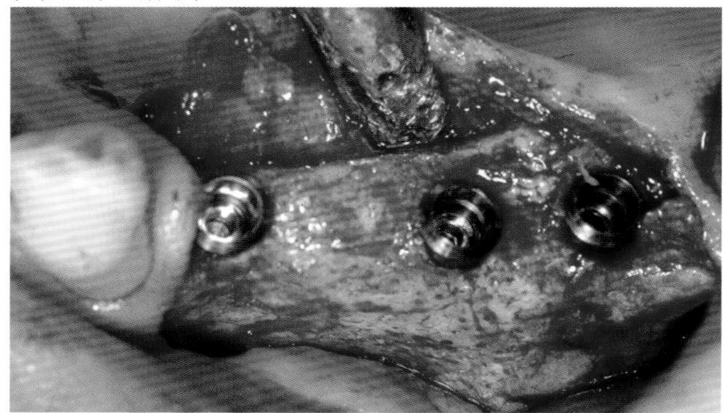
图8 术中殆面观，显示合适的骨宽度、按计划的位置植入3颗种植体

4个月之后，在上颌磨牙位点植入2颗宽直径SLActive表面种植体（种植体体部和肩台直径一致，为4.8mm，Straumann种植系统，Straumann AG，Basel Switzerland）。在第一前磨牙位点植入1颗标准SLActive表面种植体（图7和图8）。所有种植体长度均为10mm。用外科导板确定种植体的位置和轴向。4个月之后，戴入四单位金属烤瓷修复体。殆面观显示修复体颊舌向减径（图9和图10）。最终修复体的放射线片显示有效地重建了缺损的牙槽嵴和稳定的种植体周围骨高度（图11和图12）。

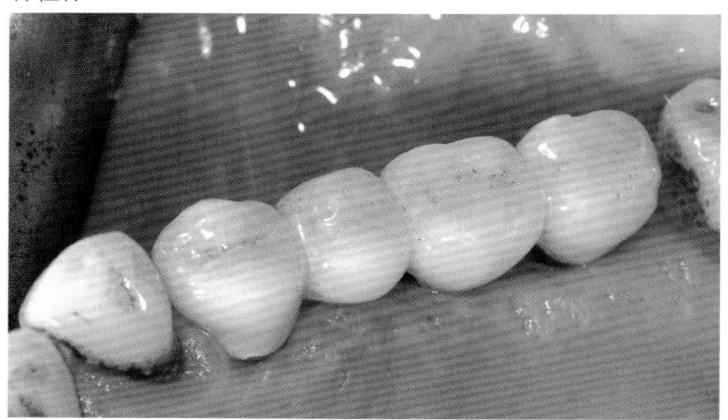
图9 完成后的四单位FDP口内殆面观

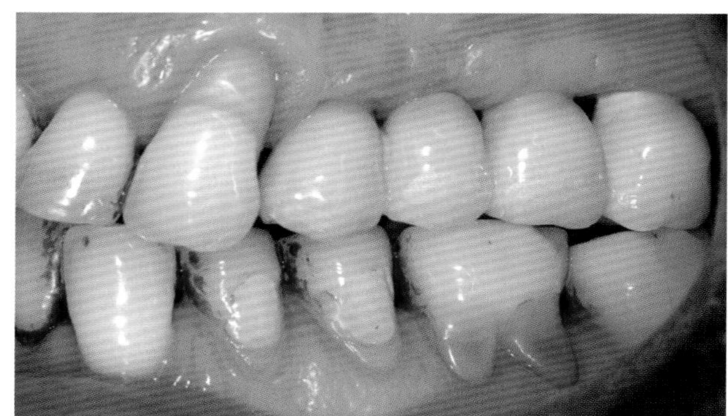
图10 完成后的四单位FDP口内颊侧观

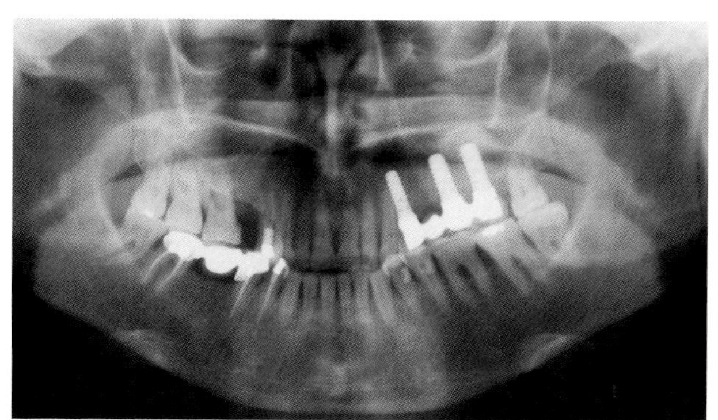
图11 病例完成后的曲面体层放射线片

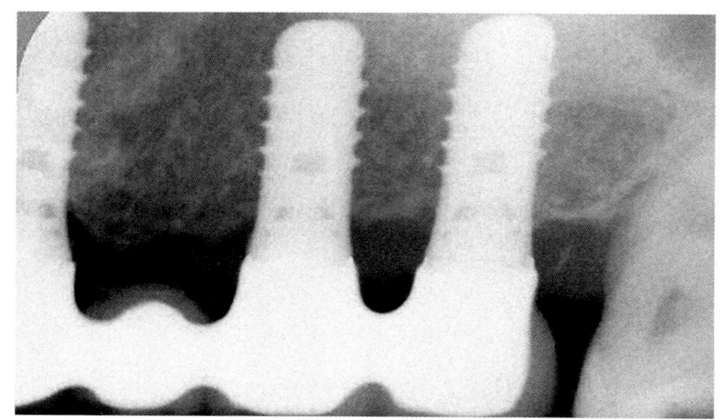
图12 病例完成后的根尖放射线片，显示稳定的牙槽嵴高度

4.5 下颌牙列缺失种植体支持覆盖义齿或全牙弓固定修复体的种植

D. Buser

表1展示的是下颌牙列缺失的种植程序分类，多数病例为低美学风险的种植治疗适应证。

通常，治疗方案可以分为以下两组：

- 下颌前部两颏孔之间植入2～4颗种植体
- 整个下颌植入6～8颗种植体

在颏孔远中的下颌后部种植位点，骨高度经常不足、种植体植入困难甚至不能植入。因此经常在两侧颏孔之间植入种植体来固位覆盖总义齿，并且获得了文献证实（Feine等，2002）。在骨量充足的尖牙区植入2颗种植体，标准分类为简单类。这种情况解剖风险低，因为颏神经远离种植位点。

若2颗种植体植入同期因为局部骨缺损进行骨增量，标准分类为复杂类。当在颏孔之间植入3～4颗种植体，或更多的种植体（包括颏孔远中的种植位点），分类为复杂类。因为接近颏神经，加上种植体的数目增加，风险增加，所以分类为复杂类。种植体要有合适的平行角度和分布，对外科医生的要求较高。

多于2颗的种植体植入伴有骨缺损需要骨增量（同期或分阶段）的位点，其标准分类为高度复杂类。另外，种植术后或骨增量术后过渡覆盖义齿的调整和稳定是重要的临床问题。必须特别注意，确保种植体在愈合前无负荷，或是过渡义齿没有对愈合期的黏膜和下方的骨移植材料造成压迫。由于这些原因，经常建议患者在愈合初期不要戴用过渡义齿，但患者通常难以接受。为了克服这一缺点，可以用临时种植体来支持一个固定的过渡义齿。或者，在植入4颗或更多种植体初始稳定性良好时，选择即刻负荷方案（固定或活动修复）。即刻负荷方案（永久或临时种植体）需要修复医生和技师的配合。下颌牙列缺失植入种植体后即刻负荷被视为高度复杂类。

表1 低美学风险区全牙弓种植病例的外科分类

<table>
<tr><td colspan="2">低美学风险区</td><td colspan="5">病例类型：全牙弓–下颌</td></tr>
<tr><td colspan="5">风险评估</td><td rowspan="2">标准分类</td><td rowspan="2">可能需要的辅助性手术及备注</td></tr>
<tr><td>骨量</td><td>解剖风险</td><td>美学风险</td><td>复杂程度</td><td>并发症风险</td></tr>
<tr><td colspan="7">定义特点：2颗种植体，双侧颏孔之间</td></tr>
<tr><td>充足</td><td>低</td><td>低</td><td>低</td><td>低</td><td>简单</td><td></td></tr>
<tr><td>水平向骨缺损，允许同期骨增量</td><td>中</td><td>低</td><td>中</td><td>中</td><td>复杂</td><td>• 舌侧皮质骨穿孔的风险
• 同期水平向骨增量</td></tr>
<tr><td colspan="7">定义特点：3～4颗种植体，双侧颏孔之间</td></tr>
<tr><td>充足</td><td>中</td><td>低</td><td>中</td><td>中</td><td>复杂</td><td>• 涉及颏孔</td></tr>
<tr><td>水平向骨缺损，同期或预先骨增量</td><td>中</td><td>低</td><td>高</td><td>高</td><td>高度复杂</td><td>• 损伤下牙槽神经的风险
• 舌侧皮质骨穿孔的风险
• 同期或预先水平向骨增量</td></tr>
<tr><td colspan="7">定义特点：>4颗种植体，延伸至双侧颏孔远中</td></tr>
<tr><td>水平向和垂直向骨量充足</td><td>高</td><td>低</td><td>中</td><td>中</td><td>复杂</td><td>• 涉及颏孔</td></tr>
<tr><td>骨缺损，但允许同期或预期骨增量</td><td>高</td><td>低</td><td>高</td><td>高</td><td>高度复杂</td><td>• 损伤下牙槽神经的风险
• 舌侧皮质骨穿孔的风险
• 损伤下牙槽神经的风险
• 同期或预先水平向骨增量</td></tr>
<tr><td colspan="7">定义特点：4颗或超过4颗种植体，即刻负荷</td></tr>
<tr><td>充足</td><td>中</td><td>低</td><td>高</td><td>中</td><td>高度复杂</td><td>• 修复医生和技师的合作</td></tr>
</table>

4.5.1 临床病例：拔牙后下颌牙列缺失的种植体植入

55岁男性患者，下颌剩余5颗牙（图1）。临床和根尖放射线片检查显示所有下颌牙为重度牙周炎（图2）。因此，决定拔除所有牙齿，下颌前部即刻植入4颗种植体，以支持杆式覆盖义齿。

经病例评估，两侧颏孔间骨量充足，允许种植体植入。然而因为远中种植体邻近颏孔，解剖风险为中等。预计拔牙和牙槽嵴修整后，每颗植体周围骨缺损较小。因此降低了同期骨增量的必要性。外科手术包括拔牙、牙槽嵴修整和相对平行地植入4颗种植体，复杂程度评为中度。计划术后几天内制作和戴入固位杆，但是要延迟到数周后负荷。因此，需要修复医生与技师配合。此病例为复杂类病例（表2）。

表2 下颌前部种植体植入的即刻负荷方案的外科SAC分类

一般因素	评估	备注
全身禁忌证	无	
吸烟	无	
发育因素	无	
位点因素	**评估**	**备注**
骨量	充足	• 水平向和垂直向骨量充足，允许植入标准直径种植体
解剖风险	中	• 要特别注意颏神经前回袢
美学风险	低	
复杂程度	中	• 牙槽嵴平整后植入标准种植体，剩余拔牙窝植骨 • 相对平行的植入4颗种植体
并发症风险	中	• 植入长度10mm种植体，并发症风险低 • 损伤颏神经前回袢的风险
负荷方案	早期	• 尽管固位杆可以在种植之后不久安放在种植体上，但是要数周后才能负荷
SAC分类	复杂	

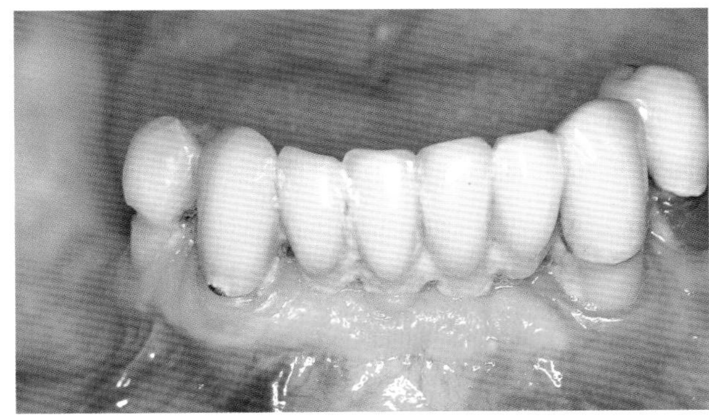
图1 牙支持的FDP唇侧观

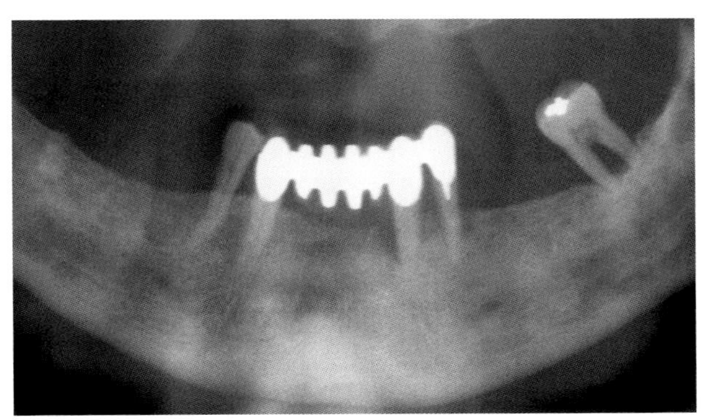
图2 种植之前的曲面体层放射线片

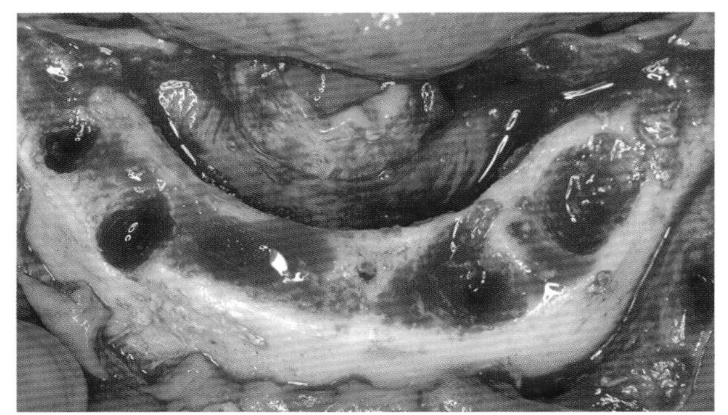
图3　拔牙后牙槽嵴平整的术中观

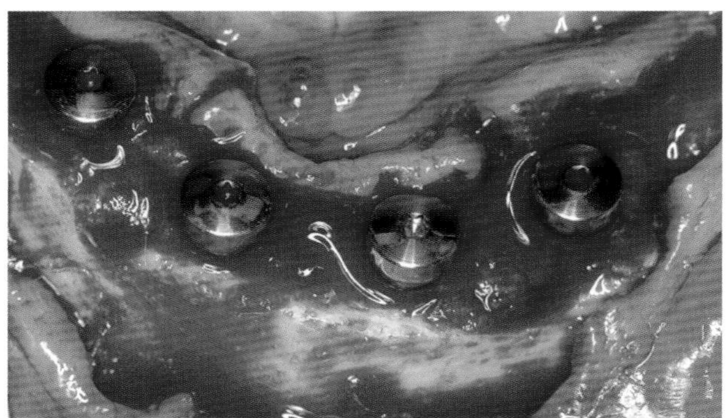
图4　植入4颗种植体和拔牙窝植骨后的术中观

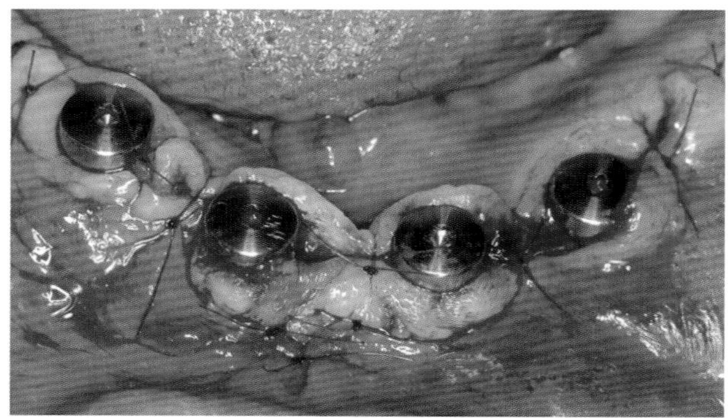
图5　种植体上放置愈合帽，关闭创口

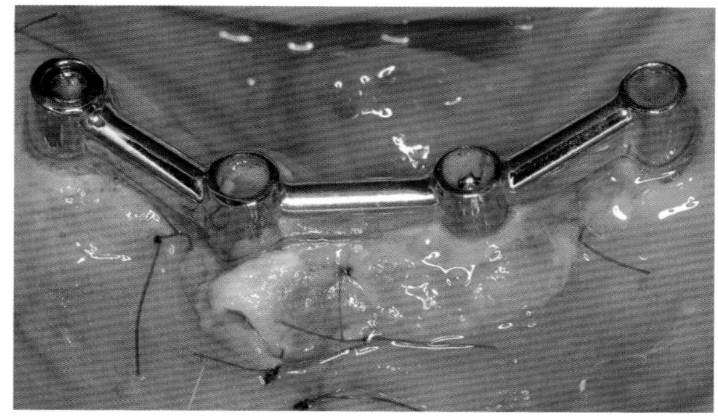
图6　戴入4颗种植体的固位杆唇侧观

拔除所有牙之后，平整牙槽嵴，使牙槽嵴降低几毫米，并减少了剩余牙槽窝的内径。选择和预备4个种植位点（图3）。通过这种处理方法，4颗种植位点未见种植体周围骨缺损，可以按标准种植方案植入种植体。但是，用从局部收集的自体骨充填没有利用的拔牙窝（图4）。缝合之后，制取印模制作种植体支持的杆式固位体（图5）。种植体植入后24小时内将杆安放在种植体上，但不负荷（图6），经过数周愈合期之后，制作并戴入覆盖义齿。2年后随访，种植体周围组织稳定（图7～图9）。

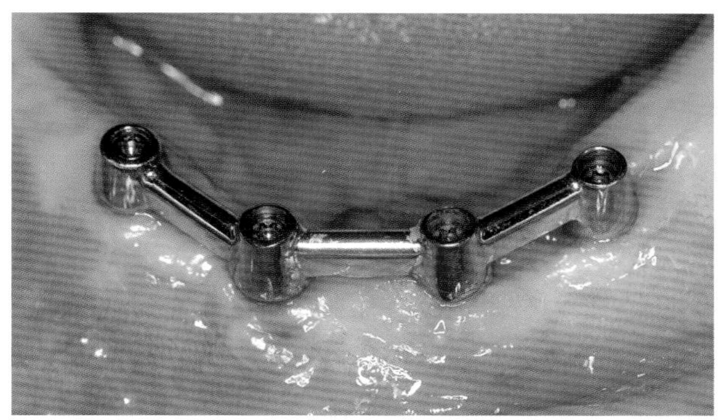

图7　术后2年时临床状态的唇侧观

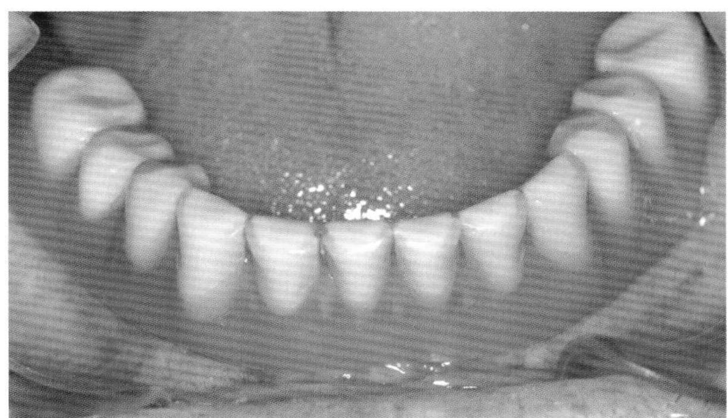

图8　戴入种植体固位的覆盖义齿

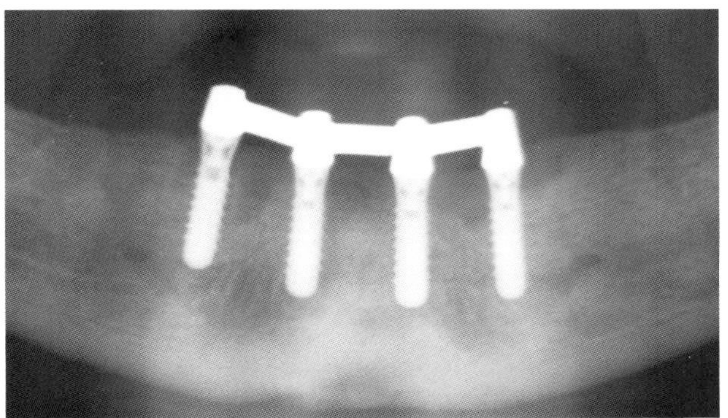

图9　术后2年时种植体和固位杆的放射线片

4.6 高美学风险区单颗牙缺失间隙的种植

L. Cordaro

表1显示高美学风险区单颗牙缺失种植的外科分类。美学区的任何治疗都有美学并发症。单颗牙种植的美学效果取决于是否获得与对侧同名天然牙对称的牙冠形态和软组织轮廓，为此，至关重要的是外科医生要对如下两个因素负有责任。第一，种植体必须处于合适的三维位置才能获得美学效果。为了便于实现，2003年国际口腔种植学会（ITI）共识研讨会（Buser等，2004）建立了安全带和危险带的概念，建议使用外科导板。第二，手术时用适当的增量程序进行硬组织和软组织处理是必要的。甚至即使骨量充足，也有必要进行辅助性软组织移植。

表1 高美学风险区单颗牙缺隙病例的外科分类

高美学风险区	病例类型：单颗牙					
风险评估					标准分类	可能需要的辅助性手术及备注
骨量	解剖风险	美学风险	复杂程度	并发症风险		
定义特点：单颗种植体						
充足	低	高	中	中	复杂	• 邻牙龈缘退缩的风险 • 辅助性软组织移植
水平向骨缺损，允许同期骨增量	低	高	中	中	复杂	• 邻牙龈缘退缩的风险 • 辅助性软组织移植 • 同期水平向骨增量
水平向骨缺损，需要预先骨增量	低	高	中	中	高度复杂	• 邻牙龈缘退缩的风险 • 辅助性软组织移植 • 同期水平向骨增量
垂直向和／或水平向骨缺损	高	高	高	高	高度复杂	• 邻牙龈缘退缩的风险 • 辅助性软组织移植 • 水平向和／或垂直向骨移植

要全面评估每个病例，建议按照推荐的方法进行系统的美学风险评估（Martin等，2007）。因此，在美学区单颗牙缺失种植修复时，外科程序必定是复杂类或高度复杂类。

如果可用骨量充足，可以在合适的位置和角度植入种植体，标准分类为复杂类。解剖风险可能为低度，但由于要求准确的种植体三维位置，所以手术复杂程度和美学并发症为中度，这对获得美学效果满意的最终修复体极为重要。

水平向骨缺损允许同期骨增量时，标准分类仍然为复杂类。通常通过引导骨再生实现水平向骨增量，包括使用同种异体或异种骨移植材料、局部获取的自体骨屑和屏障膜等。虽然解剖风险低，但是要注意因邻近鼻腭管引起并发症的可能性。由于美学要求高，并发症风险和复杂程度属于中等。

必须在种植体植入前分阶段修复水平向骨缺损时，治疗程序的复杂程度高，因此整个治疗过程为高度复杂类。对这类病例，建议进行分阶段的治疗程序。第一次外科步骤是骨增量手术，可能包括螺钉固定的自体块状骨移植，自体骨屑或异种移植材料与可吸收或不可吸收屏障膜联合应用。如果需要从其他部位取骨，复杂程度和并发症风险相应增高。第二次外科步骤是去除螺钉或屏障膜，植入种植体。某些采用潜入式种植的病例，需要第三次简单手术暴露种植体肩台。

美学区单颗牙垂直向骨缺损是牙种植学中最具挑战性的外科程序之一。多数外科医生选择分阶段治疗，包括牙槽骨重建和种植体植入两个独立的步骤。同水平向骨增量一样，垂直向骨增量通常采用GBR或骨块移植术。应该注意到，特定的外科因素可能会增加手术难度和并发症风险。例如，合适的软组织处理，对于重建的牙槽嵴在愈合期获得和维持软组织覆盖是非常必要的。与邻牙之间的邻面牙槽嵴冠方骨重建受到限制，在重建治疗计划中必须加以考量。基于以上原因，美学区单颗缺牙间隙的垂直向骨缺损病例为高度复杂类。

4.6.1 临床病例：水平向和垂直向骨缺损的上颌中切牙缺失

此病例展示牙髓治疗失败的上颌左侧中切牙的种植修复（图1和图2）。患者为高美学要求的年轻女性，希望固定修复患牙。患者主诉患牙的感染反复急性发作。口腔卫生状况尚可。

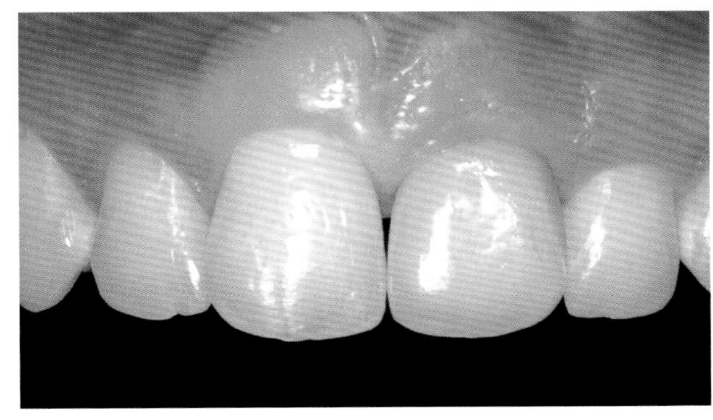

图1　上颌前牙唇侧观，左侧中切牙唇侧中央存在深牙周袋

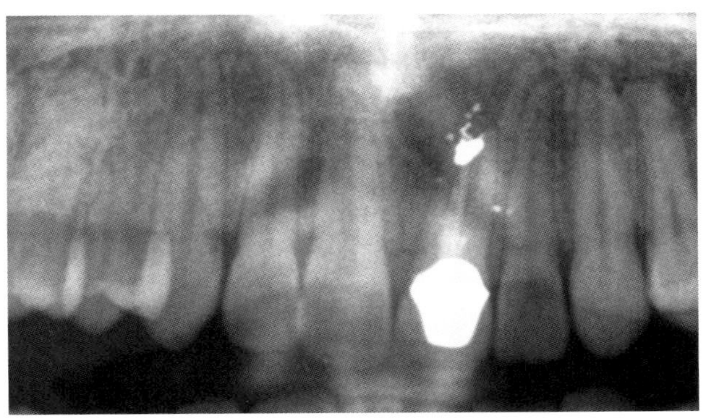

图2　治疗前曲面体层放射线片显示根尖周透射影

术前分析显示，患牙唇面中央有一深牙周袋，表明唇侧骨壁破坏。风险评估确定拔牙后可能有水平向和垂直向骨缺损。解剖风险中等：需要精细地外科处理薄而自然的软组织，并且可能累及鼻腭管。由于位点位于美学区，薄龈生物型增加龈缘退缩的风险，并且患者的美学期望值高，所以为高美学风险。分析建议必须分阶段治疗：拔牙，随后骨增量，最后是种植体植入。可能需要辅助性软组织增量。被视为高复杂程度和高并发症风险。SAC分类为高度复杂类（表2）。

表2 上颌中切牙缺失伴水平向和垂直向骨缺损病例的外科SAC分类

一般因素	评估	备注
全身禁忌证	无	
吸烟	无	
发育因素	无	
位点因素	**评估**	**备注**
骨量	垂直向和水平向缺损	• 分阶段手术可获得理想的硬组织和软组织效果
解剖风险	中	• 薄龈生物型要求手术时精细操作 • 邻近鼻腭管可能影响种植体理想的三维位置
美学风险	高	• 薄龈生物型增加了龈缘退缩风险和影响美学效果 • 患者高美学期望值
复杂程度	高	• 需要多次手术 • 手术技术要求高
并发症风险	高	• 手术次数和复杂程度使并发症风险增加
负荷方案	早期	• 成功的牙槽嵴增量术后种植体植入，12周之内负荷
SAC分类	高度复杂	

拔除左侧中切牙（图3和图4），确认唇侧骨壁缺损。软组织愈合之后，进一步评估位点。用粘接固位桥作为过渡义齿。拔除牙齿4周之后，临床和放射线片检查显示水平向和垂直向复合性骨缺损（图5~图7）。保存了邻面牙槽嵴，因此可以获得完全可以接受的美学预后。确定了治疗计划：分阶段治疗，先进行牙槽嵴增量程序，6个月之后植入种植体。

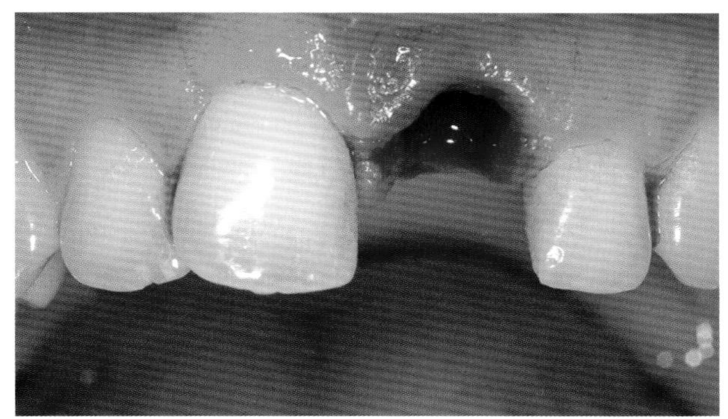

图3　拔除左侧中切牙后口内唇侧观，拔牙窝唇侧骨壁破坏

图4　拔出后的左侧中切牙

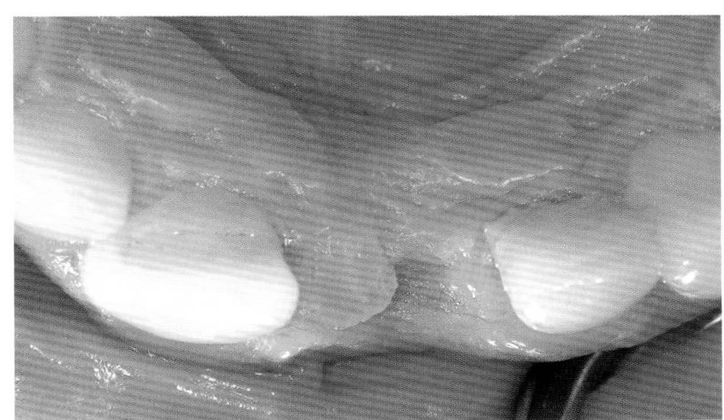

图5　愈合4周后殆面观。愈合早期的水平向牙槽嵴吸收清晰可见

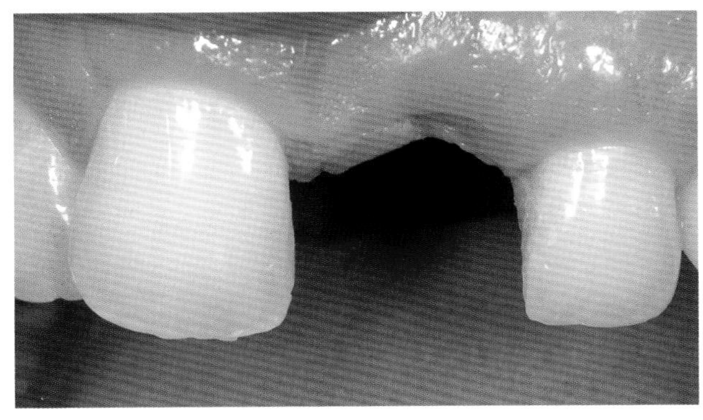

图6　左侧中切牙拔除4周后唇侧观。去除粘接桥、评估位点

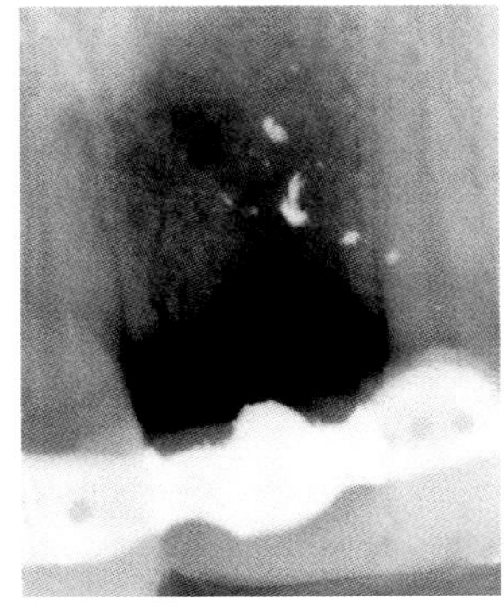

图7　左侧中切牙拔除4周后戴有临时义齿的放射线片。此时的临床和放射线评估显示垂直向和水平向复合性骨缺损

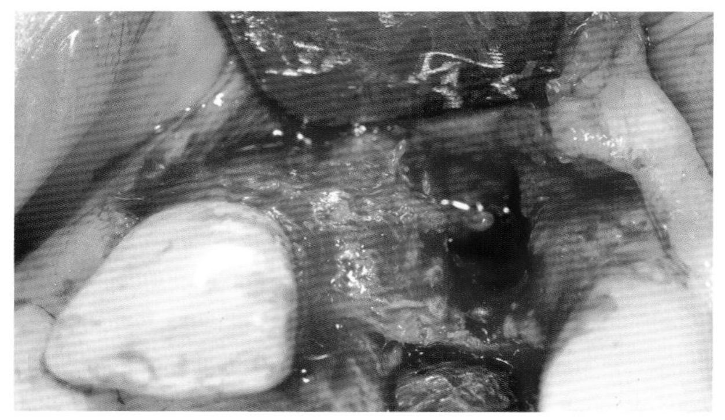
图8 愈合牙槽窝全厚黏骨膜瓣翻瓣后的殆面观，显示水平向骨吸收

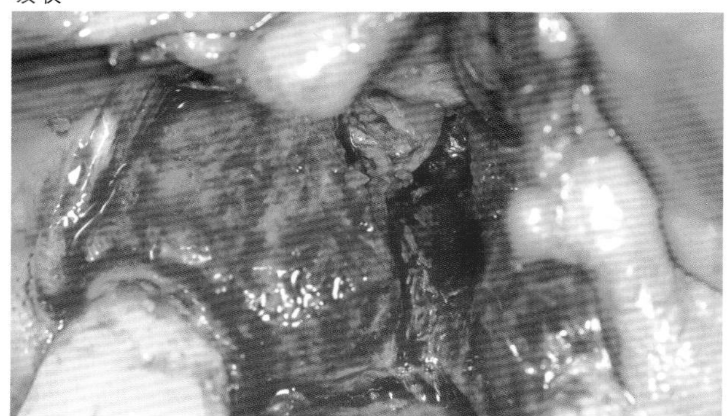
图9 愈合牙槽窝翻瓣后唇侧观。显示愈合中的拔牙窝垂直向唇侧骨壁吸收

右侧中切牙远中做小松弛切口，翻全厚瓣（图8和图9）。缺损部位用自体骨（局部获取）和去蛋白牛骨基质（Bio-Oss，Geistlich Pharma AG，Wolhusen，Switzerland）混合移植（图10）。唇侧覆盖骨移植材料，用双层可吸收屏障膜（Bio-Gide，Geistlich Pharma AG，Wolhusen，Switzerland）覆盖骨移植及其周围牙槽骨（图11）。2周后拆除缝线，戴入粘接桥作为过渡义齿。

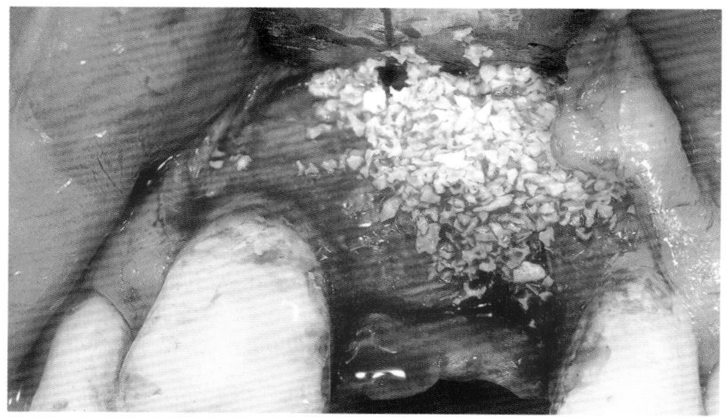
图10 用自体骨屑和异种骨（牛骨基质）混合充填拔牙窝内骨缺损，并覆盖在唇侧骨表面

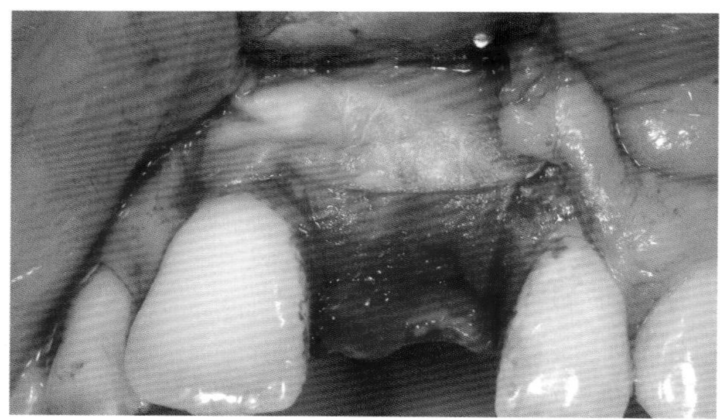
图11 植骨材料用两层可吸收性胶原膜覆盖。该病例仅有一处垂直向松弛切口

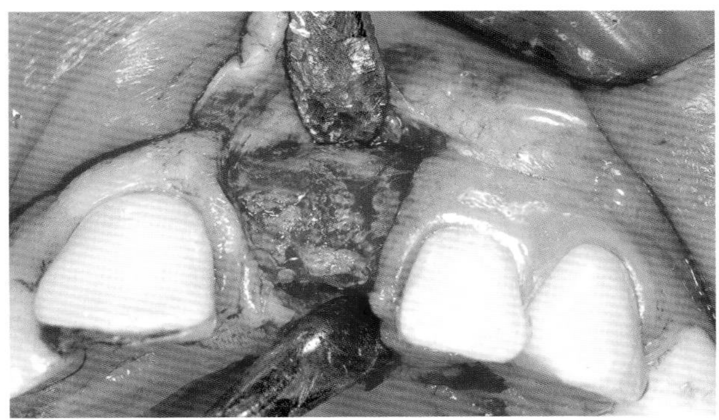

图12　6个月后的术中殆面观。注意牙槽嵴宽度完全恢复，黏膜瓣切口设计不影响邻牙龈乳头和龈缘

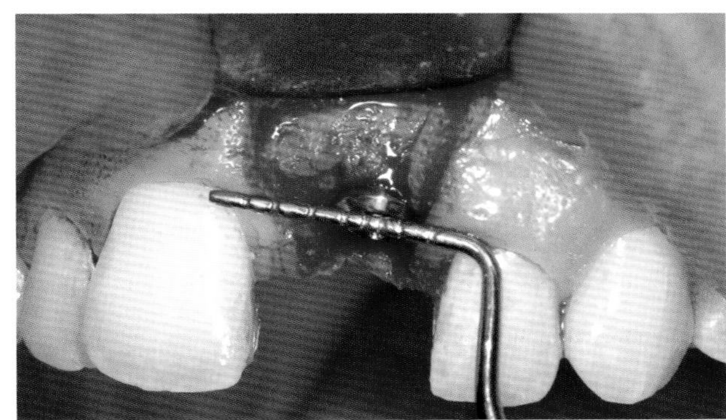

图13　术中种植体位置唇侧观。肩台位于邻牙牙龈缘根方2mm处

6个月之后，采用传统的翻瓣设计重新打开位点。植入Straumann SLActive种植体（Straumann种植系统，Straumann AG，Basel，Switzerland），肩台位于邻牙龈缘根方2mm处（图12～图14）。种植体肩台的冠根位置位于2003年国际口腔种植学会（ITI）共识研讨会所建议的安全带。关闭创口、潜入式愈合。

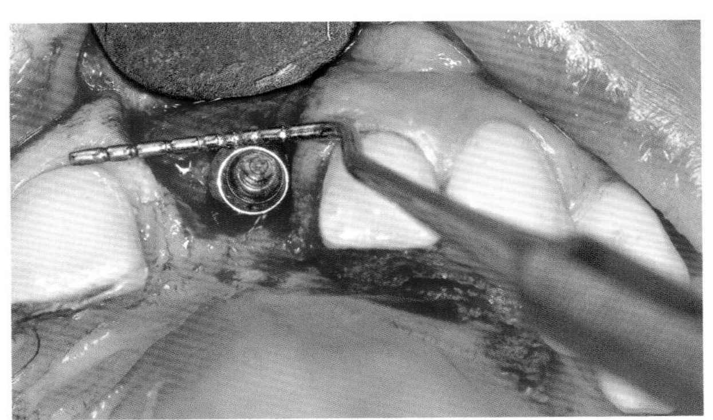

图14　种植体殆面观，按照2003年国际口腔种植学会（ITI）共识研讨会的建议，种植体理想地位于唇舌向和近远中向安全带内。在骨结合形成期采用潜入式愈合方案

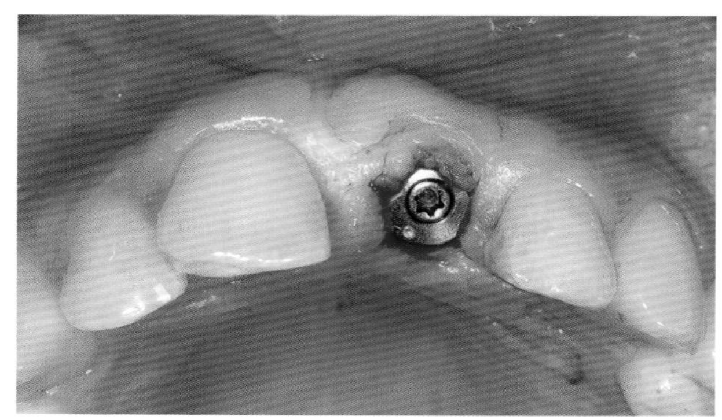

图15 愈合8周之后，用最小的翻瓣技术暴露种植体。旋入带斜面的美学愈合帽进行牙龈成形

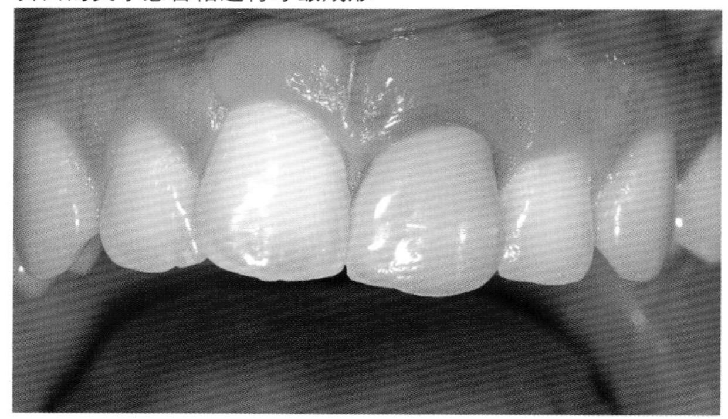

图16 左侧中切牙戴入种植体支持式修复体后的口内唇侧观

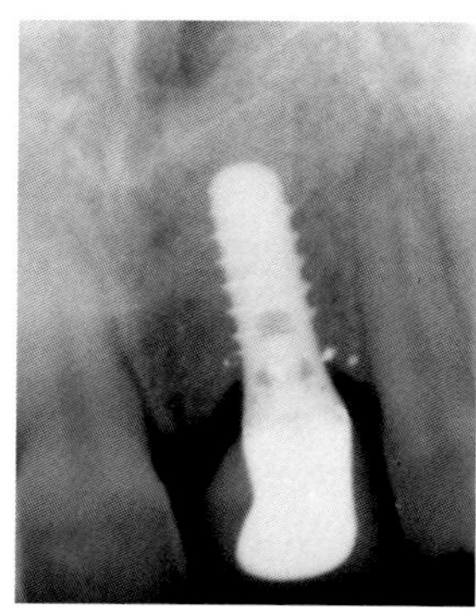

图17 最终修复体的根尖放射线片

愈合8周之后，用最小翻瓣暴露种植体肩台。安放带斜面的美学愈合帽（图15）。临时修复体负荷5个月之后，完成最终修复程序（图16和图17）。

本病例外科手术包括4个步骤：拔牙，骨重建，种植体植入，种植体暴露。手术治疗全过程美学风险高，并发症风险高，复杂程度高。该病例为高度复杂类。

4.7 高美学风险区较小缺牙间隙的种植

D. Buser

表1详细描述了上颌前部2～4颗连续牙缺失，用两颗种植体支持修复体的临床病例分类。注意此类情况的病例都不能归为简单类病例。根据影响因素不同，这些指征均为复杂类或高度复杂类。其一，必须在正确的三维位置上植入种植体，遵从2003年国际口腔种植学会（ITI）共识研讨会提出的安全带和危险带概念（Buser等，2004）。此类临床状况需要常规应用外科导板。临床经验充分说明，要尽可能避免种植体相邻，因为相邻的种植体通常导致邻面软组织高度降低，从而导致美学效果欠佳（Tarnow等，2003）。另外，多颗牙连续缺失或需要拔除时，骨宽度和/或骨高度通常减少。经常需要同期或预先骨增量。对于复杂病例，骨增量需要联合种植体植入之前、同期或之后进行辅助性软组织移植。因而，医生必须依靠临床经验选择合适的治疗方案。要选取最佳的植入位点以确保良好的功能和美学效果。这些方法的选择必须基于全面的美学风险评估（Martin等，2007）。其二，需要经过良好训练、技术熟练的外科医生来精确地完成这些必不可少的治疗程序。

水平向骨缺损，但种植位点为有利型骨缺损时，种植体植入同期骨增量（例如，GBR技术）是可行的。有利型骨缺损可能表现为牙槽嵴唇舌向宽度充足，但至少为二壁型骨缺损。这种情况通常见于拔牙后的早期位点，辅助性手术增加了治疗难度，标准分类为复杂类。

当水平向骨缺损需要进行预先骨增量时，治疗难度显著增大。此时牙槽嵴宽度通常为4mm或更低。依据外科医生的喜好，侧方骨增量可能需要联合使用自体骨移植（块状和/或颗粒状）或骨代用材料和“帐篷”机制维持间隙的屏障膜（可吸收、不可吸收和/或增强型）。手术难度高，具有中等并发症风险，标准分类为高度复杂类。

标准分类的高度复杂类同样适用于种植位点或邻牙牙根垂直向骨吸收的病例。垂直向骨吸收通常会影响到美学效果，难度非常高。

表1　高美学风险区较小牙间隙外科病例的外科分类

高美学风险区	病例类型：单颗牙					
风险评估					标准分类	可能需要的辅助性手术及备注
骨量	解剖风险	美学风险	复杂程度	并发症风险		
定义特点：2颗种植体，最多修复4颗缺失牙						
充足	低	高	中	中	复杂	• 辅助性软组织移植
水平向骨缺损，允许同期骨增量	低	高	中	中	复杂	• 辅助性软组织移植 • 水平向同期骨增量 • 前上颌鼻腭管可能增加解剖风险，影响种植体的位置
水平向骨缺损，需要预先骨增量	低	高	中	中	高度复杂	• 辅助性软组织移植 • 水平向骨增量 • 前上颌鼻腭管可能增加解剖风险影响种植体的位置
垂直向和／或水平向骨缺损	高	高	高	高	高度复杂	• 辅助性软组织移植 • 损伤邻牙的风险 • 水平向和／或垂直向骨增量 • 前上颌鼻腭管可能增加解剖风险，影响种植体的位置

4.7.1 临床病例：拔除3颗上颌前牙的种植修复

28岁女性患者，上颌前牙情况不佳。临床检查上颌左侧中切牙到右侧侧切牙之间明显牙龈退缩（图1），根尖放射线片显示该牙位垂直向骨吸收（图2）。患者微笑时为中位笑线，仍可见3颗牙牙龈退缩和“黑三角”（图3），患者为此困扰并要求治疗。治疗计划为拔除这3颗牙，在上颌左侧中切牙和右侧侧切牙位点植入2颗种植体支持的三单位FDP。因此，在拔牙前采用正畸牵引助萌获得尽量多的软组织和骨量。

此病例在SAC分类时要考虑以下几点。治疗方案涉及正畸治疗、拔牙和种植治疗等，需要分阶段进行。治疗周期长，需要患者的高度配合。患者的吸烟习惯有不利于软组织愈合的风险。尽管为低度解剖风险，但鼻腭管有可能影响到左侧中切牙位点的种植体位置，从而影响最终美学效果。右侧中切牙桥体区牙槽嵴高度丧失被视为重要的美学风险因素。尽管正畸牵引助萌，仍计划在种植体植入同期水平向和垂直向骨增量。基于以上原因，治疗方案复杂程度高，得到难以接受的美学效果的风险增高，病例分类为高度复杂类（表2）。

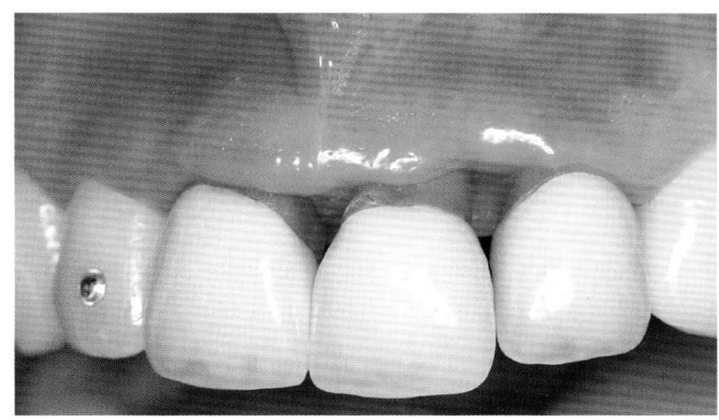

图1 上颌前牙唇侧观，牙龈退缩，牙龈乳头丧失

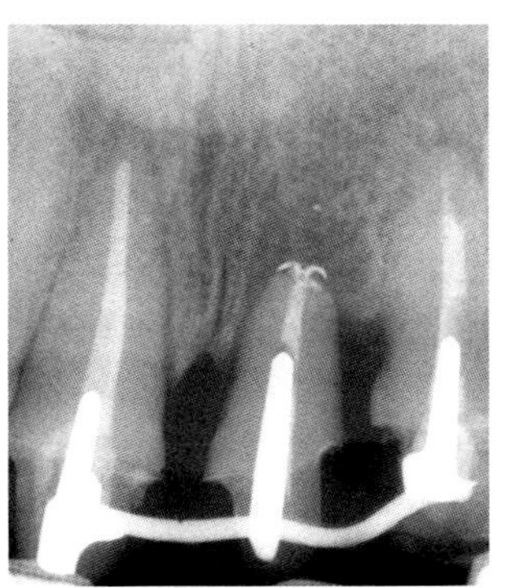

图2 上颌左侧中切牙到右侧侧切牙的根尖放射线片。骨高度明显丧失

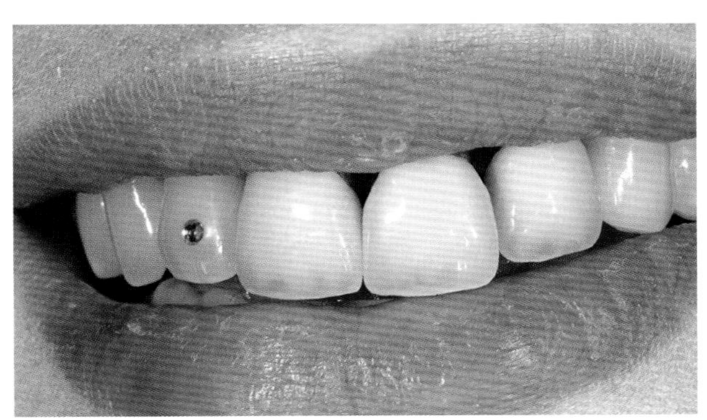

图3 显示患者微笑时的笑线，微笑时可见牙间乳头丧失、“黑三角”

表2 拔除3颗上颌前牙、种植体支持式FDP病例的外科SAC分类

一般因素	评估	备注
全身禁忌证	无	
吸烟	<10支 / 天	• 要求患者尽快戒烟
发育因素	无	
位点因素	**评估**	**备注**
骨量	不足	• 水平向和垂直向骨量不足
解剖风险	低	• 右侧中切牙位点种植体植入理想位置可能累及鼻腭管
美学风险	高	• 多颗牙连续缺失，术前牙间乳头丧失，中位笑线 • 需要获得桥体处牙槽嵴高度，以达到理想的美学效果
复杂程度	高	• 为达到最佳的美学效果，水平向和垂直向联合骨增量 • 辅助性牙根正畸助萌
并发症风险	高	• 由于获得垂直向骨增量困难，为高美学并发症风险
SAC分类	高度复杂	

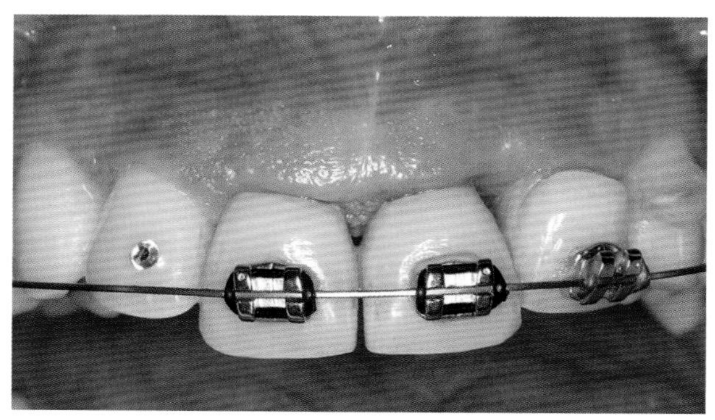

图4 正畸助萌左侧中切牙、右侧中切牙和侧切牙之后，上颌前牙的唇侧观

这种苛刻的临床状况需要分阶段的综合治疗。第一阶段，正畸治疗牵引患牙。助萌的理念有助于该区域重新获得丧失的组织高度（图4）。

第二阶段，仔细拔除3颗患牙，软组织自然愈合（图5）。8周之后，软组织愈合良好，并植入2颗种植体（图6）。为保证种植体植入正确的三维位置，术中应用外科导板（图7）。

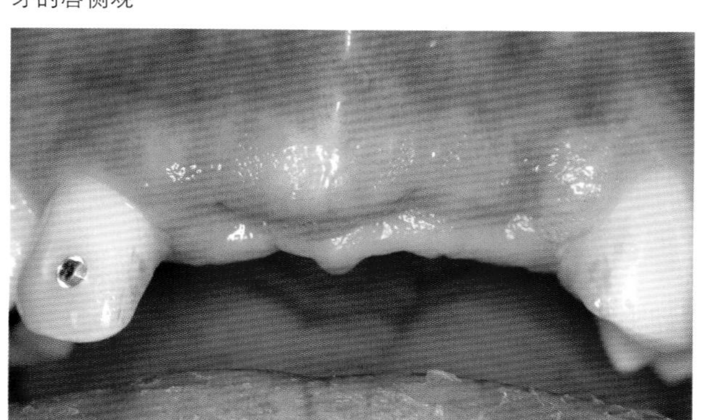

图5 拔除左侧中切牙、右侧中切牙和侧切牙后的牙槽嵴唇侧观

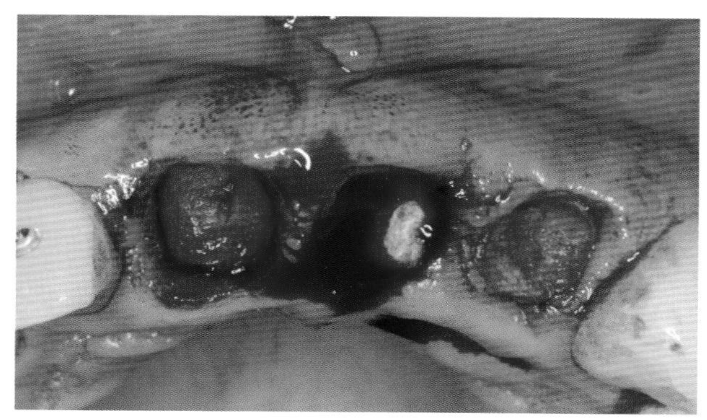

图6 拔牙8周后牙槽嵴殆面观

局部骨缺损区同期骨增量，应用自体骨和少量骨代用品（去蛋白牛骨基质）混合移植。尤其要注意桥体区的垂直向骨增量（图8）。

覆盖可吸收性屏障膜之后，缝合关闭创口。12周之后，软组织环切暴露种植体。用三单位FDP修复2颗种植体。

种植体植入18个月之后，最终修复体呈现良好的美学效果（图9和图10）。通过向根方延伸义齿之间的邻面接触区，消除了“黑三角”（图11）。

图7　术中唇侧观。用外科导板确定种植体三维位置。注意：唇侧骨裂开

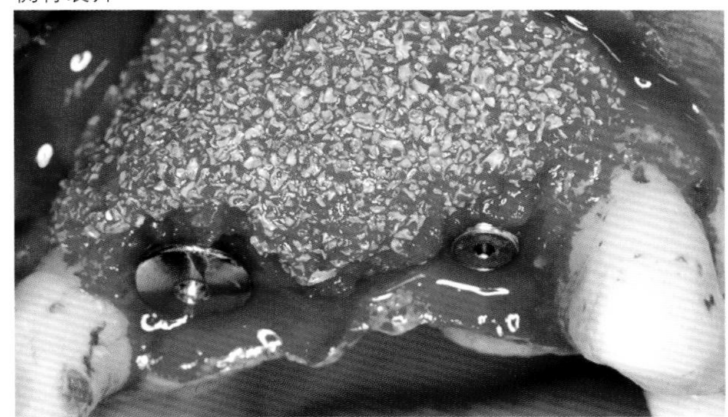

图8　骨增量后的唇侧观

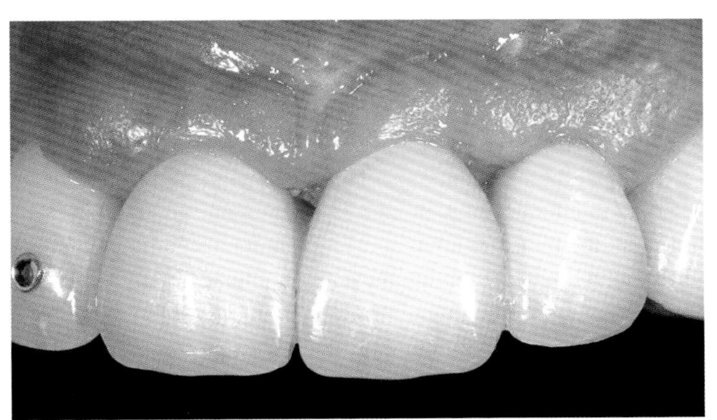

图9　手术18个月之后，左侧中切牙和右侧侧切牙位点种植体支持式三单位FDP

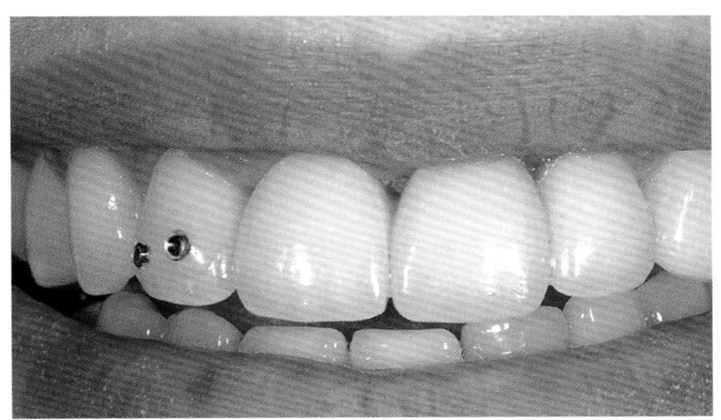

图10　戴入种植体支持式FDP后的微笑像

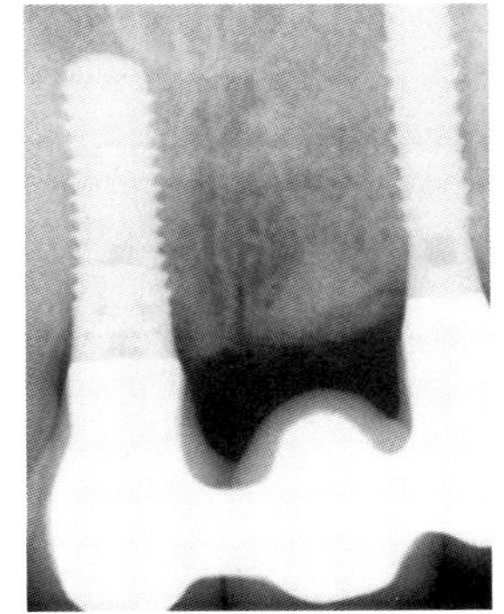

图11　种植体植入18个月之后。2颗种植体的放射线片

4.8 高美学风险区较大缺牙间隙的种植

S. Chen

表1为上颌前部多于2颗种植体修复多于3颗牙缺失的临床病例的分类。注意此类病例的标准分类为复杂类或高度复杂类病例。同前所述，为取得最佳的美学和功能效果，需要高水平精细的修复设计和外科植入。基于全面的美学风险评估（Martin等，2007）和诊断性排牙，这些病例要常规应用外科导板。此类病例需要慎重考虑相邻位点植入种植体，如果这样，种植体之间要有足够的间隙以减小邻面牙槽嵴的吸收，并维持邻面软组织的高度（Tarnow等，2000）。另外，骨宽度和/或骨高度减少，需要进行同期或分阶段骨增量。随时间的延长，多颗牙缺失病例的牙槽嵴显著吸收。在复杂病例，骨增量需要联合软组织移植，可以在种植体植入之前、同期或之后进行。许多病例，重建的硬组织和软组织，恢复到治疗前的状况是不可能的。通常最终修复体上加翼支撑唇部，以达到发音和美学效果。治疗开始前，必须仔细评价这些因素。因此，这些临床病例需要外科医生和修复医生合作。

如果高美学风险区骨量充足，需要植入3颗或更多种植体，视为中等复杂程度和中度美学风险。通常需要辅助性软组织移植来改善美学效果。此类病例标准分类为复杂类。当水平向骨缺损但种植位点为有利型骨缺损，并且至少有两个完整骨壁时，进行种植体植入同期骨增量。修复程序的标准分类为复杂类。应该注意到，如果植入2颗或更多颗相邻的种植体，增加了治疗的复杂程度和美学风险，病例分类变成高度复杂类。

如果种植位点水平向骨缺损，达到需要预先骨增量的程度；或水平向和垂直向联合骨缺损，需要唇舌向和/或垂直向骨增量时，要考虑联合移植，包括：移植自体骨（块状和/或颗粒状）或骨代用品，维持间隙帐篷机制的生物屏障膜（可吸收或不可吸收和/或加强型）和牵张成骨等。依据所选择的治疗方法，可以为中到高的手术难度、中到高的并发症风险。标准分类为高度复杂类。

表1　高美学风险区较大缺牙间隙病例的外科分类

高美学风险区	病例类型：较大缺牙间隙					
风险评估					标准分类	可能需要的辅助性手术及备注
骨量	解剖风险	美学风险	复杂程度	并发症风险		
定义特点：2颗以上种植体，修复4颗以上缺失牙						
充足	低	高	中	中	复杂	• 辅助性软组织移植 • 相邻种植体增加了复杂程度和并发症风险
水平向骨缺损，允许同期骨增量	低	高	中	中	复杂	• 辅助性软组织移植 • 同期水平向骨增量 • 鼻腭管提高了解剖风险，并影响种植体位置 • 相邻种植体增加了复杂程度和并发症风险
水平向骨缺损，需要预先骨增量	中	高	中	中	高度复杂	• 辅助性软组织移植 • 水平向骨增量 • 鼻腭管提高了解剖风险并影响种植体位置 • 相邻种植体增加了复杂程度和并发症风险
垂直向和／或水平向骨缺损	高	高	高	高	高度复杂	• 辅助性软组织移植 • 损伤邻牙的风险 • 垂直向和／或水平向骨增量 • 鼻腭管提高了解剖风险，并影响种植体位置 • 相邻种植体增加了复杂程度和并发症风险

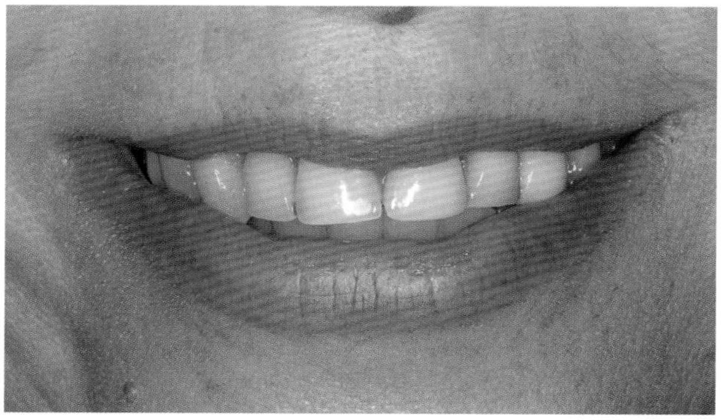

4.8.1 临床病例：上颌前部5颗牙缺失的种植修复

50岁女性患者，数年前由于外伤导致前上颌左侧侧切牙到右侧尖牙的5颗牙缺失。已经戴用上颌可摘局部义齿，计划固定义齿修复（图1）。临床检查牙周健康，口腔卫生良好。牙槽嵴高度尚可，牙槽嵴轻度水平向骨吸收（图2和图3），低位唇线。曲面体层放射线片可见前上颌区骨高度良好（图4）。然而，锥形束CT扫描可见牙槽嵴明显水平向吸收，唇舌向剩余牙槽嵴较窄，无法直接植入种植体（图5）。

治疗方案：骨增量，植入3颗种植体，五单位FDP修复。无种植禁忌证，但患者吸烟（10支/天）。告知患者，由于不良的吸烟习惯，有导致外科并发症的风险，并可能影响种植修复的长期成功率。牙槽嵴水平向骨增量需要分阶段外科方法，计划从下颌磨牙区切取含有皮质骨和松质骨的自体骨块，与去蛋白质牛骨基质联合应用。由于低位唇线，患者为中度美学风险。告知患者，由于唇部支撑、发音和美学等原因，需要在固定修复体上制作小翼。基于上述原因，外科分类为高度复杂类（表2）。

图1 戴入FDP患者微笑的唇侧观

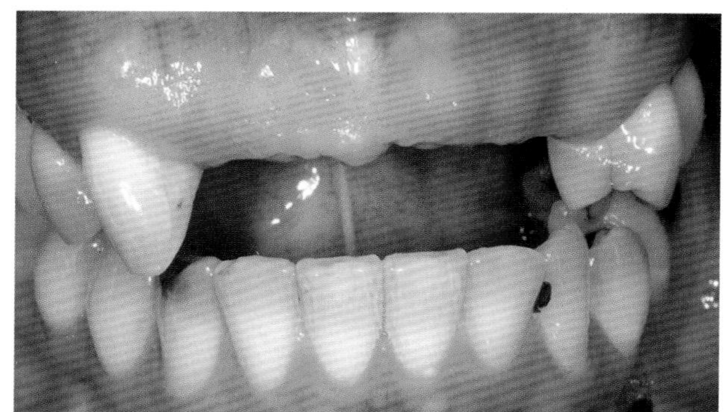

图2 左侧侧切牙到右侧尖牙缺失的牙槽嵴唇侧观

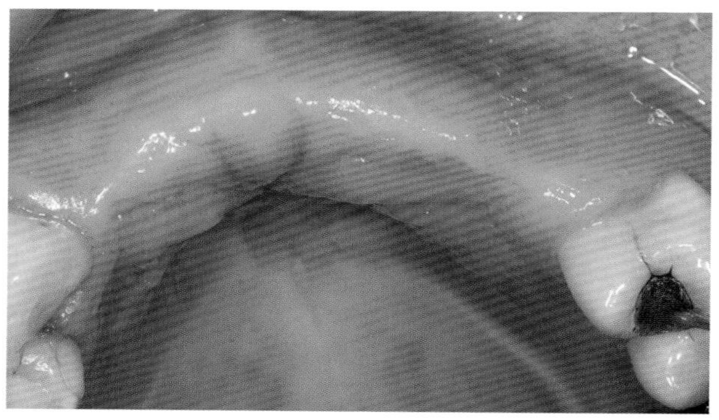

图3 牙槽嵴的𬌗面观

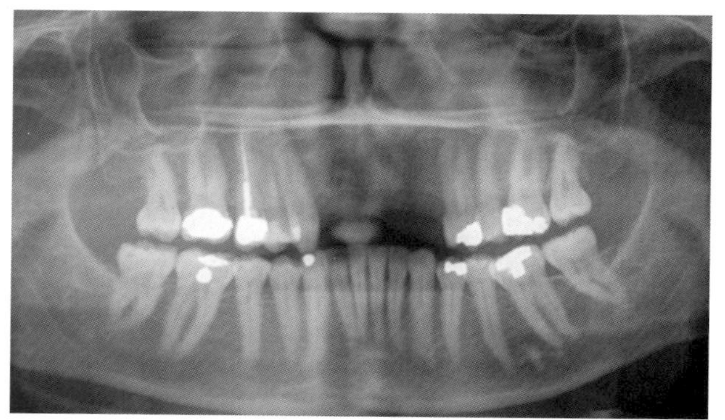

图4 曲面体层放射线片可见上颌前牙缺失和充足的垂直向牙槽嵴高度

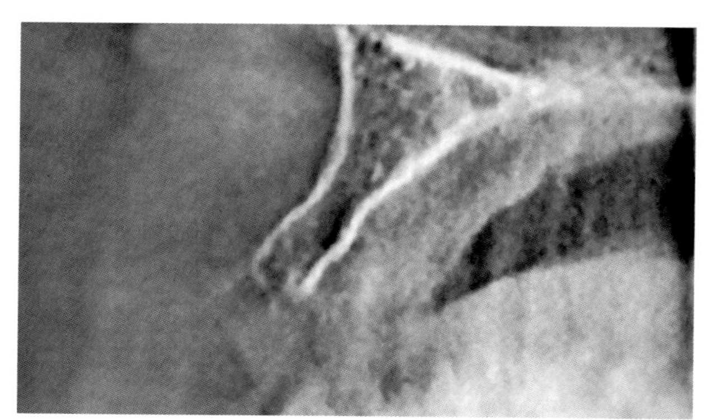

图5 锥形束CT显示上颌前牙区水平向骨厚度不足

表2　上颌前部5颗牙缺失，3颗种植体支持式FDP病例的外科SAC分类

常规因素	评估	备注
全身禁忌证	无	
吸烟	<10支／天	
发育因素	无	
位点因素	**评估**	**备注**
骨量	水平骨缺损	• 阶段性骨增量增加水平向牙槽嵴宽度
解剖风险	中	• 额外取骨供区提高了解剖风险
美学风险	中	• 在FDP上制作翼，进行唇部支撑，满足牙齿美学和发音需要 • 低位唇线，可以附加翼获得理想的牙齿和软组织美学
复杂程度	高	• 分阶段骨增量，供区位点，多个外科步骤
并发症风险	中	• 供区的并发症风险 • 受植区点的并发症风险 • FDP的翼增加维护种植体卫生的难度
负荷方案	常规	
SAC分类	高度复杂	

进行骨增量手术。翻开黏骨膜瓣，牙槽嵴水平向骨缺损明显（图6）。从下颌左侧磨牙区切取含皮质骨和松质骨的2块骨块，移植到前上颌的牙槽嵴并用螺钉固定。用去蛋白牛骨基质（Bio-Oss，Geistlich Pharma AG，Wolhusen，Switzerland）填塞至骨块周围空隙内。骨块上覆盖可吸收胶原膜（Bio-Gide，Geistlich Pharma AG，Wolhusen，Switzerland）。缝合关闭创口。6个月后重新暴露种植位点，显示牙槽嵴水平向骨增量获得成功（图7）。

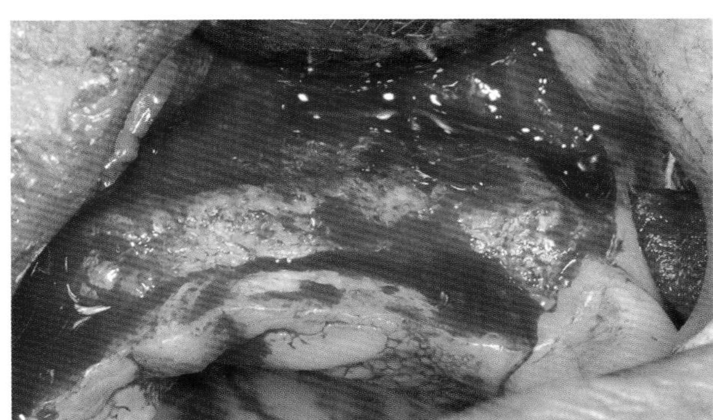

图6　牙槽嵴的术中观，可见唇侧骨凹陷和水平向骨缺损

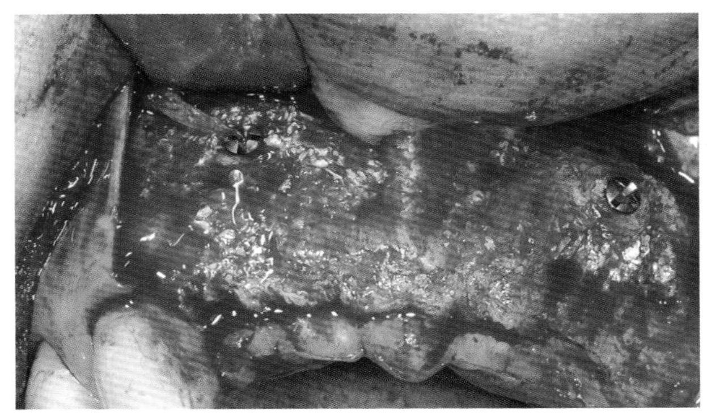

图7　骨增量手术6个月之后，重新暴露种植位点，自体骨块与去蛋白质牛骨基质完全结合

图8 外科导板引导下植入3颗种植体

外科导板引导下植入3颗种植体，种植体的位置和轴向都十分理想（图8）。左侧侧切牙位点植入1颗长度10mm窄颈种植体（Straumann窄颈种植体，Straumann AG，Basel，Switzerland）。右侧中切牙和尖牙位点各植入1颗长度10mm种植体（Straumann常规颈种植体，标准美学种植体，Straumann AG，Basel，Switzerland）。此治疗方案避免了植入相邻种植体。种植体骨结合成功，用螺丝固位的五单位金属烤瓷FDP修复（图9～图11）。

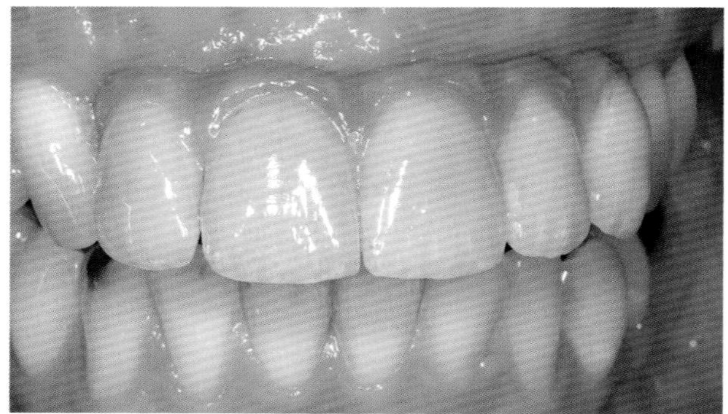

图9 种植体支持的FDP唇侧观，用粉色的龈瓷制作的翼支持唇部和辅助发音

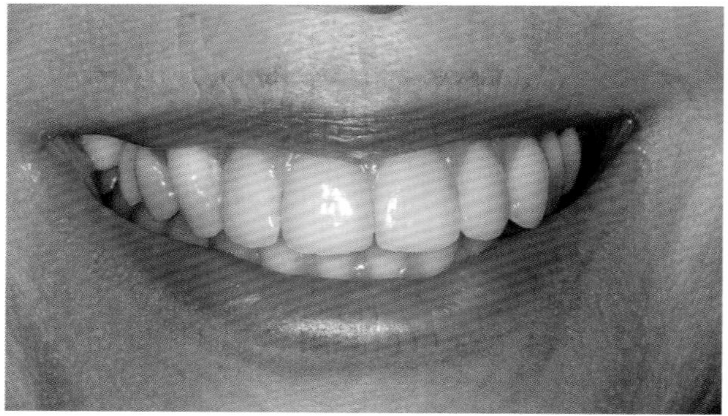

图10 戴入FDP1年后患者微笑像

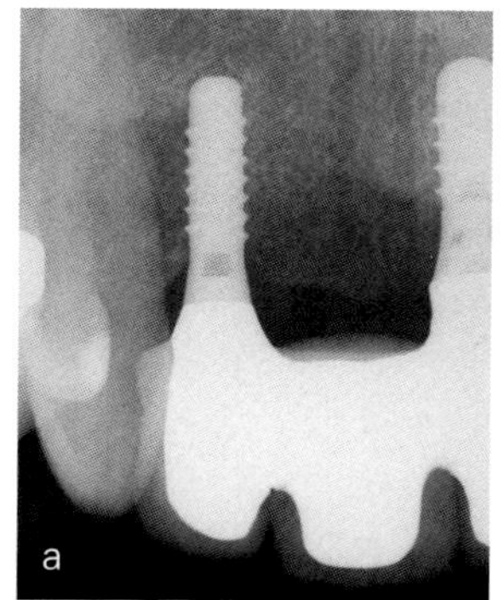

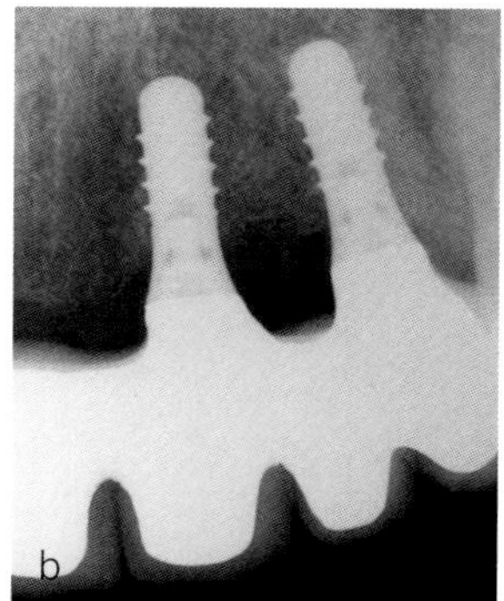

图11a，b FDP戴入1年后的根尖放射线片

4.9 高美学风险区牙列缺牙的种植

L. Cordaro

上颌牙列缺失因需要修复上颌前牙和恢复唇部支撑，因此是高美学风险区。上颌牙列缺失有几种治疗方案。外科医生要与修复医生和患者共同探讨并确定最终治疗计划。下面几种因素影响确定修复体的类型：剩余骨量，颌间距离，颌关系，唇部支撑，发音和费用考量。一旦确定固定或可摘修复方案，确定该病例的标准分类就要考虑到许多变量。

表1描述了上颌牙列缺失，外科种植的标准分类。通常用上颌4颗种植体支持的覆盖义齿修复，然而尤其是骨量和骨质欠佳的病例，某些外科医生偏好植入更多种植体（6～8颗）。虽然以下探讨4颗种植体支持式覆盖义齿的治疗计划，但超过4颗种植体支持式覆盖义齿的考量与此相类。似某些病例，因骨量和骨质欠佳，需要增加种植体数目时，增加了外科复杂程度，需相应地改变这些病例的标准分类。

如果患者骨量足够，治疗方案是4颗种植体支持式覆盖义齿修复，解剖风险、治疗复杂程度、并发症风险均较低。尽管有较高的美学风险，但此修复类型可以解决许多美学问题。这些病例SAC分类为简单类，最终修复体上的固位杆及附着体会占据一定的空间，干扰排牙的正常位置，因此必须注意颌间距离。颌间距离不足病例的标准分类将有所改变。

水平向骨缺损能在种植体植入同期骨增量的病例，标准分类为复杂类。种植体植入同期骨增量修复骨穿孔和骨裂开，解剖风险较低，但并发症风险和手术复杂程度相对较高。

牙槽嵴水平向骨缺损，在种植体植入前几个月，进行预先骨重建的病例归为高度复杂类。这些病例通常从口内或口外切取自体骨块进行骨增量。牙槽嵴的水平向骨增量可采用涉及屏障膜、自体骨屑和／或异种或同种骨的GBR技术。当需要取自体骨时，要考量第二外科位点（供区）相关的并发症风险，由于上述原因这种治疗程序的复杂程度和并发症风险被提高。

相似的，如果某些病例计划制作覆盖义齿，但剩余牙槽嵴的高度妨碍种植体植入，标准分类为高度复杂类。推荐此类病例进行分阶段治疗，先行垂直向骨增量，在骨移植成功后再植入种植体。进行牙槽嵴顶块状骨移植，通常能够获得骨增量。从技术角度看，该项手术要求非常高。某些病例通过上颌窦底和鼻底提升达到垂直向骨重建。涉及上颌窦和鼻底的外科手术，由于高解剖风险和高并发症风险，为高度复杂类。若需要取骨，与供区相关的并发症进一步增加了治疗的复杂程度。

固定修复体修复上颌牙列缺失的病例进行外科治疗标准分类时，需要做一些预先考虑。从修复观点看，两大因素影响外科治疗方案，继而影响标准分类。

首先，如果硬组织和软组织量足以进行FDP修复，并且不需要制作翼来修复缺失的软组织，则要求种植体植入在正确的三维位置上。这种强制性的种植体植入，使种植体肩台位置与所修复牙齿颈部穿龈位置完全一致。然而，若由于美学和发音的需要制作翼，对种植体植入的三维位置的要求降低。

表1 高美学风险区牙列缺失病例的外科分类

高美学风险区	病例类型：全牙弓－上颌					
风险评估					标准分类	可能需要的辅助性手术及备注
骨量	解剖风险	美学风险	复杂程度	并发症风险		
定义特点：4颗种植体覆盖义齿						
充足	低	高	低	低	简单	• 种植体间相对平行 • 颌间距离
水平向骨缺损，允许同期骨增量	低	高	中	中	复杂	• 种植体间相对平行 • 同期水平向骨增量
水平向缺损，需要预先骨增量	低	高	高	高	高度复杂	• 种植体间相对平行 • 预先水平向骨增量
垂直向和／或水平向骨缺损，需要预先骨增量	高	高	高	高	高度复杂	• 种植体间相对平行 • 涉及上颌窦 • 预先垂直向和水平向骨增量
定义特点：5颗或更多种植体，复合固定桥						
充足	低	高	中等	低	复杂	• 种植体间相对平行
水平向骨缺损，允许同期骨增量	中	高	高	高	高度复杂	• 涉及上颌窦 • 种植体间相对平行 • 同期水平向骨增量
水平向骨缺损，需要预先骨增量	中	高	高	高	高度复杂	• 涉及上颌窦 • 预先水平向骨增量 • 种植体间相对平行
垂直向和／或水平向骨缺损，需要预先骨增量	高	高	高	高	高度复杂	• 涉及上颌窦 • 预先垂直向和／或水平向骨增量 • 种植体间相对平行
定义特点：6颗或更多种植体，即刻负荷						
充足	低	高	高	高	高度复杂	• 种植体长轴相对平行

种植体植入的三维位置的要求降低。这种病例可采用复合修复体。复合修复体不但修复缺失牙，同时替代和牙齿一起缺失的硬组织和软组织。

其次，如果植入5颗或更多的种植体，骨量充足时进行固定或复合修复体，治疗程序视为复杂类。解剖风险和并发症风险是低的，但手术程序中等复杂。由于涉及美学风险区，因此美学风险较高。

在上颌任何类型的解剖条件不足时计划进行固定修复，其外科程序必定为高度复杂类，并且要求更高的专业技能，对种植体植入同期和分阶段重建牙槽嵴水平向骨缺损，都是如此。这些病例有高并发症风险，高复杂程度，高美学风险及中等解剖风险。同期骨增量，可采用颗粒状骨移植材料和屏障膜的GBR技术。如果进行分阶段骨增量，通常采用块状骨移植。

垂直向骨高度不足，被称之为根向垂直骨增量（如上颌窦底提升术）的治疗计划，有高复杂程度和高手术风险。某些病例可以用异种骨或人工合成的骨代用品，避免了取骨所需要的第二个手术位点。如果治疗计划需要在牙槽嵴顶进行垂直向骨增量，应当仔细估算需要增加的骨高度，非常严格地执行骨移植程序。这些病例不仅外科手术自身有高并发症风险，还因为有可摘临时义齿的干扰，愈合期间需要严密监控。

上颌牙槽骨严重萎缩，以及颌骨之间的位置关系严重错乱的病例，需要同时进行LefortⅠ型截骨术和大范围骨移植。对这些病例，该治疗程序允许在剩余牙槽嵴增量的同期将上颌骨矫正到正常的三维位置，定义为高度复杂类。治疗需要在全麻下由熟练的口腔颌面外科医生操作。

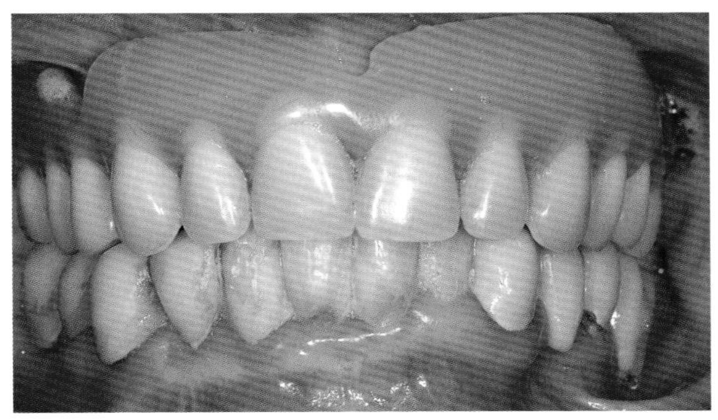

图1　上颌为总义齿，下颌为自然牙列

即刻负荷的治疗方案为高度复杂类，从外科角度看，如果计划进行牙列缺失的固定修复，外科阶段的手术难度增加，例如每颗种植体具有良好的初始稳定性，并精确植入预先设计的临时修复体确定的三维位置。某些种植团队，临时修复体由外科医生制作，外科医生需要有修复方面的临床经验。

4.9.1　临床病例：上颌牙列缺失种植体支持式固定修复

65岁女性患者，上颌为总义齿，下颌为失败的固定修复体（图1），要求固定修复上颌牙。患者口腔卫生差，曲面体层放射线片显示上颌窦前部骨高度适宜（图2）。

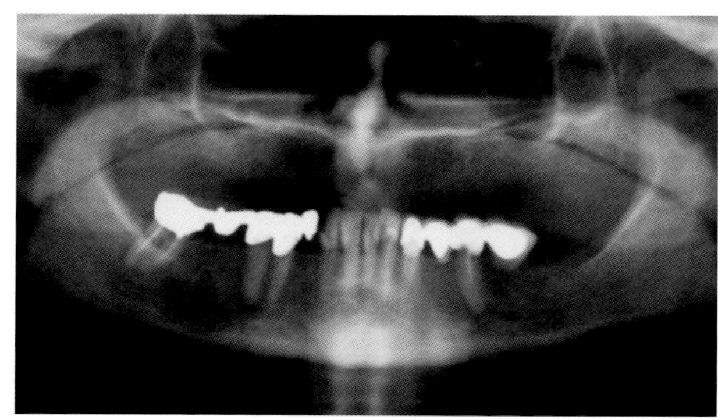

图2 术前曲面体层放射线片

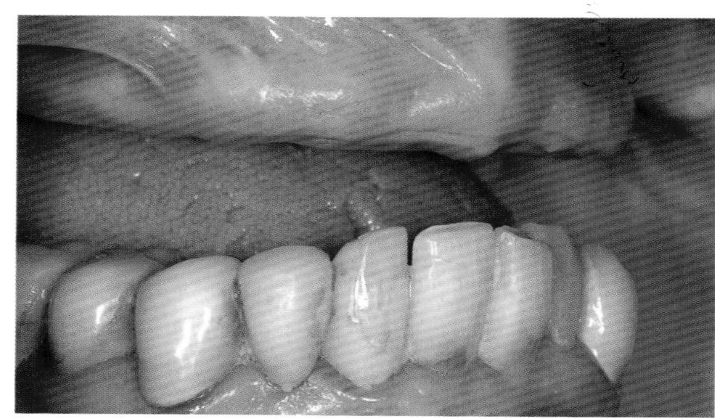

图3 上颌牙列缺失的侧前方观，显示上颌牙槽嵴与下颌前牙之间的关系

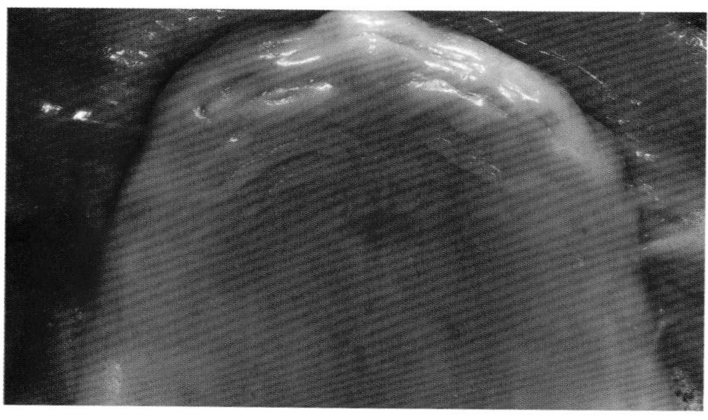

图4 上颌牙列缺失的殆面观

与患者讨论，患者拒绝上颌窦底骨增量。缺牙区牙槽嵴外形良好，与下颌牙列关系正常（图3和图4）。

口腔洁治，制备诊断模型。计划在上颌窦近中植入6颗种植体支持全牙弓FDP。计划种植位点为双侧中切牙、尖牙和第二前磨牙，支持十二单位的FDP，双端悬臂。高位笑线，软组织厚度为2mm。无须翼即可得到足够的唇支持。下颌右侧第二磨牙因为再发龋决定拔除，提供两侧第二前磨牙之间牙支持式FDP。用单颗种植体支持的修复体分别修复双侧第一磨牙。因此，患者的种植修复包括上颌的十二牙单位及下颌磨牙。

此病例SAC分类要考虑以下因素。因为不在上颌窦区手术，为低解剖风险。然而，手术时要评估邻近的鼻腭管。这可能影响到中切牙种植体的位置。因为需要考虑植入种植体的数目和避免种植体过度倾斜，为中等复杂程度手术。低并发症风险，然而，植入最远中的种植体要格外小心避开上颌窦。高美学风险，而且种植体植入的位置要非常精确。计划早期负荷。这些因素决定SAC分类为复杂类（表2）。

表2　上颌牙列缺失6颗种植体支持式FDP病例的外科SAC分类

一般因素	评估	备注
全身禁忌证	无	
吸烟	<10支 / 天	• 要求患者尽快戒烟
发育因素	无	
位点因素	**评估**	**备注**
骨量	上颌前牙区和前磨牙区骨量合适，磨牙区垂直向骨缺损	• 上颌前牙区和前磨牙区骨量适合，无须骨增量
解剖风险	低	• 鼻腭管可能影响中切牙位点种植体植入的理想位置
美学风险	高	• 大笑时可见2mm高的龈组织
复杂程度	中	• 防止种植体植入角度过于倾斜 • 最远中种植体可能靠近上颌窦
并发症风险	低	• 愈合期初期特别注意防止种植体过早负荷
负荷方案	早期	• 种植体植入6 ~ 12周后负荷
SAC分类	复杂	

复制诊断蜡型，制作外科导板。手术入路为双侧磨牙之间的牙槽嵴顶切口、两侧的远中垂直松弛切口，充分翻瓣和暴露牙槽嵴。在外科导板引导下，将6颗SLActive表面种植体（Straumann种植系统，Straumann AG，Basel，Switzerland，体部直径4.1mm，长度10mm和12mm）植入预计位置。关闭创口，非潜入式愈合（图5和图6）。愈合期，患者戴用旧的活动义齿，用软丙烯酸树脂重衬，在种植位点缓冲以避免种植体过早负荷。手术8周后进入最终修复阶段，包括戴4周全牙弓临时种植修复体，在制取终印模之前成形软组织（图7）。

图5　植入6颗种植体之后的上颌殆面观

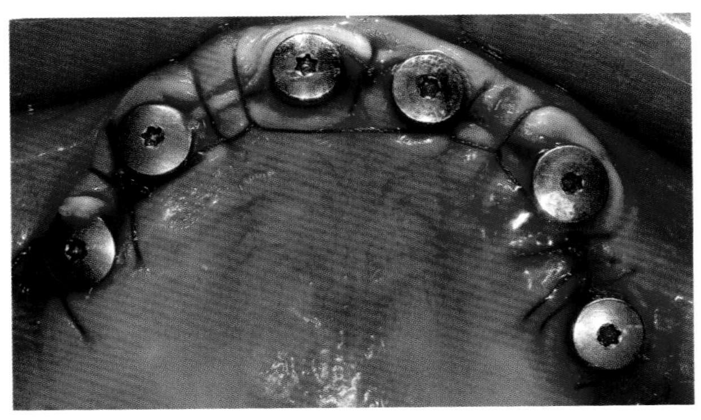

图6　放置愈合帽，间断缝合关闭创口，非潜入式愈合

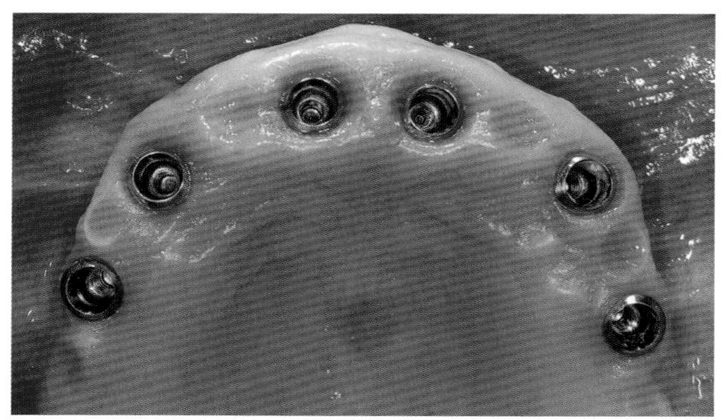
图7 愈合10周后的上颌𬌗面观，显示取出愈合帽，种植体周围黏膜健康，以及戴临时修复体之后获得的软组织外形

该病例上颌采用一体式、两侧各一单位悬臂、螺丝固位的FDP修复（图8）。用2颗种植体支持式修复体分别修复双侧下颌第一磨牙（图9）。出于口腔卫生考虑，预备下颌基牙，留出龈上冠边缘便于清洁。

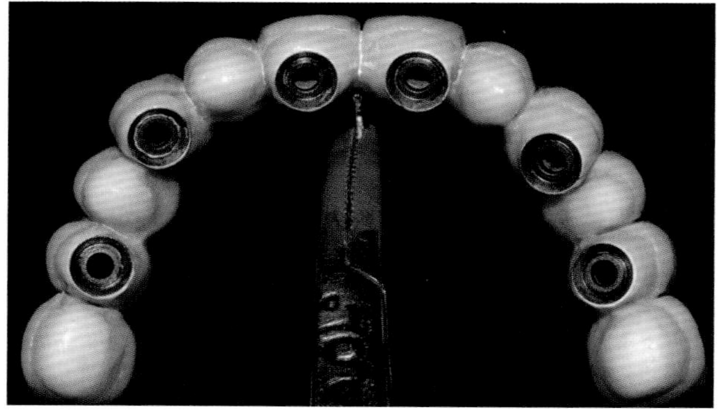
图8 一体式、两侧各有一单位悬臂、螺丝固位的FDP。此病例为钛合金烤瓷种植桥（Procera，Nobel Biocare AG，Gothenburg，Sweden）直接连接于种植体上

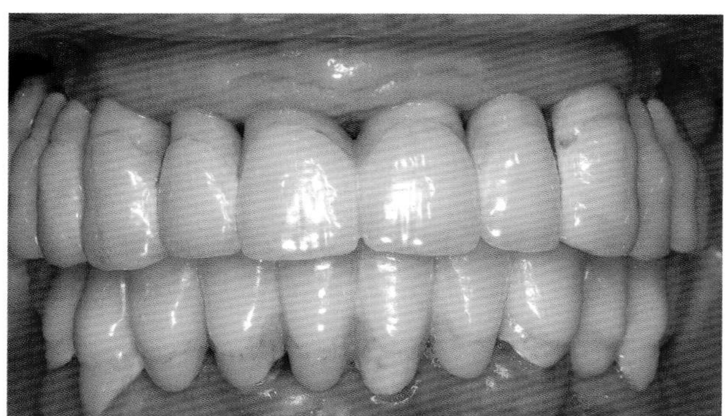
图9 口内唇侧观，上颌种植体支持式FDP与下颌两侧第二前磨牙之间牙支持的FDP、下颌双侧第一磨牙位点的2颗种植体支持式修复体

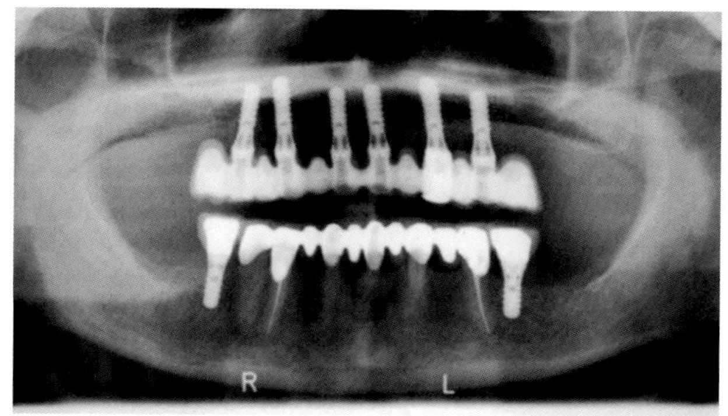

图10 修复后的最终曲面体层放射线片

4.10 单根牙的拔牙窝内种植（Ⅰ型）

S. Chen

由于拔牙窝解剖风险与治疗复杂程度各不相同，我们将单根牙和多根牙位点单独分类。拔牙窝内种植被视为一种特殊的修正因素，会改变具体病例的标准分类。

表1为单根牙拔牙窝种植体植入的SAC分类。多数拔牙窝在种植体植入时，都出现种植体周围骨缺损。通常根据水平向种植体边缘骨缺损间隙的大小和／或一侧甚至多侧骨壁缺损，决定是否进行骨增量。虽然2mm之内的水平向骨缺损可以发生自发性骨再生（Paolantonio等，2001），但同时伴随有水平向唇侧骨吸收（Botticelli等，2004）。在美学区，通常认为在缺损区植入低替代率的同种或异种移植材料，可以减少水平向骨吸收（Chen等，2007）。如果水平向边缘骨缺损间隙>2mm，考虑同期骨增量。如果一侧或者多侧骨壁缺损或缺失，必须联合移植骨和骨代用材料以及屏障膜进行同期骨增量。

由于存在唇侧龈缘退缩等美学并发症，上颌切牙与尖牙位点拔牙窝种植为高度复杂类。根据唇侧骨壁情况和牙龈生物型，为中度或高度龈缘退缩风险。如果唇侧骨壁受损或缺失和／或薄龈生物型，牙龈退缩和美学并发症风险将增大。一旦美学风险增大，推荐行早期（Ⅱ型）种植。这种方法允许拔牙后软组织愈合和消除已存在的感染。这增加了软组织量，如有需要，有利于瓣的处理和／或初期创口关闭。要精确预备种植窝保证种植体的初始稳定性和正确的轴向。上颌切牙和尖牙位点要在拔牙窝的腭侧壁进行种植窝预备。拔牙窝腭侧冠1／3的骨壁要呈喇叭口样扩展，降低种植体植入过程中向唇侧偏斜的风险。可以应用辅助性骨增量，促进种植体周骨缺损的骨再生。其复杂程度为中度。一个或多个骨壁受损或缺失是同期骨增量的适应证。多数情况下，用同期软组织移植增加软组织量，满足潜入式愈合方案，和／或改善软组织类型，使软组织美学效果最佳，增加了治疗的复杂程度。上颌切牙与尖牙位点的解剖风险通常比较低。

下颌前磨牙通常为单牙根。拔牙窝的形态往往与多数种植系统提供的柱状或锥形柱状标准种植体类似，导致相对较小的边缘性骨缺损间隙。通常这些位点为低美学风险。如果骨壁完整，不邻近下牙槽神经与颏孔，标准分类为简单类。然而，如果一侧或多侧骨壁缺损，需要同期骨增量，标准分类变为复杂类。不论是否骨增量，下颌前磨牙位点接近颏孔时，增加了解剖风险，标准分类为复杂类。

下颌前牙区拔牙窝内种植为复杂类。唇／舌侧骨板往往较薄，增加了外科复杂程度。下颌切牙拔牙窝较小，且通常根尖区唇舌向牙槽嵴较窄，增加了舌侧皮质骨穿孔的风险和由此引发的并发症。当一侧或多侧骨壁缺损时，需做同期骨增量。

表1 单根牙拔牙窝内种植（I型）病例的外科分类

高美学风险区	牙槽窝形态：单根					
风险评估					标准分类	可能需要的辅助性手术及备注
骨量	解剖风险	美学风险	复杂程度	并发症风险		
牙位：上颌切牙和尖牙						
充足，骨壁完整	低	高	高	高	高度复杂	• 同期软组织移植 • 同期骨增量
牙槽窝一壁或多壁骨缺损	低	高	高	高	高度复杂	• 同期软组织移植 • 同期骨增量
牙位：下颌前磨牙						
充足	低	低	低	低	简单	• 无
牙槽窝一壁或多壁骨缺损	低	低	中	中	复杂	• 同期骨增量
牙位：下颌前磨牙，邻近颏孔						
充足	中	低	中	中	复杂	• 累及颏神经的风险
牙槽窝一壁或多壁骨缺损	中	低	中	中	复杂	• 同期骨增量 • 累及颏神经的风险
牙位：下颌切牙和尖牙						
充足	中	低	中	中	复杂	• 舌侧骨皮质穿孔
牙槽窝一壁或多壁骨缺损	中	低	中	中	复杂	• 舌侧皮质骨穿孔 • 同期骨增量

4.10.1 临床病例：上颌中切牙拔牙后即刻种植

36岁女性患者，上颌左侧中切牙膜龈联合处有瘘管（图1）。该牙曾受外伤，经过牙髓治疗后，桩冠修复（图2）。患者主诉该处牙龈反复感染、肿胀。尽管患牙2年前曾做根尖手术，并获得初期成功，但是1年之后，肿胀与瘘管复发。临床检查证实余牙健康。牙周探诊深度正常，为2～3mm。患者要求固定修复患牙。患者美学期望相对较高，大笑时呈高位唇线。治疗方案为拔除患牙，若条件允许，进行即刻种植。

尽管患牙的牙周探诊深度在正常范围内，但是牙龈的反复感染肿胀史和根尖手术史，提示我们唇侧骨板有破坏。因此，即刻植入种植体时需要进行同期骨增量。根方骨量充足，能满足初始稳定性的需要。虽然患牙的解剖风险较低，但是存在根尖区的骨缺损与鼻腭管连通的可能性。厚龈生物型以及龈缘高于相邻中切牙龈缘都是即刻（Ⅰ型）种植的有利因素。然而，唇侧骨板的状况增加了龈缘退缩的风险。患者美学要求较高，所以，相应的美学风险也较高。骨增量增加了治疗的复杂程度。除了美学风险外，其他并发症的风险较低。此病例的SAC分类为高度复杂类（表2）。

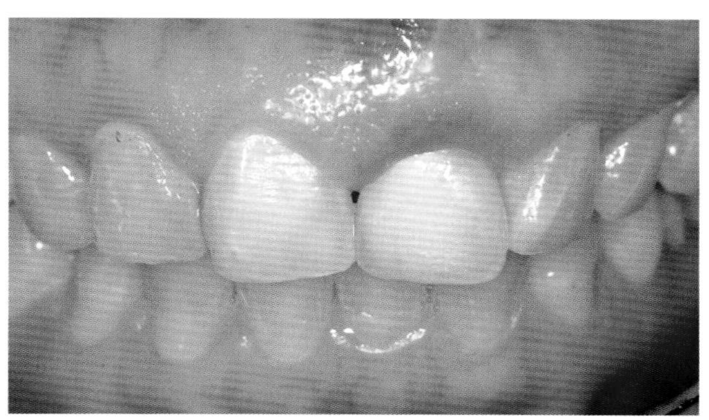

图1　上颌左侧中切牙的口内唇侧观，膜龈联合处有瘘管

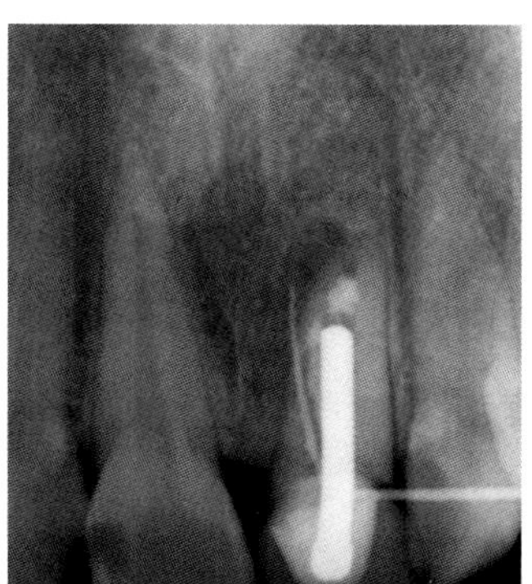

图2　上颌左侧中切牙的根尖放射线片，应用牙胶尖示踪瘘管。牙根的近中根尖区呈透射影

表2 上颌中切牙即刻（I型）种植的外科SAC分类

全身因素	评估	备注
全身禁忌证	无	
吸烟	无	
发育因素	无	
位点因素	**评估**	**备注**
骨量	牙槽嵴顶的骨量充足；不能确定唇侧骨板缺损的范围	• 需要辅助性硬组织增量
解剖风险	低	• 邻近鼻腭管，可能影响种植体的位置
美学风险	高	• 大笑时呈现高位唇线 • 患者的高美学要求 • 唇侧骨板缺损所致龈缘退缩的高风险 • 厚龈生物型和龈缘高度超出为有利因素
复杂程度	高	• 高美学风险区的同期骨增量
并发症风险	低	• 丧失获得理想的初始稳定性的风险 • 与鼻腭管的风险
SAC分类	高度复杂	

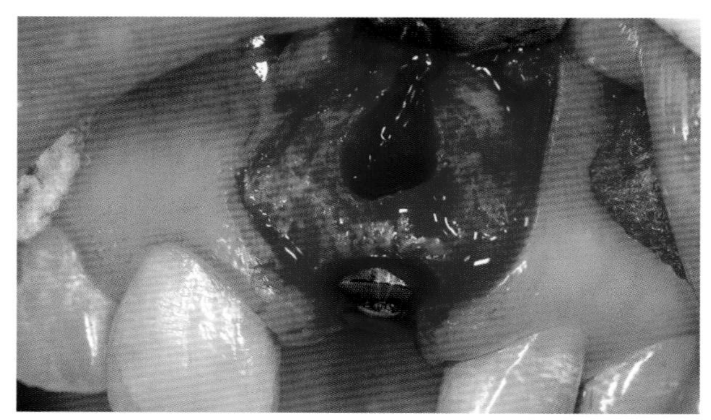

图3 种植体植入后的术中观，显示唇侧骨壁大范围骨穿孔和嵴顶处完整的骨桥

患牙拔除后，唇侧骨壁呈现大的骨穿孔缺损（图3）。然而，在唇侧骨壁的嵴顶有中等厚度的骨桥存留。植入种植体（长度10mm、标准美学种植体、SLA表面，Straumann种植系统，Straumann AG，Basel，Switzerland）后，在骨穿孔缺损区植入去蛋白牛骨基质（Bio-Oss，Geistlich Pharma AG，Wolhusen，Switzerland）并覆盖可吸收胶原膜。

缝合组织瓣，半潜入式愈合（图4）。愈合过程无异常（图5）。12周之后，用金属烤瓷修复体修复。术后2年随访时，临床检查和放射线片显示种植体周围组织稳定，美学效果良好（图6～图8）。

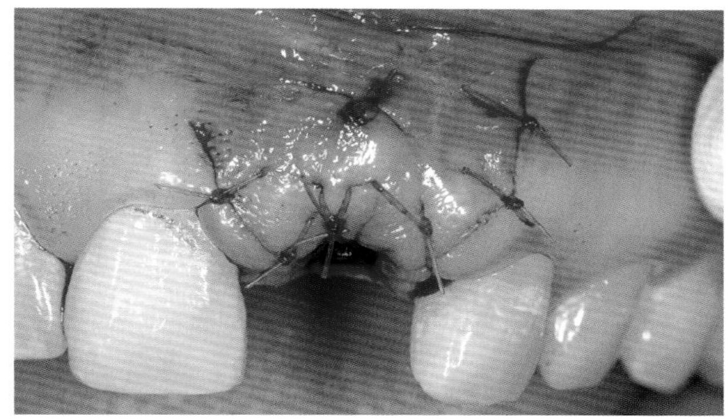

图4 植入种植体，缺损区骨移植，覆盖可吸收性屏障膜，关闭组织瓣后的唇侧观。部分愈合帽位于龈下

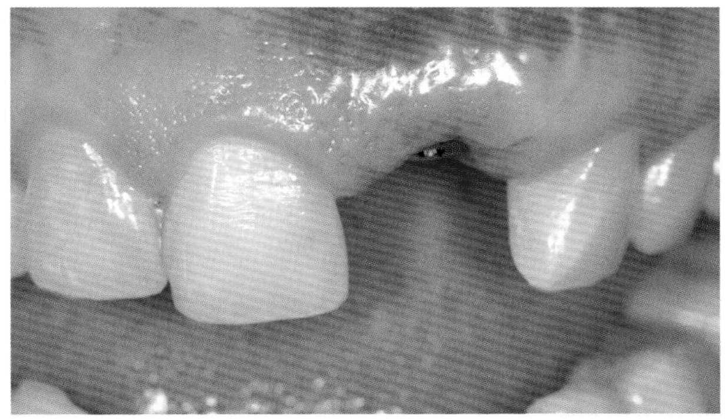

图5 3个月之后，种植体周围黏膜健康

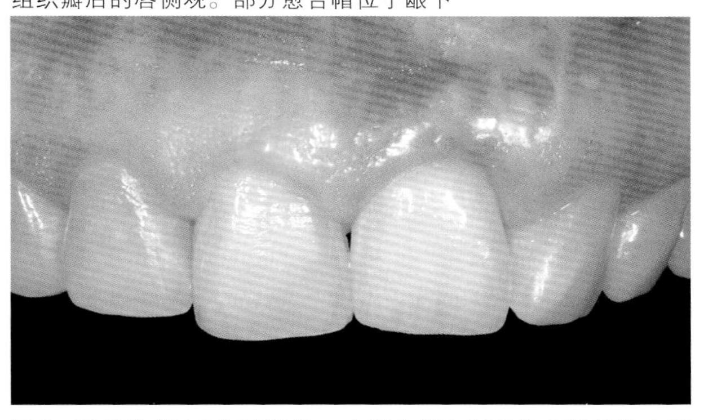

图6 种植体植入2年后随访，上颌左侧中切牙位点种植体支持式金属烤瓷修复体的唇侧观

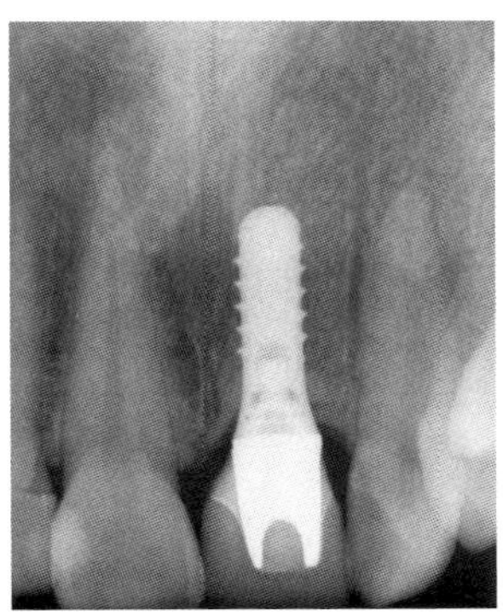

图7 手术2年后的上颌左侧中切牙根尖放射线片

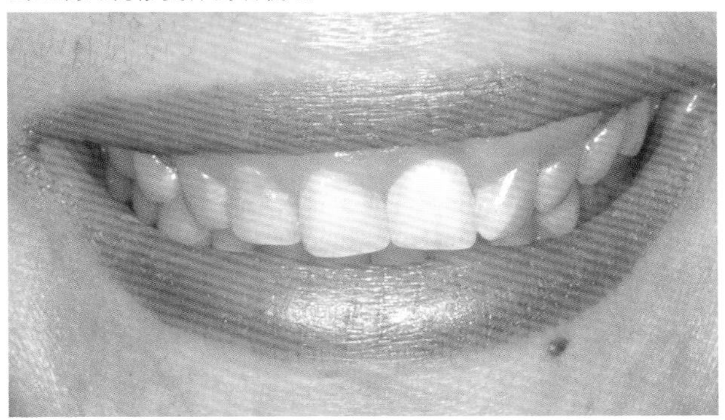

图8 患者的微笑像，显示种植体植入2年后上颌左侧中切牙位点的种植修复体

4.11 多根牙的拔牙窝内种植（Ⅰ型）

S. Chen

表1列出了多根牙拔牙窝内种植体植入的分类。多根牙拔牙窝的结构和形态，对获得理想种植体位置和初始稳定性，有特殊的挑战性。

由于牙根的外形和根柱的高度，上颌前磨牙的颊根与腭根之间往往有一个较薄的牙根间隔。种植体理想的三维位置是牙槽窝颊舌向的中点（Fugazzotto，2002）。种植体初始稳定性是靠种植体与近远中骨壁接触获得。种植体与颊侧和舌侧骨壁之间的水平向缺损通常大于2mm，因此，通常需要同期骨增量。由于颧骨下窝的骨凹陷存在，上颌前磨牙的即刻种植有可能伴发颊侧骨壁穿孔。上颌窦底可能向前方扩展波及前磨牙。一或多侧骨壁破坏时需要进行同期骨增量。基于以上原因，上颌前磨牙拔牙窝内种植体植入的标准分类为复杂类。

上颌磨牙位点，通常是3个独立的牙根窝。当根尖到上颌窦底之间的骨高度充足时，通过种植体锚固在根方基底骨上获得种植体初始稳定性。种植体可置于颊舌向和近远中向中点位置上（Schwartz-Arad和Samet，1999）。应该避免将种植体植入某一单独的牙根窝内，因为这通常导致修复体的位置不理想。低解剖风险和低美学风险，治疗程序中等复杂，种植窝精细预备以便获得初始稳定性。种植体的直径将影响种植体周围骨缺损的大小。然而，上颌磨牙区种植同时需要骨增量手术时，标准分类为复杂类。

上颌窦底与根尖十分接近的病例，通常没有足够的根方骨量以提供种植体初始稳定性。多数病例中，是需要上颌窦底黏膜提升和骨或骨代用材料移植。这可能要通过上颌窦底冲顶（Summers，1994；Fugazzotto，2006）或上颌窦侧壁开窗术（Tatum，1986）来达到。因为存在拔牙窝、上颌窦底的形状不规则，上颌窦底植骨时上颌窦底黏膜穿孔的风险增加。这些病例为高度复杂类，有中等并发症风险，需要技术熟练的外科医生来操作。

下颌磨牙位点根尖到下颌管之间的骨量充足时，可以考虑将种植体植入拔牙窝。通常选择比标准种植体直径更粗的种植体。需要将其植入拔牙窝近远中和颊舌向中点。种植体与颊侧和舌侧骨壁、牙根间隔（如果存在）、根方基骨啮合以获得初始稳定性。修复允许的话，可将种植体植入到近中或远中牙槽窝内。尽量避免在近中和远中牙槽窝内植入2颗种植体。低解剖风险，标准分类为复杂类。

下颌磨牙根尖到下颌管之间的骨高度受限时，损伤下牙槽神经的风险高，高解剖风险、高并发症风险及高复杂程度。骨高度不足时种植体植入下颌磨牙拔牙窝，或有一或多侧拔牙窝骨壁受损时，标准分类为高度复杂类。

表1 多根牙拔牙窝内种植（Ⅰ型）的外科分类

拔牙窝形态:多根						
风险评估					标准分类	可能需要的辅助性手术及备注
骨量	解剖风险	美学风险	复杂程度	并发症风险		
牙位：上颌前磨牙						
充足	低	高	中	中	复杂	• 舌侧皮质骨穿孔的风险 • 同期软组织增量 • 同期骨增量
牙槽窝一壁或多壁骨缺损	低	高	中	中	复杂	• 舌侧皮质骨穿孔的风险 • 同期软组织增量 • 同期骨增量
牙位：上颌磨牙						
充足	低	低	中	中	复杂	• 同期骨增量
垂直向骨缺损	中	低	高	高	高度复杂	• 同期上颌窦底骨增量
牙槽窝一壁或多壁骨缺损，伴有或不伴有垂直向骨缺损	中	低	高	高	高度复杂	• 同期骨增量 • 同期上颌窦底骨增量
牙位：下颌磨牙						
充足	低	低	中	中	复杂	• 同期骨增量
垂直向骨缺损	高	低	高	高	高度复杂	• 累及下牙槽神经 • 同期骨增量
牙槽窝一壁或多壁骨缺损，伴有或不伴有垂直向骨缺损	高	低	高	高	高度复杂	• 累及下牙槽神经 • 同期骨增量

4.11.1 临床病例：上颌第一前磨牙拔牙后即刻种植

55岁女性，上颌右侧第一前磨牙龈下牙折（图1）。患者要求固定修复。不吸烟，身体健康，美学期望高。放射线检查显示有两个分开的牙根。治疗计划是拔牙后拔牙窝内植入种植体。患者希望在愈合期能戴用临时修复体。

局部麻醉后，做颊侧、腭侧沟内切口。联合使用牙周刀和微创拔牙刀仔细拔牙（图2），骨探查确定颊侧和舌侧骨壁外部轮廓。在牙槽窝的颊舌向中点进行种植窝预备，要偏腭侧避免伤及颊侧骨壁（图3和图4）。植入长度10mm的SLA表面种植体（Straumann RN SP种植体，Straumann AG，Basel，Switzerland）（图5）。然后，在种植体上安放愈合帽，使颊侧和舌侧黏膜包绕愈合帽，间断缝合（图6）。

图1　上颌右侧第一前磨牙殆面观。牙齿周围放不锈钢环支持临时义齿

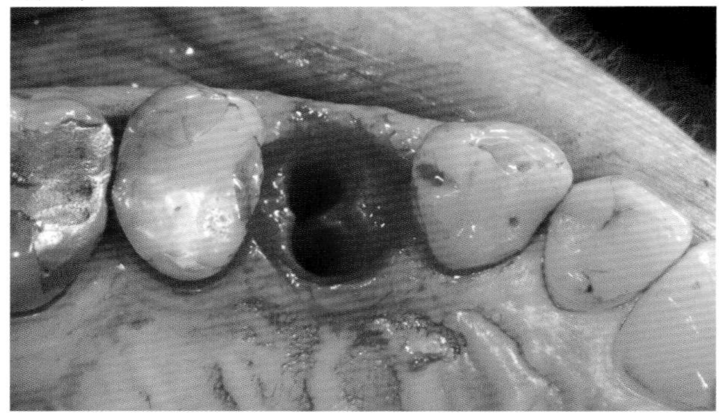

图2　拔牙后殆面观，两个分开的牙根窝，冠方呈“肾形”

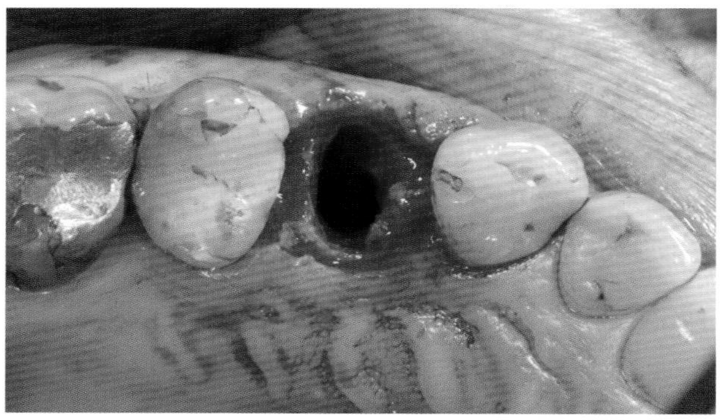

图3　种植窝预备后殆面观

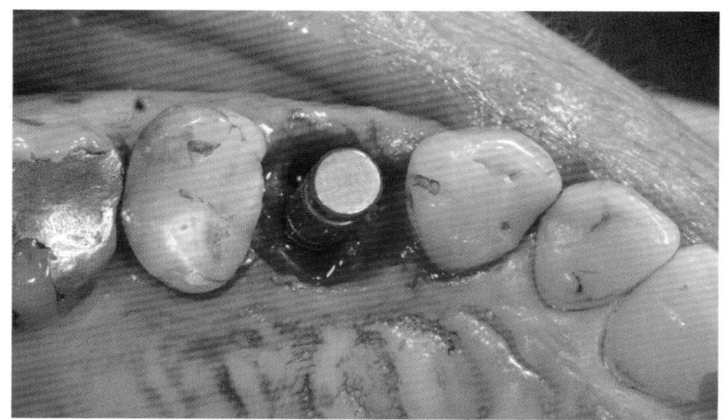

图4　插入导向杆，显示牙槽窝预备的理想轴向

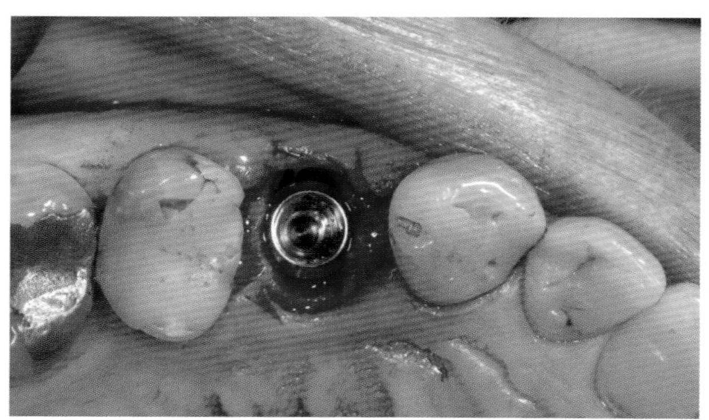

图5　植入RN Straumann种植体。种植体肩台颊侧和腭侧小缝隙内植入去蛋白牛骨基质

表2 上颌前磨牙即刻（I型）种植病例的外科SAC分类

一般因素	评估	备注
全身禁忌证	无	
吸烟	无	
发育因素	无	
位点因素	**评估**	**备注**
骨量	充足，牙槽窝骨壁完整	
解剖风险	低	
美学风险	低	• 低位唇线
复杂程度	中	• 小心预备拔牙窝 • 需要辅助性骨增量
并发症风险	中	• 丧失获得理想初始稳定性和种植体正确轴向的中度风险 • 轻度唇侧骨壁穿孔的风险
SAC分类	高度复杂	

愈合过程无异常，手术8周后进入修复程序。手术12个月后复诊，种植体周围组织健康，牙槽嵴状态稳定（图7和图8）。

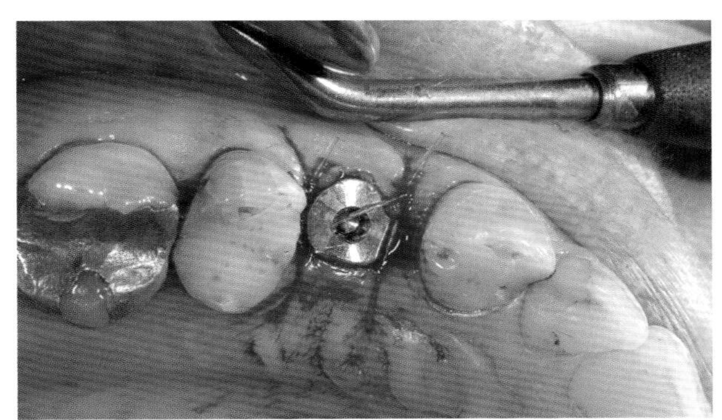

图6 旋入愈合基台后间断缝合关闭创口

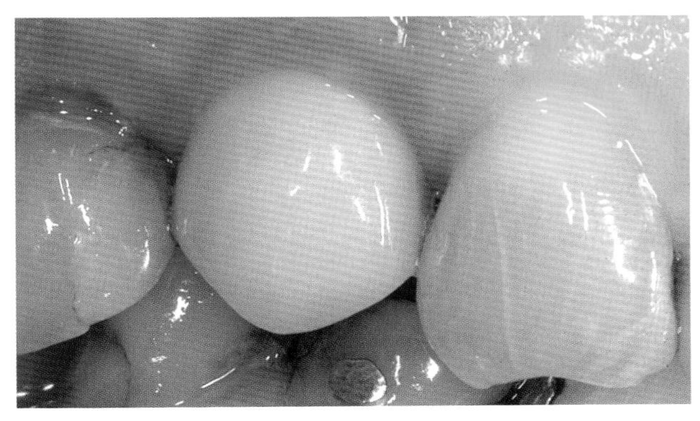

图7 手术12个月之后，戴入最终种植体支持的修复体

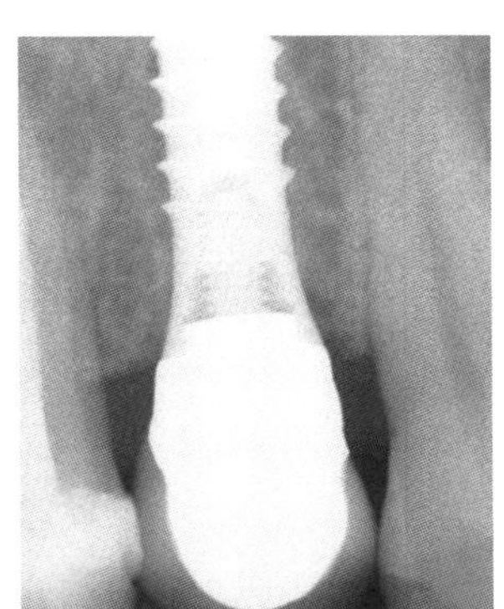

图8 手术12个月之后，种植体的放射线片

5 修复病例分类

A. Dawson, W. Martin, U. Belser

5.1 修复分类的原则

修复病例SAC分类应遵循以下常规原则。这些原则有助于形成修复病例类型的标准分类。本章将介绍这些病例类型分类的具体指征和修正因素的影响。

可以基于以下通用标准将修复病例分类为简单、复杂和高度复杂的病例。

简单

- 非美学位点，美学风险最小。
- 修复过程简单，步骤少。
- 可预期的修复结果。
- 低并发症风险。

复杂

- 一定的美学风险。
- 修复步骤可能增加，但可预期效果。
- 能够准确地预期修复结果。
- 低度到中度并发症风险。

高度复杂

- 中度到高度美学风险。
- 修复步骤繁多，治疗计划可能需要根据一个或多个步骤的效果进行再评价。
- 治疗之前难以预期修复效果。
- 高并发症风险，必须有处理这些问题的多种应急计划。这些并发症可能使修复的长期结果欠佳。
- 修复医生、外科医生及技师之间的密切配合、相互交流、安排治疗程序是成功的基础。患者必须理解并接受可能出现的欠佳效果。

这些指标定义了病例类型的标准分类。此外，在第3章中讨论的美学和修复修正因素同样可以用于具体病例的风险评估。下文的图表总结了具体病例中最显著的修正因素。将在能够产生最大影响的缺牙区讨论这些因素。

一般来说，可利用的修复空间、需要修复的缺失牙数目、缺牙区硬组织和软组织的质与量，都将影响修复分类。

5.2 单颗后牙位点的种植修复

表1总结了具体修正因素对单颗后牙修复分类的影响。这些修正因素决定了每个病例的标准分类。这些分类与先前讨论的修复及美学因素的具体情况相适应。使用分类的医生应该找出适用于这些具体病例的标准性指标，运用必要的修正因素获得恰当的SAC分类。

表1　单颗后牙位点种植修复的修正因素

单颗后牙缺失间隙	备注	简单类	复杂类	高度复杂类
殆龈距离	指从预计的种植修复体边缘到对殆之间的距离	理想的牙冠高度+/−1mm	牙冠高度降低≥2mm	由于对颌牙严重的过度萌出，没有辅助性预先治疗就难以修复
近远中向距离（前磨牙）		对应缺失牙的解剖间隙+/−1mm	对应缺失牙的解剖间隙>2mm，或更多	由于严重的空间限制≤5mm，没有辅助性预先治疗就难以修复
近远中向距离（磨牙）		对应缺失牙的解剖间隙+/−1mm	对应缺失牙的解剖间隙+/−2mm，或更多	由于严重的空间限制≤5mm，没有辅助性预先治疗就难以修复
入路		充分	受限	难以种植治疗
负荷方案	至今，即刻修复和负荷程序缺乏科学文献证实	常规或早期	即刻	
美学风险	基于ERA（第一卷）	低	中	患者对上颌第一前磨牙有高美学要求
副功能咬合	修复体并发症风险高	不存在	存在	
临时种植修复体	建议戴用临时种植修复体的状态	修复体边缘位于龈缘根方<3mm	修复体边缘位于龈缘根方>3mm	

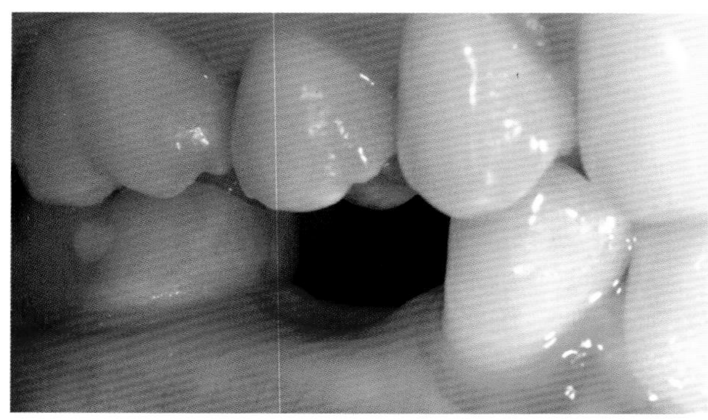

图1 下颌右侧第二前磨牙种植有充分的殆龈距离

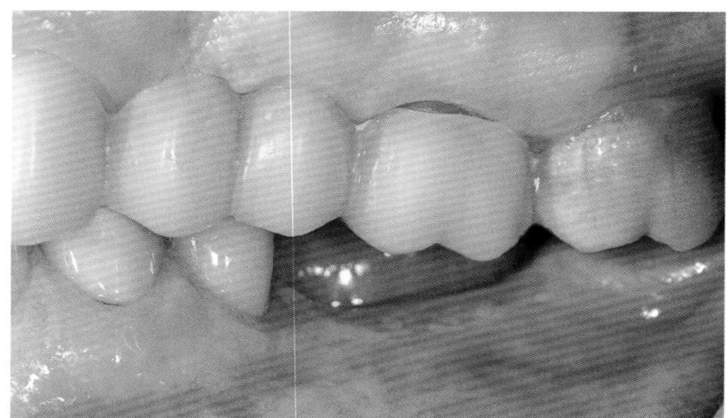

图2 下颌左侧第一磨牙种植位点殆龈距离不足

5.2.1 修复空间

可用于修复的殆龈距离，是预计的修复体边缘到对颌殆平面之间的距离，影响到修复治疗的复杂程度并导致可能的并发症（图1和图2）。这一问题对于种植体肩台位于牙槽嵴顶的骨水平种植体来说并不十分关键。骨水平种植体的设计，常常有与之配套的多种可供选择的上部结构，适应不同的修复体肩台位置。在殆龈距离受限时，有穿黏膜颈部的种植体（软组织水平种植体）设计，需要在种植计划中计算其颈部高度。所有的种植体设计，上部结构所需的空间以及形成理想穿龈轮廓的能力一直非常关键。修复的挑战通常不是殆龈距离的增加，相反，殆龈距离有限将使治疗程序复杂化。当修复空间受限时，治疗计划经常要包括创造理想修复空间的治疗程序。这些治疗程序包括：调改对颌牙，选择性的牙髓治疗，冠延长，全冠，正畸压低，手术截骨等。另外，当解剖条件允许时（如下牙槽神经位置合适），可以修改手术设计，使种植体植入得更深，使修复体有充足的修复空间。但是，这种设计可能使种植体边缘位置过深，需要使用螺丝固位修复体。

有限或过大的修复空间均可能影响美学效果，因此对有美学风险的患者应有特别考量。较差的牙冠长宽比例会损害美学效果。当临床牙冠过短时，种植体植入较深和软组织减薄可以获得种植成功。但是，当与对颌牙列的修复体和天然牙的大小及形态失调时，仍然会显著影响美学效果。如果没有垂直向牙槽嵴骨增量或临床龈瓷，过长的牙冠通常难以处理。

可用于修复体的近远中向距离也将影响治疗策略。空间受限，经常出现在前磨牙位点，可能会影响种植体的选择、手术入路、修复材料以及维护（图3a~c）。在有美学风险的患者，修复空间有限将影响冠比例和穿龈轮廓，经常影响美学效果。较大的近远中向距离同样可以导致美学风险，需要进行辅助性修复治疗（比如用修复体或冠修改邻牙的外形轮廓）。

5.2.2 入路

张口度较小可以是正常的解剖状态、颞下颌关节问题或其他病理性因素，限制了外科及修复医生获得进入种植体支持的修复体位点的能力。通常，这种情况发生在后部位点，可能要选择放弃种植治疗。通常的原则是，种植治疗需要30mm以上的张口度。

5.2.3 负荷方案

国际口腔种植学会（ITI）第三次共识研讨会第三工作组的共识性论述（负荷方案）不推荐单颗牙种植时采用即刻负荷技术，因为在此次会议之前，在牙种植学中缺乏将即刻负荷作为常规技术的充分证据。一般来说，尽管在该领域的研究不断增加，但仍然缺少支持证据。但是，假如期望或必须进行即刻负荷（即在种植体植入48小时之内用临时或最终修复体进行功能性负荷），应该注意到对治疗小组有更大的压力。与早期和常规负荷方案相比，需要更高的专业技术水平和有条理的合作。相反，对高美学风险和／或期望维持近远中向距离的位点可以选用即刻修复（即种植体植入48小时内戴入非功能性负荷的临时修复体）。在任何情况下，应注意避免种植体的非轴向负荷。

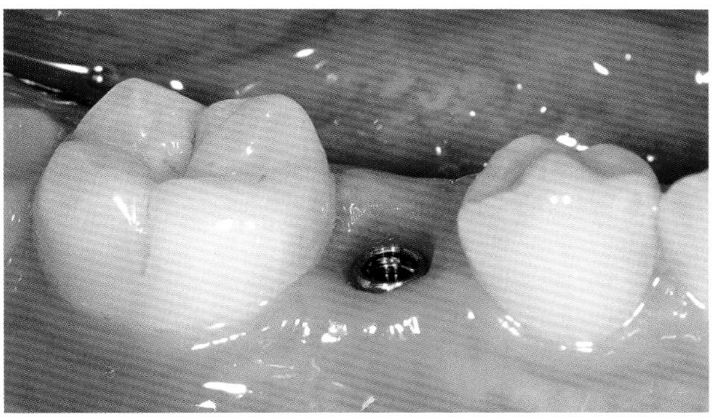

图3a 正畸治疗导致的下颌右侧第二前磨牙位点近远中向距离受限（5mm），需要选择窄肩台种植体

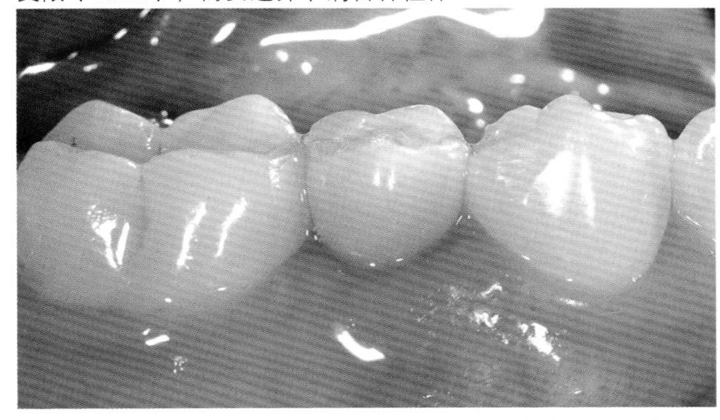

图3b 下颌右侧第二前磨牙位点近远中向距离受限，导致冠比例和穿龈轮廓与邻牙不协调

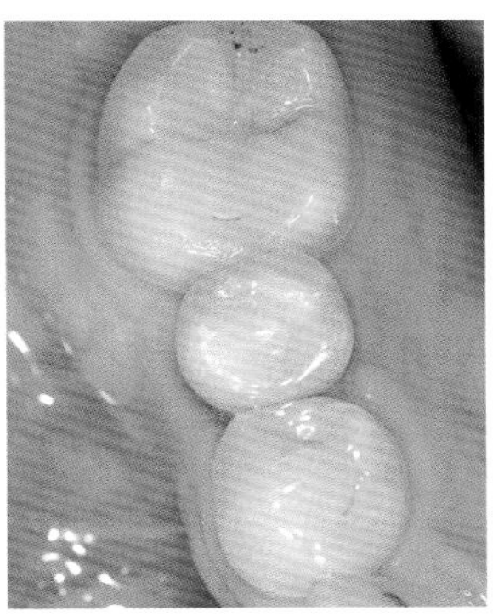

图3c 下颌右侧第二前磨牙位点近远中向距离受限，导致冠比例和穿龈轮廓与邻牙不协调

5.2.4 美学风险

多数病例，后牙位点的单颗牙种植修复很少或没有美学风险，因此可以归类为标准分类的简单类。但在某些情况下，患者为高而宽的笑线，前磨牙修复体（偶尔是磨牙）具有值得评估的美学风险（图4）。这些病例的标准修复分类归类为复杂类或高度复杂类。

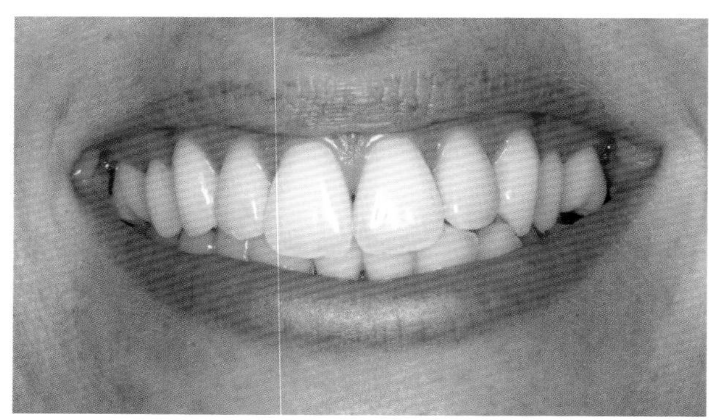

图4 高而宽的笑线时，后牙位点种植修复也会增加美学风险

5.2.5 副功能咬合

目前研究显示，副功能过度负荷不会增加种植体失败，但是机械并发症风险与副功能咬合密切相关，例如螺丝松动和折断，基台折断，饰面材料崩瓷（Brägger等，2001）。因此，存在副功能咬合将增加并发症的风险，使修复程序要求更高，在某种程度上降低了可预期性。修复医生需要通过调改修复体，最大限度地降低副功能过度负荷的潜在影响，或者使用不易崩折的饰面材料或更软的材料。

5.2.6 临时修复体

使用种植体支持的临时修复体时，修复肩台在黏膜下的深度将影响其复杂程度。种植体肩台的位置超过未来龈缘根方3mm时，常常需要螺丝固位或使用个性化中间基台，或者避免粘接固位，或者将粘接边缘转移到容易去除溢出粘接剂的位置。种植体周围组织内的粘接剂将导致炎症、瘘管形成甚至骨丧失。因此，这些病例类型归为复杂类。

5.3 单颗前牙位点的种植修复

表1显示评估单颗前牙位点种植修复的最重要因素，正如第5.2节所述，这些变量将提供基本的标准分类。基于修正因素的影响，该标准分类可能由此而改变。

表1 单颗前牙位点种植修复的修正因素

	备注	简单类	复杂类	高度复杂类
单颗前牙缺牙间隙颌位关系	指从预计的种植修复体边缘到对殆之间的距离	安氏Ⅰ类和Ⅲ类	安氏Ⅱ类1和2分类	由于严重的错殆，没有辅助性预先治疗就难以修复
近远中向距离（上颌中切牙）	对称性是获得成功治疗的基础		对应对侧同名牙，对称+/-1mm	对应对侧同名牙，不对称>1mm
近远中向距离（上颌侧切牙和尖牙）		对应对侧同名牙，对称+/-1mm	对应对侧同名牙，不对称>1mm	
近远中向距离（下颌前牙）		对应对侧同名牙，对称+/-1mm	对应对侧同名牙，不对称>1mm	
负荷方案	至今，即刻修复和负荷程序缺乏科学文献证实	常规或早期		即刻
美学风险	基于ERA（第一卷）	低	中	高
副功能咬合	并发症的风险是针对修复体，而非种植体存留	不存在		存在
临时种植修复体	推荐使用临时种植修复体		修复体边缘位于龈缘根方<3mm	修复体边缘位于龈缘根方>3mm

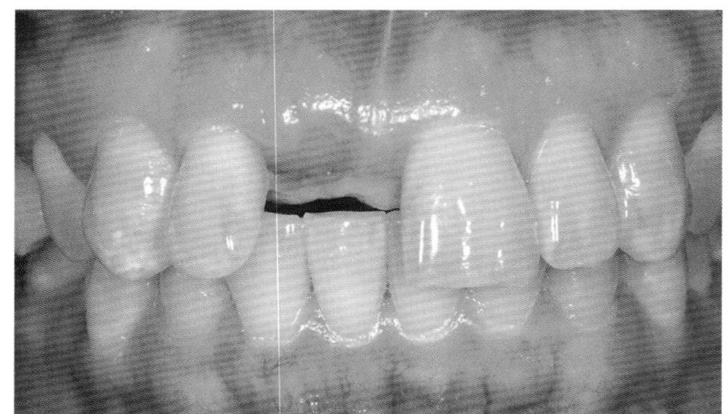
图1a 覆殆较大，使上颌右侧中切牙种植修复复杂化

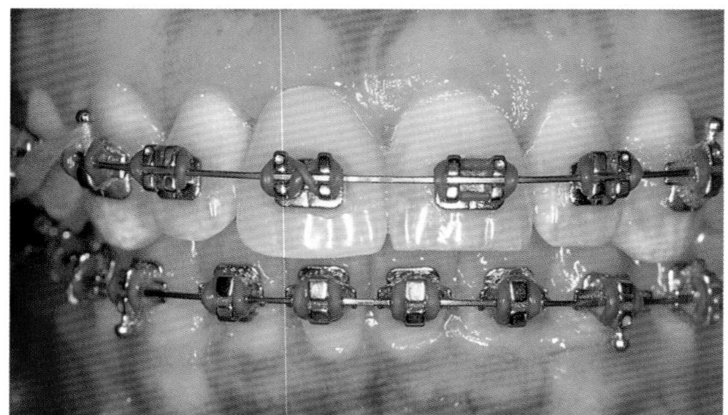
图1b 正畸治疗用以改善覆殆覆盖

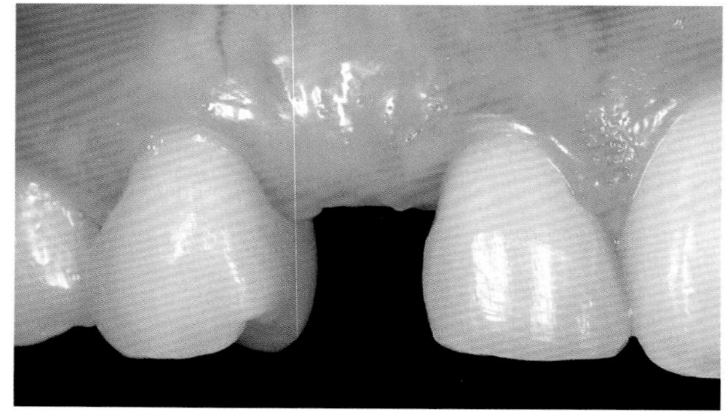
图2a 上颌右侧尖牙种植修复的近远中向距离（6mm）不足

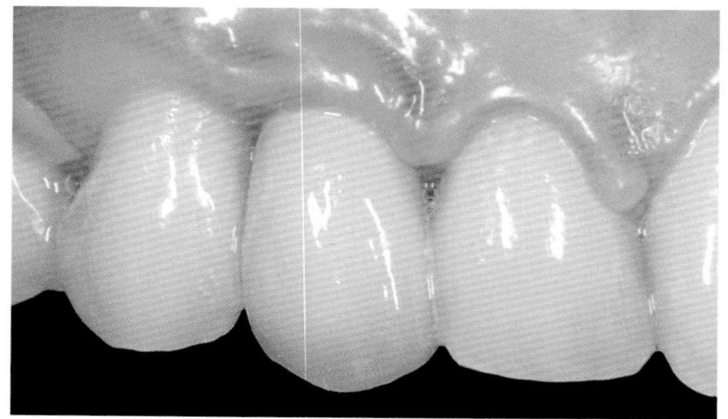
图2b 尽管通过修改邻牙增加近远中向距离，上颌右侧尖牙位点种植体周围软组织效果欠佳

5.3.1 颌位关系

前牙咬合关系，最重要的是覆殆和覆盖的程度，将会影响修复难度和治疗完成后的机械并发症。修复体上部结构所需要的空间，以及最终修复体的负荷矢量，可能会受到这些因素的限制。浅覆盖、深覆殆病例，如安氏Ⅱ类2分类病例，由于明显的空间受限和潜在的不利型负荷矢量，非常严重地影响了修复材料、基台和螺丝。同样要认识到潜在的对颌牙磨损。通常，如果期望进行种植修复，必须进行辅助性正畸治疗（图1a，b）。

5.3.2 近远中向距离

与邻牙（中切牙）或对侧同名牙（侧切牙和尖牙）对称是种植修复中决定美学成功的最重要因素之一。即使在高位唇线的低美学风险病例中，近远中向距离同样是一个影响因素，因为依然可见不恰当的牙冠比例。上颌中切牙的修复体在此区域最为关键，因为对侧天然牙紧邻种植修复体。对于侧切牙及尖牙，由于与对侧同名牙距离较远而不太容易显见，有宽度差异时略微加大修复体是可以接受的，下颌前牙也是如此。当近远中向距离不足时，会对种植体的选择、冠比例以及邻近软组织有一些负面影响，可能导致美学效果欠佳（图2a，b）。

在高美学需求时，必须进行辅助性正畸治疗或对邻牙一并进行修复治疗（图3），增加了治疗的复杂程度，分类为高度复杂类。

5.3.3 负荷方案

如前所述，目前单颗前牙种植修复不推荐使用即刻负荷方案。许多病例的即刻负荷，甚至常规或早期负荷，已经发生了美学效果不佳的后果，尤其在前牙区。另外，在愈合期，种植体严重的非轴向负荷是一个不利因素。但是，与种植体植入同期的即刻修复可以通过维持种植体周围软组织及与邻面接触点来改善美学效果（图4a~c）。种植体获得了良好的初始稳定性，并且在功能状态时，临时修复体能受到有利殆型的保护，即刻负荷将有益于患者。基于上述原因，任何单颗前牙位点种植体的即刻修复过程归类为高度复杂类。

5.3.4 美学风险

根据第3章的讨论，在美学位点，美学风险的级别既显著影响种植治疗的难度，也有导致美学效果不佳的可能性。种植修复体和周围天然牙，以及软组织在大小、形状、颜色及轮廓等方面的对称性对获得美学成功十分关键。因此，在评估期就应该尽早分析这些可能会降低成功效果的问题，并且告知患者这些问题对治疗效果的影响。某些前牙位点，由于低笑线及低美学要求可以评估为低美学风险。但是多数前牙区的种植修复仍然要假定为中度到高度美学风险，因此这些病例至少归类为复杂类。目前，没有证据支持我们能够准确地预计种植术后的软组织效果和种植体周围软组织的长期稳定性。因此，对高美学风险和／或高美学要求的患者，治疗程序归类为高度复杂类。

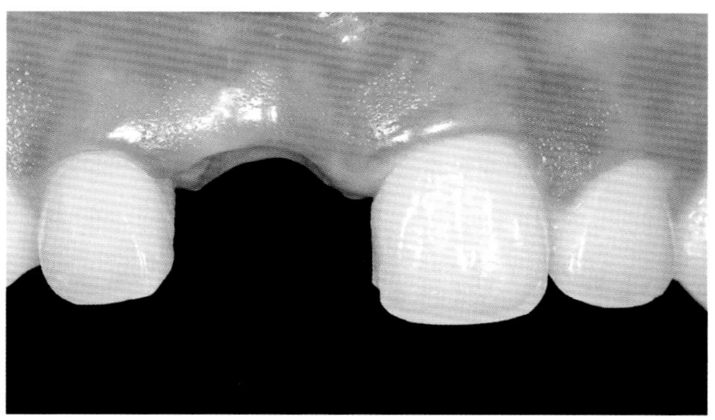

图3 与邻牙相比，右侧中切牙近远中向距离较大，必须进行辅助性治疗获得美学成功

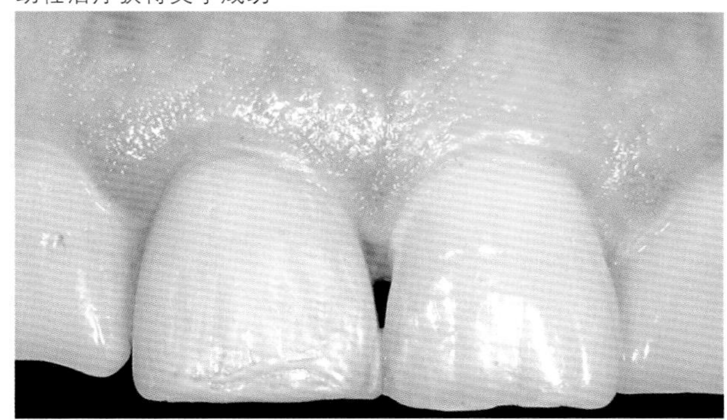

图4a 上颌右侧中切牙在牙槽嵴下折断，需要将其拔除进行种植修复

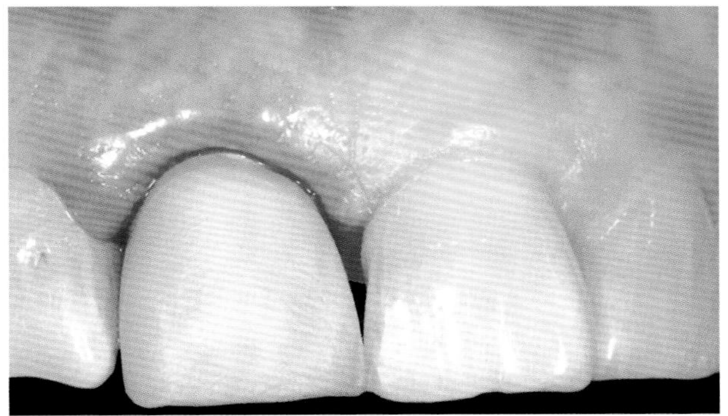

图4b 即刻种植体植入，初始稳定性良好，能够进行右侧中切牙位点的即刻修复

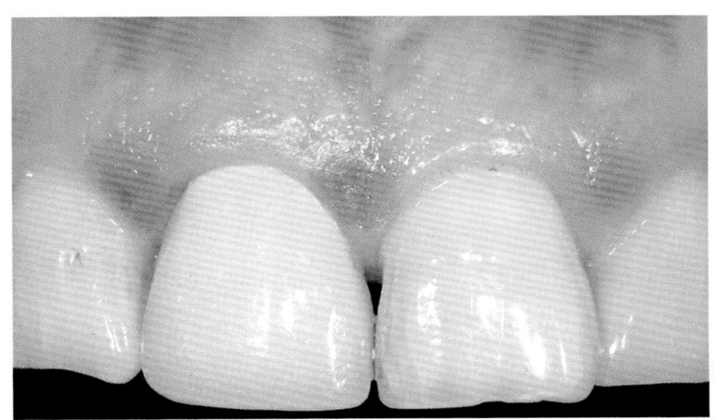

图4c 手术7天后随访，种植体周围组织初步成熟

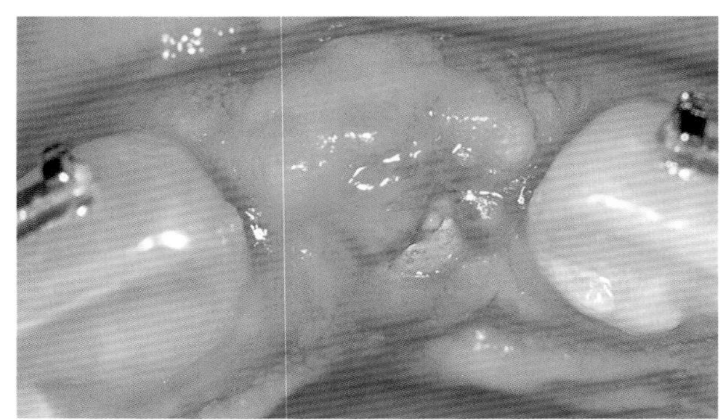

图5a 右侧中切牙半潜入式种植体，需要制作临时修复体

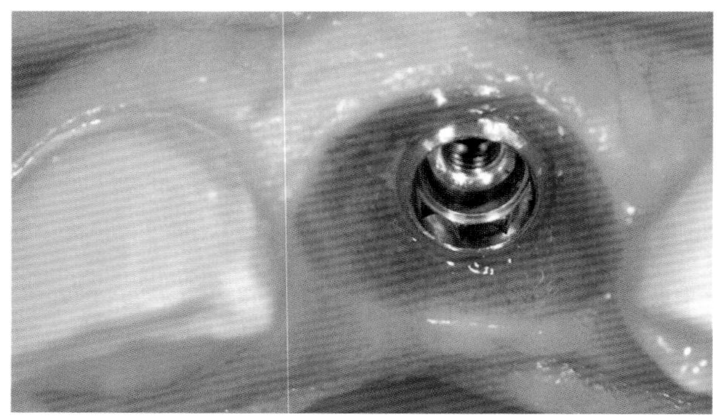

图5b 临时修复体戴用4周以上，成形的过渡带

5.3.5 副功能咬合

如前所述，种植修复体的副功能咬合与机械并发症的增多有关。在前牙区，咬合负荷较后牙区小。由于负荷矢量的侧向分力更大，更加不利。总的来说，对于有侧向-前伸磨牙习惯或深覆殆的患者，可能损害种植修复体及其上部结构如基台、螺丝、修复材料等。

5.3.6 临时修复体

在前牙区，戴用临时种植修复体可以成形过渡带（种植体肩台到黏膜边缘的穿龈部分）并为最终修复体做准备（图5a，b）。种植体的三维位置可以影响临时修复体类型（粘接或螺丝固位）。种植体肩台位于龈缘下的深度和患者的组织生物型，可以影响治疗难度及结果的可预期性。种植体植入较深时，更需要进行软组织处理，并发症风险更高。此种情况，对螺丝固位和多次调改临时修复体穿龈轮廓的必要性，怎么强调都不为过。

5.4 后牙区较大缺牙间隙的种植修复

表1详细介绍了影响多颗后牙缺失位点修复分类所需要考虑的因素。这些因素，以及在第3章所讨论的任何一项修正因素，将用于此类型病例的分类。

表1　后牙区较大缺失间隙种植修复的修正因素

后牙区较大缺牙间隙	备注	简单类	复杂类	高度复杂类
美学风险	基于ERA（第一卷）	低	中／高	
入路		充分	受限	受限，难以种植修复
殆龈距离	指从预计的种植修复体边缘到对殆之间的距离	>8mm	<8mm，或>16mm	
近远中向距离		对应缺失牙的解剖间隙+／−1mm	对应缺失牙的解剖间隙>2mm，或更多，或相当于两颗前磨牙的距离	由于严重的空间受限，没有辅助性预先治疗就难以修复
殆／咬合		协调	不协调，但不需要矫正	必须改变现在的咬合状态
愈合期的过渡义齿		不需要	可摘／固定式	
副功能咬合	修复体并发症风险高	不存在		存在
负荷方案	至今，即刻修复和负荷程序缺乏科学文献证实	常规或早期	即刻	
粘接固位		易接近修复体边缘	修复体边缘位于黏膜下	
螺丝固位		非夹板式连为一体的多颗种植体	夹板式连为一体的多颗种植体	

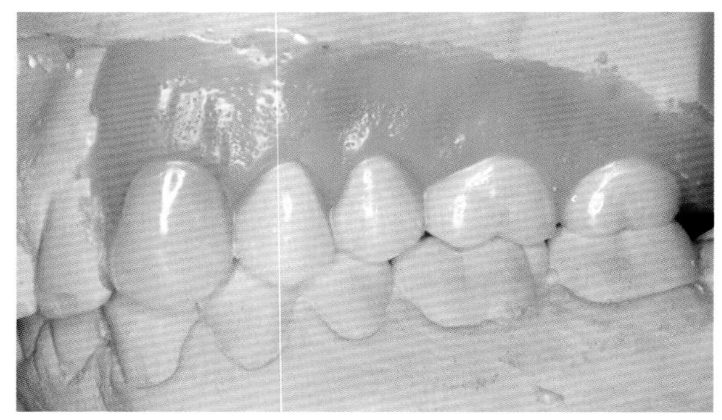

图1a 外伤而导致的多颗牙连续缺失的诊断蜡型

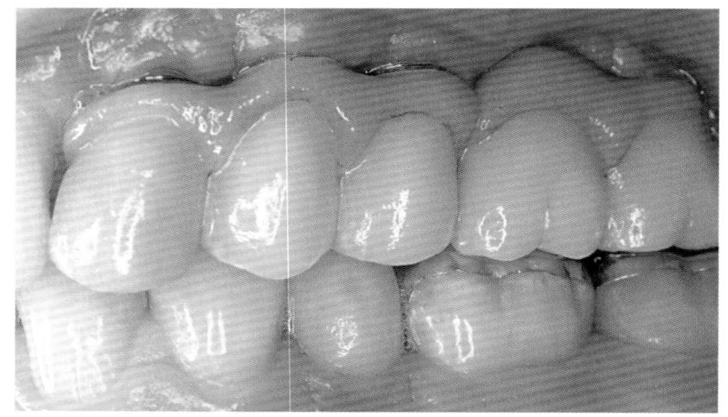

图1b 植骨并植入种植体后，应用龈瓷来遮盖牙槽嵴的缺损

5.4.1 美学风险

多颗后牙连续缺失的种植修复通常没有明显的美学风险，这样的病例通常可以被归类为简单类。但是，当高而宽的笑线时（见第5.2.4节的图4），会暴露这些区域，导致一定的美学风险，因此可以归为复杂类或高度复杂类病例。缺牙区经常表现为硬组织和软组织外形轮廓的显著缺失，因此需要在种植体植入前进行硬组织和软组织增量，或使用龈瓷以避免修复体过长，以获得可以接受的美学效果（图1a，b）。此类病例可归类为中度到高度美学风险，整体归类为复杂类病例。

5.4.2 入路

张口度受限会限制后牙位点的入路。因此，将限制支持多单位修复体的种植体数目和植入位置。这就不得不将种植体植入在手术入路不受限的更靠前的位置。在某些情况下，受限的入路使种植修复难以完成，必须选择其他的缺失牙修复技术。

5.4.3 修复空间

对于后牙区较大缺牙间隙的修复，能够戴入理想大小的修复体（即戴入与被修复牙相类似大小的修复体）时，只涉及更“简单”的技术，并能够获得可以接受的咬合及美学效果。在邻牙移位和倾斜至缺牙间隙时，将限制修复空间，使修复体与缺失牙的近远中径不一致，因此不进行辅助性治疗创造出理想间隙，就将导致不理想的治疗效果。在某些情况下，如果进行修复体减径，而实现缺牙间隙修复，又创造出更合适的接触点和楔状隙防止食物嵌塞，这种损害是可以接受的。此类病例，需要对邻牙进行调改或修复。间隙太宽和太窄都是最具挑战性的修复条件，因为以上的策略均无法应用。过宽的修复体会危害种植体周围组织，而过窄的修复体会影响修复体的强度，经常导致修复体的折裂。

修复体可用的垂直空间也受到很多因素的限制，例如：垂直咬合距离的丧失，对颌牙过度萌出，过度磨耗或者较小的邻牙。在这些情况下，将种植体修复肩台植入得更深（如果解剖结构准许），或调改对颌殆平面及咬合重建增加垂直向咬合距离，对于种植体的恰当修复是必需的（图2）。除非考虑美学风险，否则过大的垂直间距并不是常规问题。但是在某些情况下，需要过长的修复体，但很难形成良好的修复体外形，可能引起食物滞留或者患者难以保持口腔卫生。

5.4.4 咬合与副功能咬合

当后牙位点种植体支持式修复体由前导保护，制作避免后牙引导的修复体可以减少机械并发症风险（固位螺丝松动或折断，基台螺丝松动或折断，或修复体饰面材料崩裂），这些情况通常归类为简单类。但是，当后牙位点修复体有非正中接触，种植体的上部结构会有更大的非轴向负荷，并发症的风险相应增加。这样的病例为复杂类或高度复杂类。对这种病例进行分类时所修复的牙齿数目和对应的种植体数目将是重要考量因素。例如，两颗种植体支持四单位固定修复体比两颗种植体支持三单位修复体有更高的并发症风险，这是因为修复体所承受的负荷不同。

根据先前所述，副功能咬合增加了机械并发症风险。存在副功能咬合习惯的病例，提示设计种植体支持的固定修复体时，可以选择特殊的治疗计划。例如，可以设计更多的种植体以提供更好的支持，固定修复体使用螺丝固位，而非粘接固位，以利于拆卸修复体进行维修。再次重申，通过设计修复体的咬合，最大限度地减少非正中接触，可以减少机械并发症，从而使患者受益。

5.4.5 愈合期的过渡义齿

通常要避免在愈合的种植体上使用可摘过渡义齿，尤其在形成骨结合的过程中可能产生非控制性负荷。当种植体被植入在非潜入位置时，这个矛盾更加突出。可以避免使用可摘过渡义齿的病例，可以归类为简单类。如果为了满足患者的期望或美观需求，需要使用过渡义齿时，最好使用牙支持义齿，而不仅仅是软组织支持的义齿。一个简单的、可摘的、牙支持式的过渡义齿可以在诊断模型上使用0.06英寸（1.5mm）的膜片真空制作，使用丙烯酸树脂牙代替缺失牙。否则可以选择牙支持或临时种植体支持的固定修复体，或有软衬的可摘义齿。当使用可摘义齿时，必须保证鞍基离开种植体上方的区域，从而防止与种植体愈合帽的任何接触。当

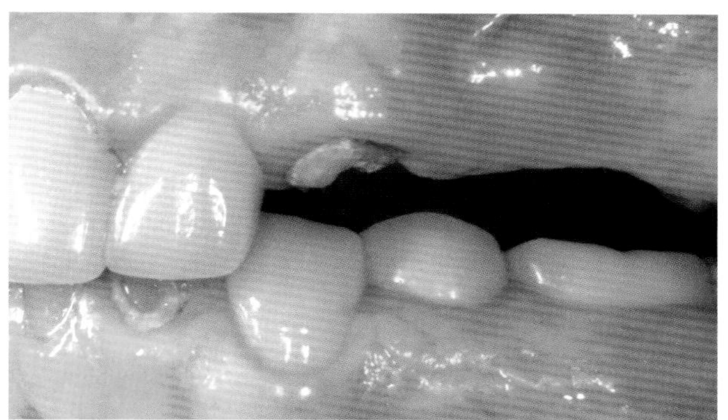
图2 修复尖牙至第二前磨牙缺失的颌间距离受限

计划制作过渡义齿时，需要一些额外步骤，并发症的风险相应增加，应当归类为复杂类。

5.4.6 负荷方案

国际口腔种植学会（ITI）第三次共识研讨会（Cochran等，2004）不建议牙列缺损病例的即刻负荷方案。常规和早期负荷方案已经获得了充分证实，并且没有额外风险，所以归类为简单类是恰当的。但是如果设计即刻负荷，就会增加复杂性和额外的并发症风险，至少应当归类为复杂类。

5.4.7 修复体固位系统

决定种植修复体采用粘接或螺丝固位，基于很多因素，包括医生的喜好、费用、种植体位置以及维护的需要，但是应该认真考虑每种方法，因为它将影响修复过程的难度和并发症风险。

粘接固位种植修复体提供了简单有效的固位方法，可以避免螺丝固位的某些缺陷。粘接固位修复体通常为被动就位，没有潜在地破坏美观、使瓷层变薄或干扰咬合的螺丝通道。但是在种植体肩台位置很深时，难以去除粘接剂，可能增加种植体周围炎的并发症风险（图3）。

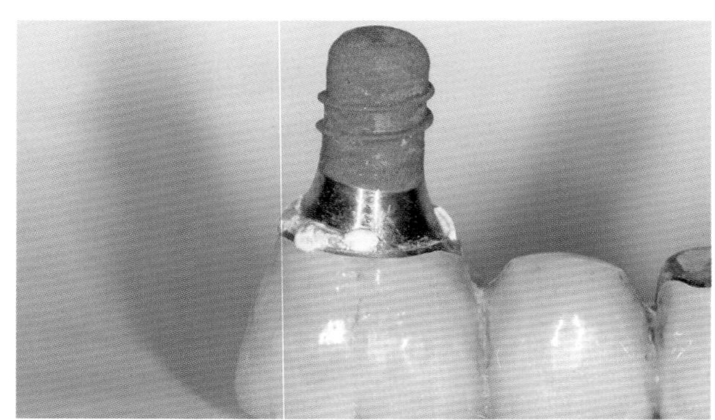
图3 种植体失败，由黏膜下粘接剂残留相关的种植体周围炎所致

因此，当修复体的粘接边缘位于黏膜下，且不能完全去除过多的粘接剂时，就应归类为复杂类。

螺丝固位有更好的边缘密合性（Keith等，1999），更适用于修复体边缘位于黏膜下时。在多颗种植体夹板式连接为一体时，如果设计螺丝固位，增加了对基底被动就位的要求。这时，会发生明显的张应力（Karl等，2008），导致机械性并发症，例如修复体表面的饰面材料折裂。临床印模和验证技术通常有助于获得基底的精确就位。如果设计多颗种植体连接为一体的螺丝固位修复体，由于难度增加，这些病例应该归类为复杂类。

5.5 前牙区较大缺牙间隙的种植修复

表1概括了影响前牙区连续多颗牙缺失种植修复分类的考量因素。这些因素和第3章中讨论的修正因素将进行此类病例的分类。

表1 前牙区较大缺牙间隙种植修复的修正因素

前牙区较大缺牙间隙	备注	简单类	复杂类	高度复杂类
美学风险	基于ERA（第一卷）	低	中	高
颌位关系	指覆𬌗覆盖关系及其对修复及美学效果的影响	安氏Ⅰ类和Ⅲ类	安氏Ⅱ类1和2分类	由于严重的错𬌗，没有辅助性预先治疗就难以修复
近远中向距离		种植修复缺失，牙间距充足	种植修复所有缺失牙间距不足	为修复所有缺失牙，必须进行辅助性治疗
𬌗／咬合		协调	不协调，但无须矫正	必须改变现有咬合关系
愈合期的过渡义齿		可摘式	固定式	
临时种植修复体	推荐临时修复体		修复体边缘位于龈缘根方<3mm	修复体边缘位于龈缘根方>3mm
副功能咬合	并发症的风险是针对修复体，而非种植体存留	不存在		存在
负荷方案	至今，即刻修复和负荷程序缺乏科学文献证实	常规或早期		即刻

5.5.1 美学风险

多颗前牙连续缺失位点修复的美学风险级别为SAC分类的主要决定因素。某些因素会妨碍口腔修复医生，不能获得与对侧同名牙对称的修复效果及满意的软组织外形，增加这些病例的难度。这可以反映在分类级别上。以下讨论某些相关因素。所有要点的详细讨论可参考“国际口腔种植学会（ITI）临床治疗指南”第一卷（Martin等，2007）。

软组织外形轮廓：多颗牙连续缺失，因愈合过程中组织吸收改变了硬组织和软组织的外形轮廓，难以获得满意的软组织效果。要特别考虑这些位点形成对称龈乳头的能力。有邻牙存在时，牙间乳头由牙周附着（牙槽嵴上纤维，super-cretal fibers）支持，可以获得“理想”的龈乳头。但在多颗相邻种植体的邻面没有这种可利用的支持组织，必须用另外的方法进行软组织成形：软组织和／或硬组织增量；组织成形技术，如卵圆形桥体；或由龈瓷替代软组织，模仿修复体之间的龈乳头。如果使用龈瓷，要掩饰龈瓷与天然软组织的交界，会增加治疗的复杂程度。一般而言，为达到可接受的美学效

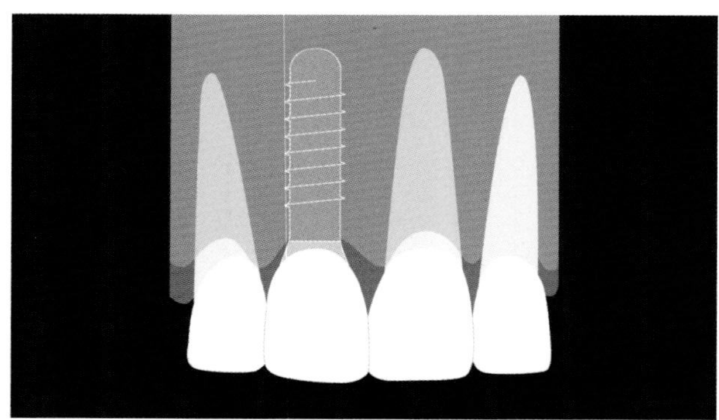

图1a　单颗牙位点种植体示意图。由邻牙牙周附着支持种植体与邻牙之间的龈乳头

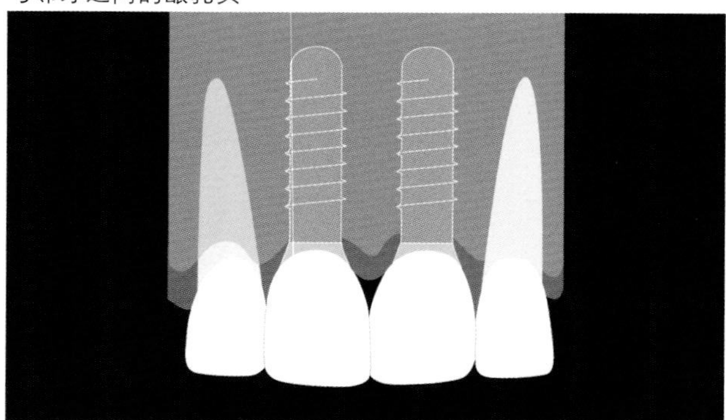

图1b　相邻两颗种植体示意图，由于牙槽嵴骨高度丧失，两颗相邻种植体之间的龈乳头变钝，在接触区根方形成“黑三角”

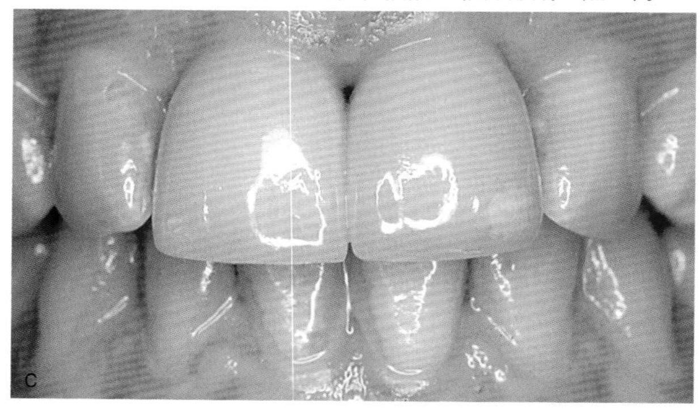

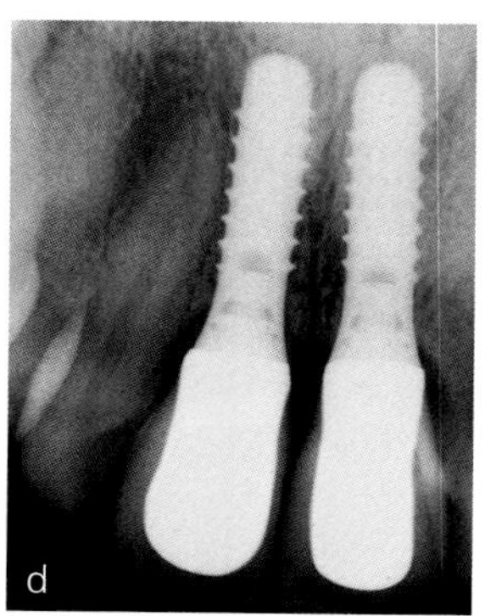

图1c，d　两颗中切牙位点相邻的种植修复体，之间的龈乳头变钝。放射线片显示种植体之间骨高度降低

果，较大的缺牙区需要进行骨增量改善已经吸收的牙槽嵴外形轮廓。由于其复杂程度及难预期的治疗结果，以及可预见的美学风险，这些病例为复杂类或高度复杂类。

相邻种植体：已经证实相邻种植体之间的空间不足将导致龈乳头高度降低，继而使美学效果欠佳（Tarnow等，2000）（图1a~d）。近远中向距离受限时阻碍合适的种植体基台旋入，这种不良后果就会明显增大。植入相邻种植体时，为保持龈乳头高度，通常种植体肩台之间的最小距离为3mm。另一种选择为悬臂种植修复体，悬臂通常为侧切牙卵圆形桥体（即尖牙侧切牙或中切牙–侧切牙）（图2a，b）。尽管如此，相邻种植体的病例有中度到高度美学需求时，通常为高度复杂类。

5.5.2　颌位关系

正如第5.3.1节中所述，前牙位点覆𬌗覆盖关系可以限制修复体上部结构和修复体的可用空间，以及修复体显著的非轴向负荷时的固位能力。安氏Ⅰ类前牙为最小的覆𬌗覆盖、安氏Ⅲ类为切对切的切牙关系，难度风险最小，因此归类为简单类。深覆𬌗，如安氏Ⅱ类2分类错𬌗，水平向空间受限，有高治疗难度和机械并发症风险，因此至少归类为复杂类。

5.5.3　修复空间

在前牙区，由于说话及休息时都能看到前牙切缘，不论微笑时唇线如何，都需要达到牙冠宽度的对称性。因此，根据这一要求，修复体需要能够达到与邻牙或对侧同名牙对称的近远中向宽度。

当与对侧同名牙略有不对称时，需要略微调改修复体的设计以获得对称表现。这些问题通常会在试排牙及过渡修复体上发现，然后将最终的义齿位置复制到最终修复体上。空间明显不匹配时，必须进行辅助性治疗。例如，正畸治疗或通过牙体成形调整邻牙外形轮廓，或戴用粘接固位的修复体或冠辅助诊断（图3）。简单类病例不需要为达到可接受的效果进行辅助性计划和治疗。因辅助性治疗的需求增加或美学效果欠佳的风险增加，则归类为复杂类或高度复杂类。

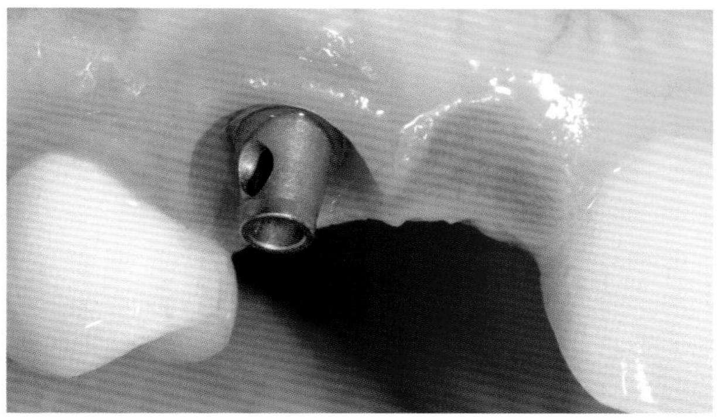

图2a　右侧尖牙位点种植体支持式修复体，修复右侧侧切牙和尖牙

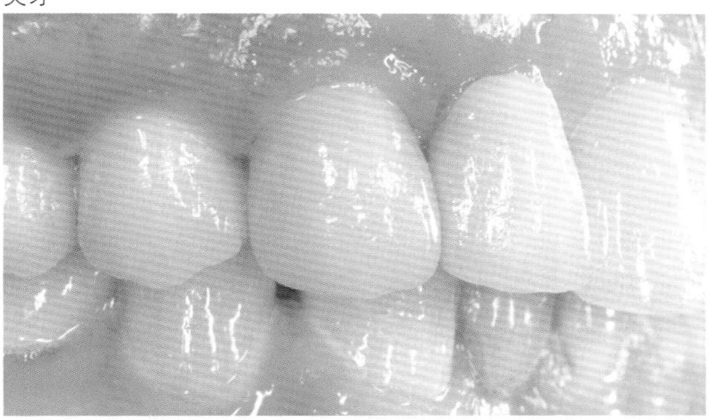

图2b　右侧尖牙位点的种植修复体，带有右侧侧切牙位点的悬臂桥修复体

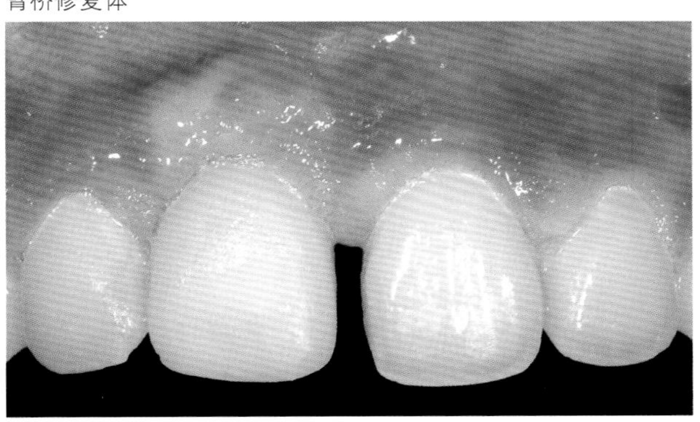

图3　右侧中切牙位点的临时修复体，与左侧中切牙位点对称。患者要求关闭牙间隙。需要修复左侧中切牙近中面，并且加宽右侧中切牙位点的最终修复体以维持对称性

5.5.4　𬌗／咬合

前牙区的牙列协调将降低美学风险，通常归类为简单类。复杂的咬合状况，如拥挤、磨损、反𬌗、牙倾斜、不规则的𬌗平面等，会增加种植修复的美学风险，增加SAC分类的复杂程度。更复杂的咬合关系可能使修复体上部结构的空间更加不足。另外，这种牙列可能导致种植体非轴向负荷，有更大的机械并发症风险。咬合关系非常差时，必须有辅助性治疗步骤，如正畸治疗，或更多的种植修复体。此类病例为高度复杂类。

5.5.5　愈合期的过渡义齿

多数美学病例，愈合期必须进行戴用某种类型的过渡义齿。这些修复体可以验证病例设计的美学效果，辅助愈合期的软组织成形，并作为最终修复体的导板。然而，在愈合期，无法估计过渡义齿对骨结合过程中种植体施加的非控制性负荷，必须加以小心使风险降到最低。

可摘局部义齿为最简单的过渡义齿，在愈合期，必须保证桥体不对下方的种植体施加负荷。利用周围的牙齿作为支持的真空成形的义齿，可以使压力不加载在组织上。

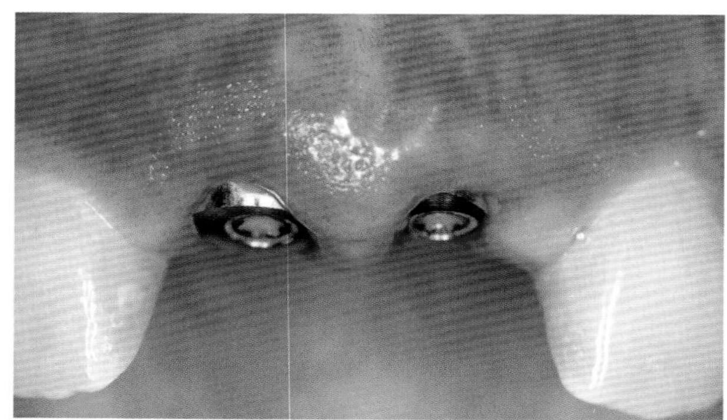

图4a 负荷之前上颌双侧中切牙位点的种植体

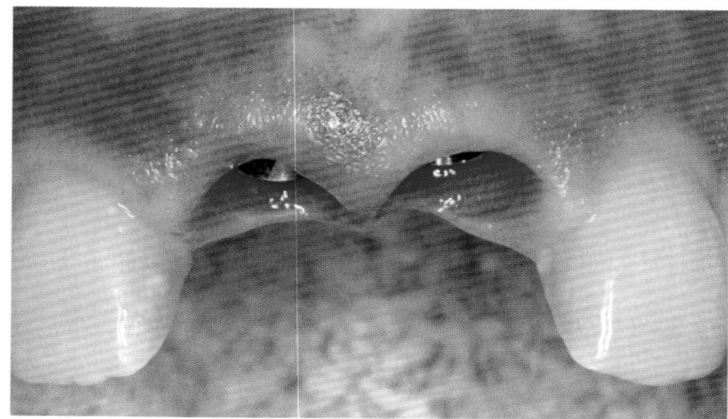

图4b 种植支持临时修复体成形4周后形成的过渡带

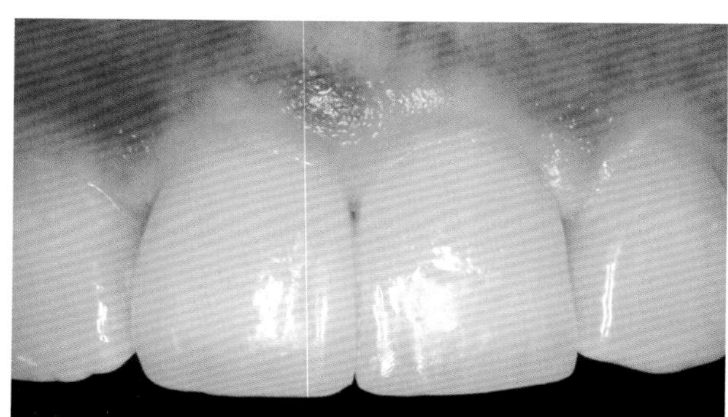

图4c 右侧上颌中切牙与左侧上颌中切牙位点的最终修复体，可接受的美学效果

在此时期，FDP也可以作为过渡修复体，可以由天然牙或者临时种植体支持，增加了过程的复杂程度，至少归为复杂类。

5.5.6 种植体支持式临时修复体

种植体植入时或骨结合期，为种植体周围组织提供支持，以及为最终修复体形成良好的过渡带，种植体支持式临时修复体起非常关键的作用。这种方法可以辅助种植体周围或桥体区形成美观的软组织结构，从而达到一个更好的美学效果（图4a~c）。此操作过程需要技巧和耐心，通常归类为复杂类。当种植修复体边缘距黏膜边缘超过3mm时，此过程所需的技术更加复杂，因此可以归类为高度复杂类。

5.5.7 副功能咬合

副功能咬合习惯和前牙区非轴向负荷常导致机械并发症风险，标准分类应归类为高度复杂类。当此类患者伴有明显的侧向-前伸磨牙习惯时，风险尤其显著。建议有此倾向的患者夜间使用𬌗垫。

5.5.8 负荷方案

关于负荷方案已在本章开始做了介绍，在此不再进行过多评述。但是，前牙区的负荷矢量是值得注意的，特别是在上颌前牙区，连续牙缺失即刻负荷会降低种植体的长期成功率。此类病例的邻牙通常缺少充分的𬌗接触，不能为种植体提供充足的保护。过度负荷增加了导致种植体骨结合失败的可能性。只要是即刻负荷的病例就可以归为高度复杂类。当周围的牙列存在充足的咬合保护时，就可以制作种植体的即刻修复体，促进过渡带的成形。依据种植体的不同位置和数目，此类治疗可以归为复杂至高度复杂类。

5.6 上颌牙列缺失的固定修复

表1总结了上颌全牙弓固定修复分类的最主要的影响因素。具体病例的分类就是基于这些因素和第3章中讨论的修复修正因素。通常，上颌全牙弓固定修复的标准分类至少是复杂类。

表1　上颌牙列缺失固定修复的修正因素

上颌牙列缺失：固定修复	备注	简单类	复杂类	高度复杂类
颌间距离	指从预计的种植修复体边缘到对殆之间的距离 备注：复合修复体需要更大的空间		平均	受限
入路			充分	受限
负荷方案	至今，即刻修复和负荷程序缺乏科学文献证实		常规／早期	即刻
美学风险	基于ERA（第一卷）		低	中／高
愈合期的过渡义齿			可摘式	固定式
副功能咬合	并发症的风险是针对修复体，而非种植体存留		不存在	存在
殆型			前牙引导	无前牙引导

5.6.1 修复空间

此类修复病例，颌间距离是机械方面最重要的考量。基台、支架和修复材料所需空间对此有很大的影响。治疗开始前，通过使用余留牙或过渡义齿，以及牙列缺失病例的试排牙，确定修复体的可用空间。必须认识到不同的固定修复技术对空间的要求不同。与金属烤瓷修复体相比，金属（金合金或钛）支架（通常指复合修复体）支持的修复体和丙烯酸树脂义龈，需要更多的垂直向距离（上部结构、支架及义齿饰面材料）。后者修复肩台至对𬌗所需最小距离为10～15mm，而金属烤瓷修复体可用于最小颌间距离为7～8mm的受限空间中。

上颌硬组织和软组织的不利吸收类型可导致种植体植入时唇舌向受限。没有进行骨增量时，种植体偏腭侧植入的可能性随上颌萎缩的程度而增加。颌间距离受限及种植体偏腭侧植入，可以导致一系列修复并发症，如修复体或支架折裂、不良的穿龈轮廓、盖嵴式修复体、唇支撑不足、不利于患者自我维护、影响发音等。评估上颌牙列缺失患者的固定修复体要严格注意细节，不恰当的治疗计划和种植体植入将导致效果欠佳，需要不断地维护。因为这些因素，建议颌间距离受限时上颌牙列缺失的修复治疗归类为高度复杂类。

5.6.2 入路

张口受限可能会使种植体的植入或修复复杂化或者完全受阻。这在后牙区更为严重。在最初评估阶段，我们就应该测量可用空间，为手术器械、修复器械、修复组件及最终修复体保证充足的入路。通常来说，当对颌也为无牙颌时，此入路更易达到。

5.6.3 负荷方案

由于上颌牙列缺失时种植体发生非轴向负荷的可能性更大，使用一体式被动就位修复体的即刻负荷能够得到有利的效果（Ibanez等，2005）。在此情况下，由于设计、制作、戴入修复体过程中的高并发症风险使得治疗程序的复杂程度加大，因此，上颌牙列缺失的即刻负荷通常归类为高度复杂类。

5.6.4 美学风险

在上颌全牙弓修复设计中，当利用原有义齿不能做出恰当的美学诊断及计划时，有必要制作有理想牙齿位置和唇支撑的过渡义齿。过渡义齿可辅助制作放射线模板和外科导板，并可为种植体植入时获得最终修复体所要求的位置提供指导，同样，也可作为预测患者对最终修复体适应程度的工具。如果设计固定修复，需要注意由义齿翼板提供的唇支撑。在某些情况下，这就成为最终修复体是选择复合修复体还是覆盖义齿的决定因素。在唇支撑不足的情况下进行固定修复，就需要通过大范围的移植来重建水平向缺损，从而获得合适的种植体植入位置和理想的修复体穿龈轮廓。

在上颌牙列缺失病例中，义龈对治疗的美学风险有显著的影响。医生与技师隐匿修复体的义龈与嵴顶黏膜之间结合处的能力将显示这种病例的难度级别。唇线和笑线的高度将影响这种能力（图1a，b）。

当牙槽嵴的组织量充足，不需要进行软组织和硬组织替代的义龈时，种植体的位置和缺失牙“牙根”位置的“重合”是最关键的美学因素。换句话说，维护牙间楔状隙的形态将是美学成功的基本因素，并且在牙齿限定的位置上植入种植体，对于建立修复体的正确外形轮廓和对称性极其重要。如果达到这个目标，就会获得可以接受的美学效果。但是，如果达不到这样的目标，或在美学区域的种植体最终未植入理想位置，其美学效果将受到影响。当使用龈瓷时，种植体植入楔状隙内并不是严重问题，因为粉红色的龈瓷及树脂翼板会掩饰这些缺陷。对于需要固定修复治疗的上颌牙列缺失患者，经常伴有中度到高度美学风险，其治疗过程的复杂性增高，因此将其分类级别由复杂类提高到高度复杂类。

5.6.5 愈合期的过渡义齿

种植体植入后没有进行即刻负荷时，愈合期间上颌可戴入常规的覆盖义齿。通过这种修复体施加于正在骨结合的种植体上的非控制性负荷是中度风险，因此必须降低这种风险。种植体采用潜入式种植，并在过渡义齿的种植体上方部位进行软衬，可以减少并发症风险。

在某些病例，如果余留牙（最终被全颌弓修复体所代替）还比较稳固，可以在种植体骨结合期间，用于支持过渡固定修复体。如果缺乏足够的天然牙支持，可采用临时种植体支持固定修复体。临时固定修复体优于覆盖义齿，可能情况下尽量优先选择。但是，增加的治疗复杂性及风险将这些病例归为高度复杂类。

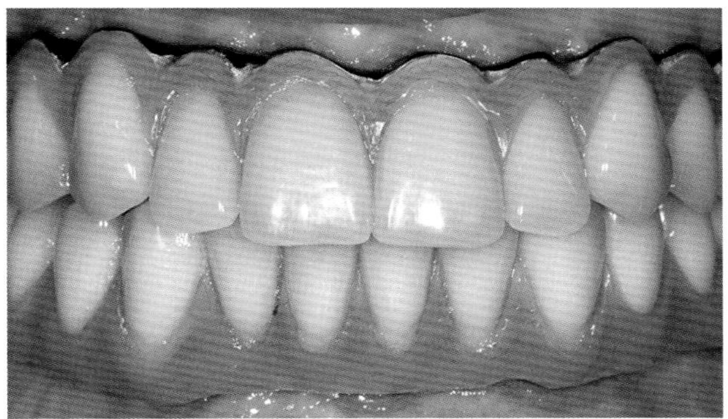

图1a　上颌复合修复体着重于修复体和软组织之间的结合

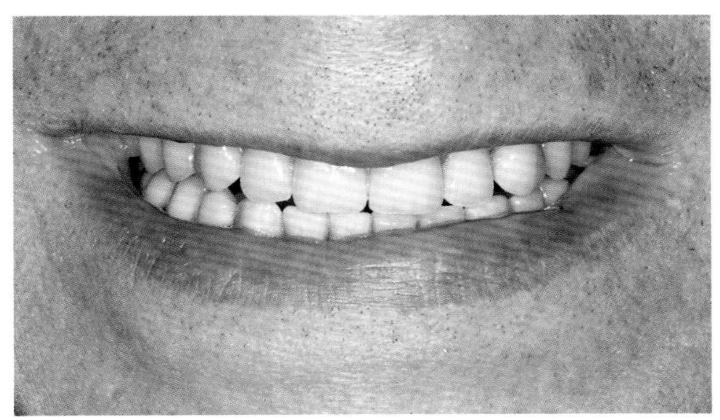

图1b　大笑时，复合修复体的黏膜边缘被掩盖

5.6.6 副功能咬合

副功能咬合导致的过度磨耗及折裂潜在破坏种植支持的修复体。当存在副功能咬合习惯时，并发症风险将更高，出于维护的需要，这样的病例通常归为高度复杂类。

最终修复体的殆型对最终修复体的稳定性、最终修复效果、颞下颌关节都有影响。当建立最终殆型时，消除非工作尖的干扰对固定修复体的长期稳定非常重要。对颌为可摘义齿修复时可设计为平衡殆。组牙功能殆与相互保护殆的设计相比，更有可能造成修复体的磨损及折断。因此，这些类型的咬合设计更为复杂。

5.7 下颌牙列缺失的固定修复

表1列举了在下颌牙列缺失的固定修复中最重要的修正因素。当这些病例类型的标准分类是复杂类时，一系列因素会增加治疗难度，归类为高度复杂类更为恰当。

表1 下颌牙列缺失固定修复的修正因素

下颌牙列缺失：固定修复	备注	简单类	复杂类	高度复杂类
颌间距离	指从预计的种植修复体边缘到对殆之间的距离 备注：复合修复体需要更大的空间		充足	过大（机械杠杆力量）或受限（上部结构的空间）
负荷方案	至今，即刻修复和负荷程序缺乏科学文献证实		常规／早期	即刻
美学风险	基于ERA（第一卷）		低	中／高
愈合期的过渡义齿			可摘式	固定式
副功能咬合	并发症的风险是针对修复体，而非种植体存留		不存在	存在
殆型			前牙引导	无前牙引导

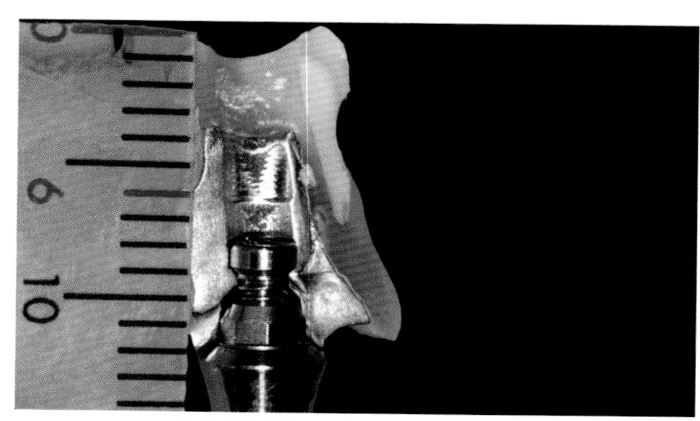

图1 下颌复合修复体的横断面，颌间距离需要容纳种植体上部结构、支架、义齿及义龈

5.7.1 修复空间

多数情况下，种植体的上部结构和修复体有充足的可用空间。和上颌一样，与金属烤瓷修复体相比，下颌复合修复体（图1）需要更大的空间，尤其是颌间距离和唇舌向宽度。就实验室制作程序和制作过程中的支架形变风险较低等方面，复合修复体确实有一些优势。另外，通常来说复合修复体维修简单，在椅旁就可以操作。

过大的颌间距离，咬合接触点远离修复体基底支承，这种力学劣势，增加了机械并发症的风险性。另外一个风险因素是，种植位点不能位于颏孔远中时，最后一颗种植体远中游离端的长悬臂增加了非轴向负荷。对这种临床状态，通常将种植体植入双侧颏孔之间的剩余牙槽嵴，此处骨高度充足，种植体周围为角化黏膜。如果牙槽嵴的骨吸收类型导致牙槽嵴舌向移位，为了获得理想的美学及功能效果，通常固定修复体的义齿要偏唇侧排牙。这就会导致显著的非轴向负荷矢量，对螺丝及螺丝连接产生不利影响。基于这些原因，此类病例最好归类为高度复杂类。

5.7.2 负荷方案

国际口腔种植学会（ITI）第三次共识研讨会论述（Cochran等，2004）指出下颌至少4颗种植体支持的固定修复体的即刻负荷，获得了充分的证据支持。该方案具有某些优点，它使患者从个别余留牙到有全口种植“牙”之间的过渡变得简单，还可以避免全口过渡义齿加载在骨结合期种植体上的非控制性潜在负荷。但是，要以传统的“种植团队”治疗方式来有条理地实施这种类型的治疗，增加了治疗过程的复杂性和临床治疗程序的难度，就显示出归类为高度复杂类是最恰当的。

5.7.3 美学风险

对多数病例，下颌种植治疗几乎没有美学风险，标准分类为复杂类较为恰当。但是当出现任何美学风险时，增加治疗的复杂程度，就应将分类调整为高度复杂类。

5.7.4 愈合期的过渡义齿

如先前所述，总义齿有可能在愈合期对种植体施加非控制性的负荷。或许这是在下颌最重要的问题，因为下颌义齿一般不稳定，固位较差。在这种情况下并发症的风险导致分类为复杂类。可以通过使用即刻负荷技术，或使用余留牙或临时种植体支持的临时修复体加以避免。这些额外的步骤增加了复杂性及风险性，可以归为高度复杂类。

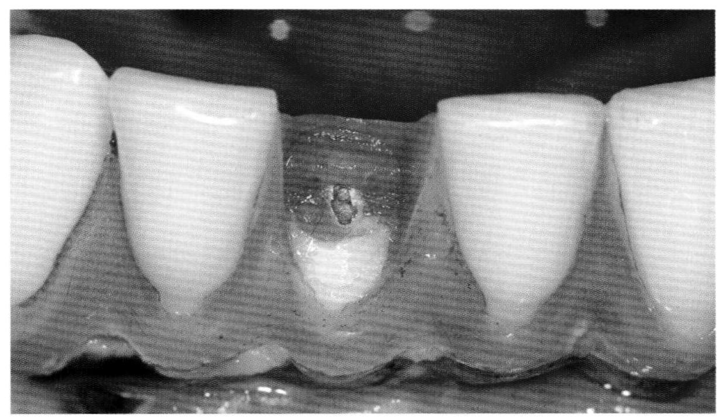

图2 副功能咬合习惯患者复合修复体的义齿折断

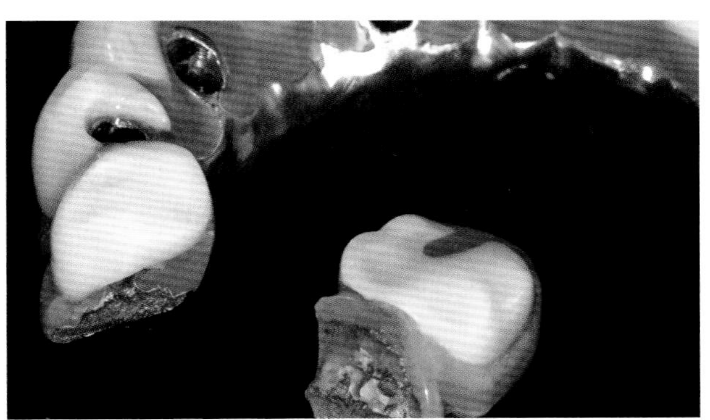

图3 复合修复体的游离端悬臂折断。原因是颌间距离受限导致的支架厚度不足和副功能咬合习惯

5.7.5 副功能咬合

如果存在副功能咬合习惯，会增加固定修复体机械并发症风险，因此分类为高度复杂类。磨损同样是一个显著的问题，特别是在使用树脂饰面材料时。但是，在这种情况下，首选树脂材料，因为它较金属和烤瓷材料更容易调改及维修（图2）。

𬌗型同样影响到磨耗和机械并发症（图3）。采用前牙引导来减小咬合干扰就会在某种程度上减少危害。当采用组牙功能𬌗时，磨损及饰面材料折裂倾向就会增加。在对颌为传统总义齿时，更适合采用平衡𬌗或舌侧集中𬌗。

5.8 上颌牙列缺失的覆盖义齿修复

上颌种植体支持／固位的覆盖义齿标准分类为复杂类。表1总结了最重要的修复修正因素。应当指出，覆盖义齿易于发生较高的机械及生物学并发症，较其他修复类型需要更多的维护（Berglundh等，2002）。因此，赞同标准分类为复杂类。

表1　上颌牙列缺失覆盖义齿修复的修正因素

上颌牙列缺失：覆盖义齿修复	备注	简单类	复杂类	高度复杂类
颌间距离（杆和卡固位）	指从预计的种植修复体边缘到对殆之间的距离		>10mm	<10mm为禁忌证
颌间距离（种植体分别固位）			>8mm	<8mm为禁忌证
负荷方案（杆和卡固位）			早期	即刻（仅限于杆固位）
负荷方案（种植体分别固位）			常规／早期	
美学风险	基于ERA（第一卷）		低	中／高（不切实际的期望）
愈合期的过渡义齿			可摘式	
副功能咬合	并发症的风险是针对修复体，而不是种植体的存留		不存在	存在
殆型（对颌固定修复）			前牙引导	无前牙引导
殆型（对颌总义齿）			平衡殆	不能实现平衡殆

5.8.1 修复空间

种植覆盖义齿是空间需求最大的修复设计，特别是杆和卡固位时。较大的种植体上部结构及固位结构必须置于基托中，这通常会降低基托的强度。对这种病例，通常建议使用铸造支架（图1）。在颌间距离不足时，就要考虑其他的修复设计或手术创造空间。

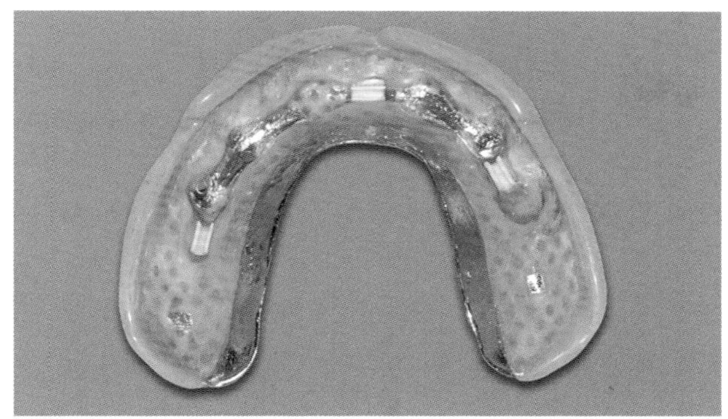

图1 马蹄形铸造支架式上颌覆盖义齿，金属增强支架

多数情况下，上颌覆盖义齿经常需要4颗或更多的种植体进行固位和支持。此种修复体主要是由种植体支持，用杆将种植体夹板式连接为一体，尤其在种植体的轴向或位置不佳时。杆和卡的设计占据了最终修复体的较大空间，通常需要使用具有充分强度的铸造支架义齿。当长度合适的种植体接近平行时，可以使用球-帽（Locator™，Zest Anchors，Escondido，CA，USA）或O形固位系统。这种附着方式占据较少的颌间距离和基托空间，因此可以应用于修复空间受限制的病例（图2）。非夹板式连接的种植体同样可以使用磁性固位系统，用于种植体不能接近平行时。但较其他的非夹板连接固位系统要求更大的颌间距离及基托空间（但少于杆-卡设计的空间需求），并且通常难以获得和机械固位系统相同的固位效果。

图2 检查球基台（每隔为1mm）和附着体高度

5.8.2 负荷方案

国际口腔种植学会（ITI）第三次共识研讨会（Cochran等，2004）不推荐上颌覆盖义齿的即刻负荷作为常规治疗程序。而如果使用此方案，必须用杆将种植体以夹板式坚固地连接为一体。这些程序增加了复杂性和风险，显示分类为高度复杂类。目前在任何情况下都不推荐在上颌非夹板式固定的种植体上即刻负荷。

5.8.3 美学风险

通常来说，与传统的总义齿相比，种植体位固／支持的覆盖义齿将不会提高美学效果。可以通过个性化处理加强丙烯酸树脂基托的自然外观，但要注意的是，材料厚度有限时，将难以遮盖其下方的颜色。

因此，必须在治疗前就告知患者这些限制。如果这些技术不能合理地满足患者的美学要求时，就应该选择其他的修复方法。如果种植覆盖义齿用于这些高美学风险患者，归类为高度复杂类是恰当的。

5.8.4 愈合期的过渡义齿

在整个愈合期间以及设计和制作最终修复体期间，可能需要上颌过渡义齿。在愈合阶段，我们可以通过基托的软衬和种植体愈合帽表面的缓冲避免种植体的非控制性负荷。如果有可能，戴入与黏膜平齐的愈合帽，将导致种植体骨结合失败的不利压力减小到最低程度。

5.8.5 副功能咬合

副功能咬合习惯将增加机械并发症风险，并且需要进行随访维护。通常，种植体固位／支持式覆盖义齿在固位体和杆或基台之间持续性移动，而支持性软组织在负荷下会受到压力。这种移动导致附着体的磨损和固位结构折裂。结果，与种植体支持式固定修复体相比，增加了维护（替换磨损或折断的固位体）的需要。副功能咬合，增加了负荷和负荷频率，会加速磨损及增加折裂的风险，导致更多的维护需求。

为覆盖义齿设计殆型应该注意到对颌的修复状况，对颌是覆盖义齿或总义齿时，就应该采用平衡殆或舌侧集中殆设计。当对颌是自然牙或牙／种植体支持式修复体时，咬合设计应该集中在最弱的牙弓上（如上颌覆盖义齿），同样采用平衡殆或舌侧集中殆设计。必须注意到义齿和附着体磨损率的潜在增加。

5.9 下颌牙列缺失的覆盖义齿修复

下颌2颗种植体支持式覆盖义齿，标准分类为简单类。但是，随着种植体数目增多，修复体的支持方式也转向以种植体支持为主，这些病例的级别则转变为复杂类。正如上颌覆盖义齿，下颌种植体支持／固位式覆盖义齿似乎同样有较高的生物学和机械并发症，比固定种植修复体需要更多的维护措施。表1列举了这一类型最重要的修正因素。

表1　下颌牙列缺失覆盖义齿修复的修正因素

下颌无牙颌：覆盖义齿修复	备注	简单类	复杂类	高度复杂类
颌间距离（杆和卡固位）	指从预计的种植修复体边缘到对殆之间的距离		>10mm	<10mm为禁忌证
颌间距离（种植体分别固位）		>8mm		<8mm为禁忌证
种植体数目		2颗	3颗，或更多	
负荷方案		常规／早期		即刻
美学风险	基于ERA（第一卷）	低	中／高（不切实际的期望）	
愈合期的过渡义齿		可摘式		
副功能咬合	并发症的风险是针对修复体，并非种植体的存留		不存在	存在
殆型（对颌固定修复）			前牙引导	无前牙引导
殆型（对颌总义齿）			平衡殆	不能实现平衡殆

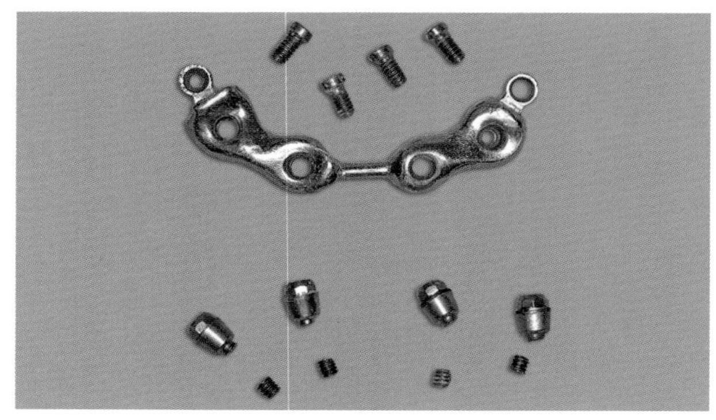

图1　有严重副功能咬合习惯的患者所使用的基台螺丝，已经折断

5.9.1　修复空间

下颌牙列缺失之后，牙槽嵴吸收率大于上颌，因此可以为基台、杆及其他固位体提供充足的修复空间。为进行覆盖义齿修复而拔除余留牙之后，可以进行牙槽嵴修整术，从而为上述结构创造充足的修复空间，同时还可以预防发生修复相关的并发症。在修复空间有限的情况下，应该考虑整体支架及使用独立的附着体（即球帽附着体，Locator™）。如前所述，考虑到颌间距离及所有义齿内组件的体积，杆卡设计所需空间最大。所幸，近来应用球帽附着体（Locator™）的病例（所需空间最小）所取得的成功，使其成为下颌覆盖义齿修复的可能选项。这些修复体一旦占据了患者口内的舌侧空间（原因是修复体体积过大或种植体位置不佳），会造成患者不适、影响功能以及发音困难。

5.9.2　种植体数目

2颗种植体支持式下颌覆盖义齿通过种植体连接的附着体获得固位和稳定，但是主要由种植体周围组织进行支持。种植体植入过程简单，并发症风险相对较低。因而，这些病例通常归类为简单类。种植体数量增多之后，对义齿的支持也显著提高，但随之需要更仔细地考虑生物力学和并发症的风险。因此，认为这些病例分类至少为复杂类。

5.9.3　负荷方案

Cochran等（2004）收集了大量的文献证据，支持夹板式稳固连接为一体的4颗种植体用覆盖义齿即刻负荷。但是，显然治疗过程比早期或常规负荷更为复杂，而且并发症风险也更大。因此，任何即刻负荷方案都应该归类为高度复杂类。

5.9.4　美学风险

通常，下颌覆盖义齿修复几乎没有美学风险。但是，当患者的美学期望值极高而此类技术又难以达到的情况下，最好考虑其他治疗方案。如果必须采用覆盖义齿修复，至少归类为复杂类。

5.9.5　愈合期的过渡义齿

由于拔牙之后的牙槽嵴吸收，通常下颌全口义齿的固位及稳定性较差。种植修复体的固位和稳定与生活质量的改善密切相关。但是，在种植体植入之后的愈合阶段，稳定性较差的过渡义齿会对愈合期种植体造成非控制性负荷风险。通常建议患者不要在种植体的骨结合阶段戴用过渡义齿。如果必须戴用，就应估计到更高的并发症风险，分类为复杂类可能更为合适。

5.9.6　副功能咬合

如第5.8.5节中所述，副功能咬合增加了发生机械并发症的风险及需要维护随访的必要性（图1）。应该注意，通过多次复诊和咬合平衡解决这一潜在的破坏过程。同时，还应考虑制作第二副修复体，以便在发生修复体并发症时给患者使用。

5.10 总结

就本章列举病例的修复分类会产生影响的因素，均以表格和讨论的形式加以详述。通常，表格总结了影响具体病例类型的最重要的修正因素。表格中简单类代表了标准分类。

当使用这些表格确定具体病例的分类时，读者应该尝试将病例的细节带入相应表格的标准中。然后，将最适当的病例分类用于制订治疗计划。

应该注意第3章中讨论的其他修正因素也会对具体病例产生影响。通常这些附加因素会增加治疗过程的复杂性和／或风险，导致比表格中所界定的分类更加复杂。

在下一章，将讨论一系列的临床病例，目的是阐述如何应用本书详述的治疗过程。

6 SAC分类的临床应用

前几章已经讨论了SAC分类的构成和决定因素，在本章，将举例说明SAC分类在具体病例中的应用，并阐明如何得出每个具体分类及其关键所在。

6.1 具体病例如何进行SAC分类

A. Dawson, S. Chen

在马略卡岛共识研讨会上，基于讨论形成了以第4章和第5章议题为基础的表格。这些表格把相似的病例概括为一个标准分类，例如，美学区的单颗牙种植。对具体病例进行分类时，应该首先从表格（包括分类中的外科和修复两部分）中寻找合适的病例类型，进而选择要采用的标准分类。考虑到病例中存在的具体风险因素，可以进一步修正外科与修复分类，从而确定病例的最终类型。无论外科分类还是修复分类，美学风险因素都是很重要的组成部分，所以需要确定第3.2节中提到的ERA（美学风险评估）。

在共识研讨会上，外科组提出了形成外科分类基础的6项因素。因此，可以通过第4章表格中所列的问题，确定病例类型与特点，得出外科的标准分类。确定修复的分类要比外科复杂，因为有更多因素可以影响修复效果。所以，对于具体病例的分类是按照从第5章表格中得出的“最适合”原则来确定。然后考虑其他可能的复杂因素。在修复表格中，如果超过3项因素选择了复杂或高度复杂，则它的最终归类至少为复杂。通过大量具体病例，可以更好地描述治疗过程，以下是详细内容。

6.2 简单类病例：上颌第一磨牙种植修复

S. Chen, A. Dickinson

37岁女性患者，转诊修复上颌右侧第一磨牙。图1为就诊时的患牙状况。该牙在5年内进行了两次牙髓治疗。2年之前，患牙由于牙折而行桩冠修复。不久前冠松动并脱落。

检查中可见，患牙牙冠脱落，部分桩、核残留。两个桩支持一个银汞核。根管充填材料超出近中颊根根尖。牙周探诊深度正常。鉴于患者牙髓和修复治疗预后不佳，建议行种植体支持的修复体治疗。余牙健康。患者全身状况良好，不吸烟。

治疗计划如下：

1. 拔除上颌右侧第一磨牙，愈合12周之后获得部分骨愈合及上颌窦底变平坦
2. 植入种植体
3. 单冠修复体修复

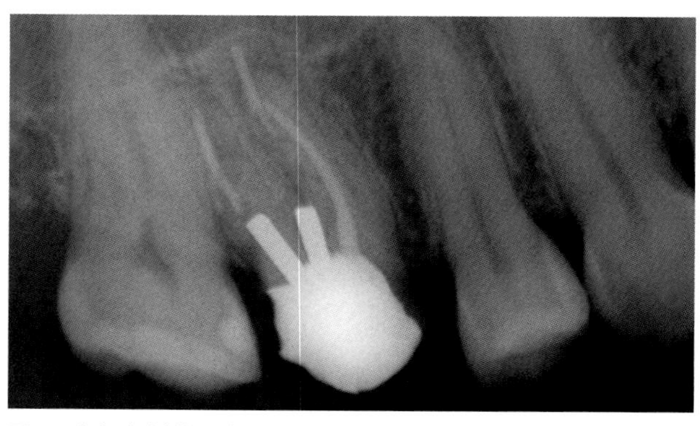

图1 上颌右侧第一磨牙拔除前的放射线片

进行外科SAC评估（表1）。患者无治疗禁忌证，不吸烟，种植位点处于非美学区。拔除患牙之后，预期颊舌向骨宽度充足，允许植入宽直径宽修复肩台种植体。虽然在患牙拔除之后的12周内，由于牙槽嵴顶骨吸收和上颌窦底骨改建的综合作用，骨高度会降低，但是，仍然预测骨高度足以植入1颗8mm长的种植体。所以，手术的解剖风险很小。确定此治疗的难度水平相对低，而术中及术后并发症的风险也很低。因此，外科SAC分类为简单类。

然而，拔牙创愈合后骨高度低于预期。这种情况下，需要在种植体植入同期联合应用闭合式上颌窦底提升的植骨技术。该技术将增大解剖风险和治疗的复杂性，同时还应注意到上颌窦膜穿孔的风险。

表2列出了影响修复SAC分类的重要因素。该病例修复空间理想，美学风险与并发症风险均较低。因此，根据表2所列因素，本病例归为简单类。

表1　初诊时，单颗种植修复体修复上颌磨牙病例的外科SAC分类

全身因素	评估	备注
全身禁忌证	无	
吸烟	无	
发育因素	无	
位点因素	**评估**	**备注**
骨量	充足	• 拔牙位点愈合后，骨高度可能不足
解剖风险	低	
美学风险	低	
复杂程度	低	
并发症风险	低	• 种植窝预备过深则存在上颌窦底膜穿孔的风险
负荷方案	早期	• 计划种植体植入后6~8周修复
SAC分类	简单	

表2　粘接固位种植修复体修复单颗上颌磨牙的修复SAC分类

单颗后牙	备注	简单类	复杂类	高度复杂类
殆龈距离	指从预计的种植修复体边缘到对殆之间的距离	理想的牙冠高度+/−1mm	牙冠高度降低≥2mm	由于对殆牙严重的过度萌出，没有辅助性预先治疗就难以修复
近远中向距离（前磨牙）		对应缺失牙的解剖间隙+/−1mm	对应缺失牙的解剖间隙>2mm，或更多	由于严重的空间限制≤5mm，没有辅助性预先治疗就难以修复
近远中向距离（磨牙）		对应缺失牙的解剖空间+/−1mm	对应缺失牙的解剖空间+／−2mm，或更多	由于严重的空间限制≤5mm，没有辅助性预先治疗就难以修复
入路		充分	受限	难以种植治疗
负荷方案	至今，即刻修复和负荷程序缺乏科学文献证实	常规或早期	即刻	
美学风险	基于ERA（第一卷）	低	中	患者对上颌第一前磨牙有高美学要求
副功能咬合	修复体并发症风险高	不存在		存在
临时种植修复体	建议戴用临时修复体时的状态	修复体边缘位于龈缘根方<3mm	修复体边缘位于龈缘根方>3mm	

与患者沟通治疗计划，强调如果骨的高度低于预期，治疗的复杂程度将增加。患者知情同意。

不翻瓣拔除患牙，愈合无异常。12周之后，软组织完全愈合，唇舌向牙槽嵴宽度丧失很少。放射线检查显示牙槽窝内已有部分新骨形成。然而，垂直向骨高度丧失大于预期。估计可用骨高度只有6mm。因此，计划进行闭合式上颌窦底提升术以植入8mm长种植体。告知患者，治疗难度将增加，并且存在上颌窦底膜穿孔的风险。同时，将外科SAC分类修正为高度复杂类（表3）。

表3　拔牙之后，单颗种植修复体修复单颗上颌磨牙病例的外科SAC分类

全身因素	评估	备注
全身禁忌证	无	
吸烟	无	
发育因素	无	
位点因素	**评估**	**备注**
骨量	不足	• 需要上颌窦底提升和骨移植，充足的骨高度允许同期植入种植体
解剖风险	高	• 累及上颌窦
美学风险	低	
复杂程度	高	• 闭合式上颌窦底提升同期种植体植入，复杂程度高
并发症风险	高	• 上颌窦底黏膜穿孔的风险
负荷方案	早期	• 种植体植入后6～8周修复
SAC分类	高度复杂	

局部麻醉下，翻开上颌右侧第一磨牙位点颊侧和腭侧全厚瓣，术区评估确定颊舌向骨宽度充足，允许植入直径4.8mm的种植体。使用麻花钻预备深度到5mm，直径4.2mm。种植窝内充填从局部获取的自体骨屑。通过冲击，造成上颌窦底皮质骨骨折。确认窦底膜完整未穿孔。种植窝内植入1颗直径4.8mm、长度8mm、颈部高度2.8mm的SLA表面种植体（Straumann WN S implant，Straumann，AG；Basel，Switzerland）。种植体初始稳定性良好，安放2mm高的愈合帽。

修整瓣的形态，使之与愈合帽相适应，间断缝合关闭创口。告知患者2周内刷牙时避开术区，并用0.2％氯己定漱口。术后愈合过程无异常，种植体骨结合良好（图2）。

手术8周后进入修复程序，安装实心基台，然后制取印模记录种植体颈部和基台的位置。下次就诊时，检查最终修复体的就位、咬合、邻接关系以及美学效果，粘接固位修复体。患者对修复效果非常满意。

在最近一次复诊中，可见距首次手术9年之后种植体周围组织健康，骨高度稳定（图3a~c）。

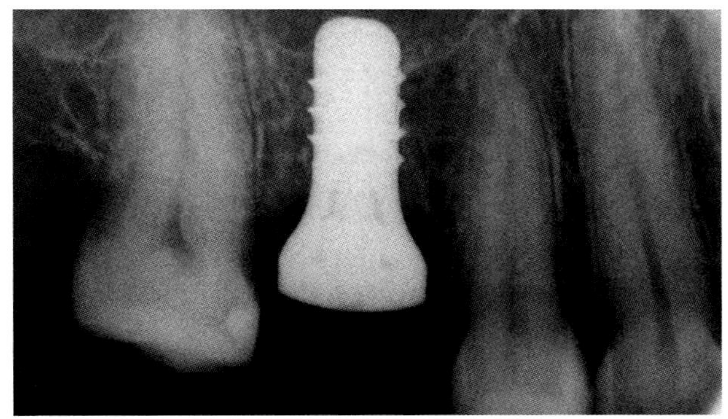

图2　种植体愈合过程中的放射线片

述评

此病例展示了单颗上颌磨牙位点种植的外科和修复SAC分类。起初，外科SAC分类为简单。然而，患牙拔除后，骨量不足增加了治疗的复杂性。所以在开始下一步治疗前，告知患者。尽管修正了外科的SAC分类级别，但是修复的SAC分类依然归类为简单。种植体良好的位置允许按照原计划修复。

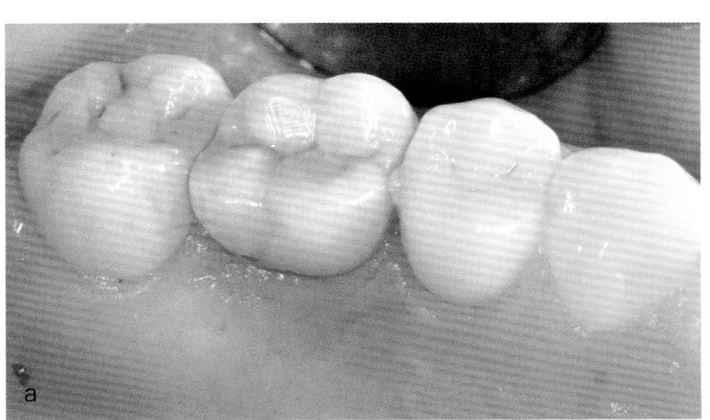

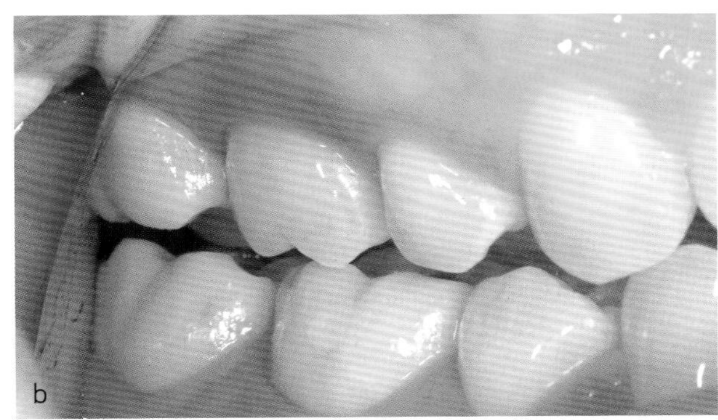

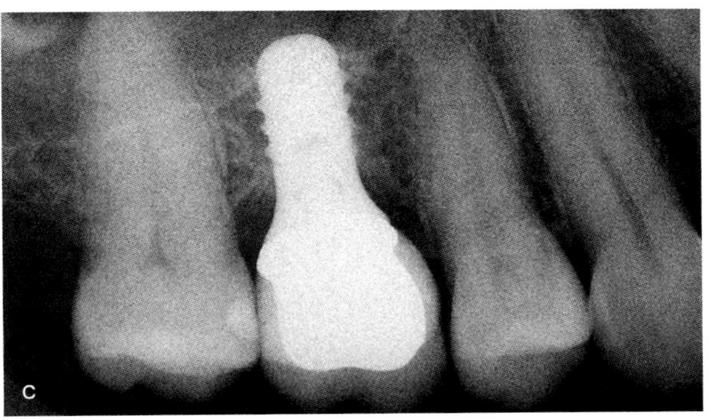

图3a~c　术后9年的最终修复体和放射线片

6.3 复杂类病例：上颌左侧中切牙种植修复

C. Evans, S. Chen

47岁女性患者，身体健康，其全科牙医转诊进行会诊。患者发现上颌左侧中切牙唇侧在刷牙后有间断出血，无疼痛以及其他不适。患者曾转诊于牙髓治疗专科医生，诊断为牙颈部外吸收（图1）。该牙不能保留，需要通过其他方式修复。患者希望以种植体支持的修复体替代上颌左侧中切牙。

临床检查显示上颌左侧中切牙近中面有小面积树脂充填，其他部位未修复。进一步仔细检查发现，可以容易地探及上颌左侧中切牙唇面的一个吸收性缺损，一直扩展到龈缘下方。颈部牙釉质呈粉红色，表示该病损的特点为牙本质丧失（图2）。邻牙完整。患者大笑时，表现为低位唇线，组织生物型为中厚龈生物型，牙冠呈方圆形。美学风险评估归类为中度美学风险（表1）。

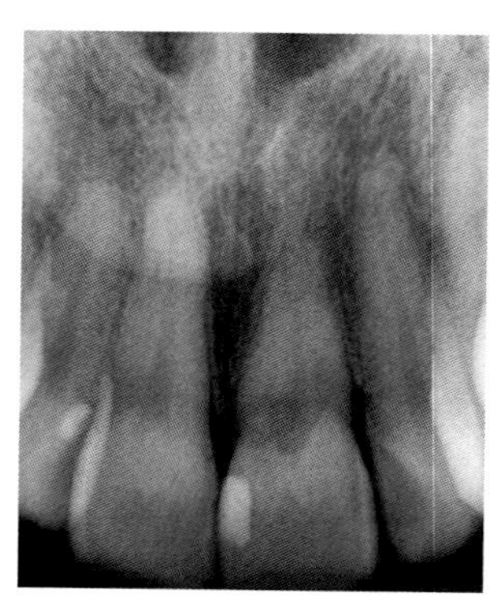

图1　就诊时上颌左侧中切牙的放射线片

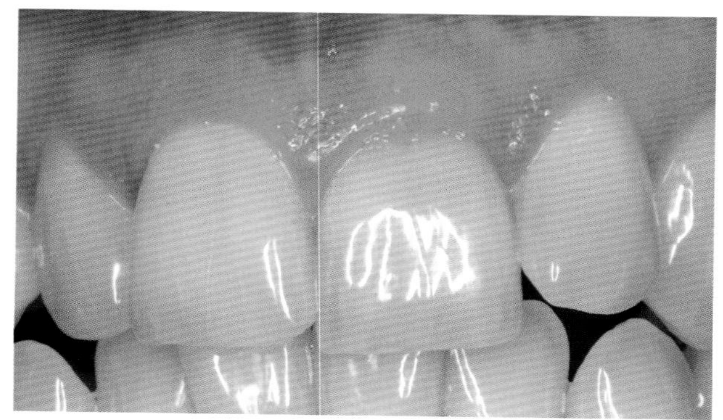

图2　就诊时的临床外观，上颌左侧中切牙的牙颈部呈粉红色

表1　美学风险评估（ERA）表

美学风险因素	风险水平		
	低	中	高
健康状态	健康，免疫功能正常		免疫功能低下
吸烟	不吸烟	少量吸烟（<10支／天）	大量吸烟（>10支／天）
患者的美学期望值	低	中	高
唇线	低位	中位	高位
牙龈生物型	低弧线形，厚龈生物型	中弧线形，中厚龈生物型	高弧线形，薄龈生物型
牙冠形态	方圆形		尖圆形
位点感染情况	无	慢性	急性
邻面牙槽嵴高度	到接触点≤5mm	到接触点5.5～6.5mm	到接触点≥7mm
邻牙修复状态	无修复体		有修复体
缺牙间隙的宽度	单颗牙（≥7mm）	单颗牙（≤7mm）	2颗牙或2颗牙以上
软组织解剖	软组织完整		软组织缺损
牙槽嵴解剖	无骨缺损	水平向骨缺损	垂直向骨缺损

无副功能咬合的证据。与对侧中切牙相比，患牙过萌0.5～1mm。患牙的龈缘不规则，与上颌右侧中切牙相比，约位于冠方0.5mm处，前牙牙冠的明度较低而饱和度高，透明度中等。

与患者讨论各种治疗选项，决定采用种植体支持式修复体修复患牙。该病例归类为复杂类。种植治疗期间患者将戴用临时可摘局部义齿。

由于患牙牙根完整，且根尖无感染，种植手术计划采取即刻（Ⅰ型）种植。计划种植体植入之后，采用螺丝固位最终修复体。种植体植入之后，经过3个月的愈合期，执行常规负荷方案。

选择非翻瓣的即刻（Ⅰ型）种植方案，外科的SAC分类为高度复杂类（表2）。

表2 外科SAC分类评估表

全身因素	评估	备注
全身禁忌证	无	
吸烟	无	
发育因素	无	
位点因素	**评估**	**备注**
骨量	充足	
解剖风险	低	
美学风险	中	
复杂程度	高	• 即刻种植和不翻瓣方法增加了治疗的复杂性
并发症风险	高	
负荷方案	常规	• 计划种植体植入12周后修复
SAC分类	高度复杂	

参考相关的病例类型表（表3）确定修复的SAC分类。由此表可知复杂类具有合理性。该病例大部分的影响因素均为复杂类，因此，该分类是恰当的。

微创拔除患牙之后，在理想的三维位置植入SLA表面种植体（长度10mm的标准美学种植体，Straumann AG，Basel，Switzerland），种植体的植入方向保证了螺丝直接通过舌面隆突固位最终修复体。在唇舌向，种植体肩台位于安全带内，与Buser等（2004）年的描述相同。种植体肩台位于预期的黏膜边缘根方2.5mm处（图3a，b）。

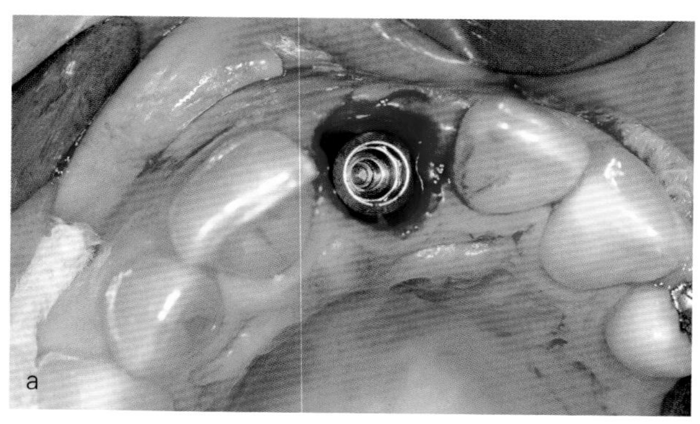

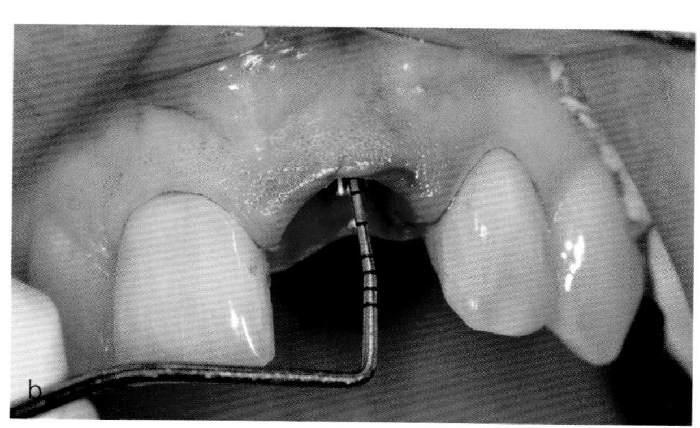

图3a，b 种植体的植入位置与邻牙及龈缘的关系

表3　修复SAC分类

单颗前牙	备注	简单类	复杂类	高度复杂类
颌位关系	指覆𬌗覆盖及其对修复和美学效果的影响	安氏Ⅰ类和Ⅲ类	安氏Ⅱ类1分类和2分类	有严重的错𬌗，没有辅助性预先治疗就不能修复
近远中向距离（上颌中切牙）	对称是获得成功治疗结果的基础		对应对侧同名牙，对称+/-1mm	对应对侧同名牙，不对称>1mm
近远中向距离（上颌侧切牙和尖牙）		对应对侧同名牙，对称+/-1mm	对应对侧同名牙，不对称>1mm	
近远中向距离（下颌前牙）		对应对侧同名牙，对称+/-1mm	对应对侧同名牙，不对称>1mm	
负荷方案	至今，即刻修复和负荷程序缺乏科学文献证实	常规或早期		即刻
美学风险	基于ERA（第一卷）	低	中	高
副功能咬合	并发症风险是针对修复体，而非种植体的存留	不存在		存在
临时种植修复体	推荐使用临时修复体		修复体边缘位于龈缘根方<3mm	修复体边缘位于龈缘根方>3mm

将一个小的结缔组织移植瓣置于种植体颈部与唇侧黏膜之间，增加种植体唇侧软组织厚度。种植体愈合后，部分愈合帽被周围黏膜覆盖（图4）。

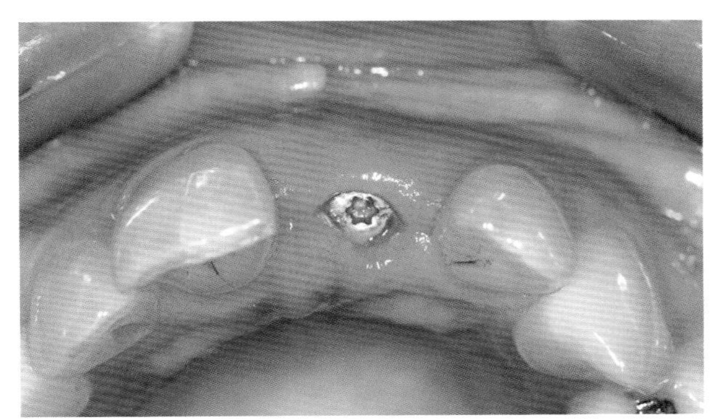

图4　种植体完全愈合后的外观

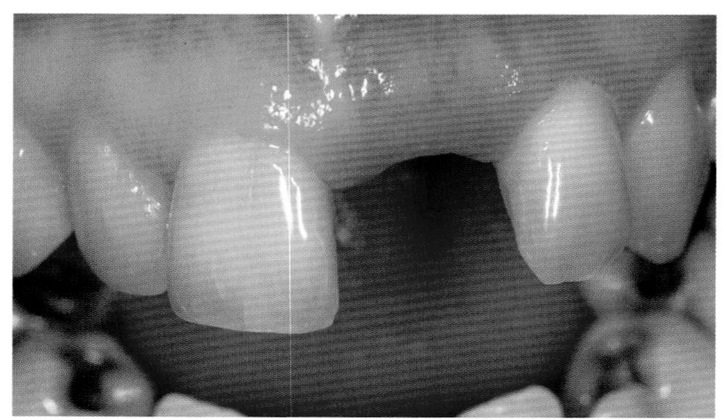

图5 愈合后的软组织轮廓

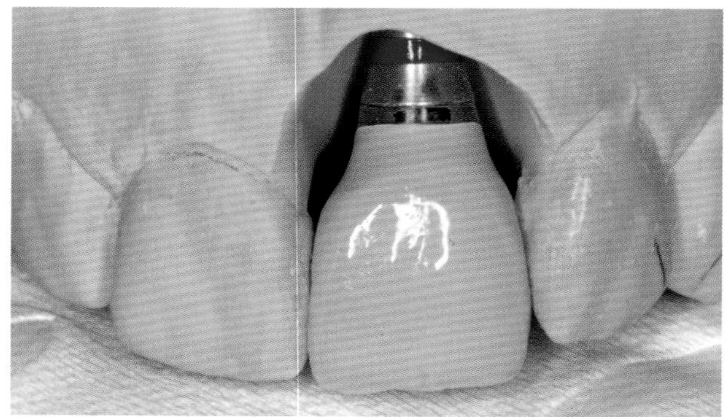

图6 就位前的最终修复体

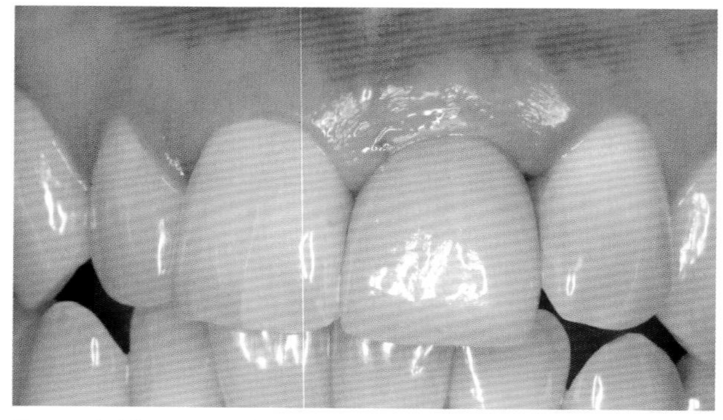

图7 刚刚戴入最终修复体，改变穿龈轮廓减少了软组织发白现象

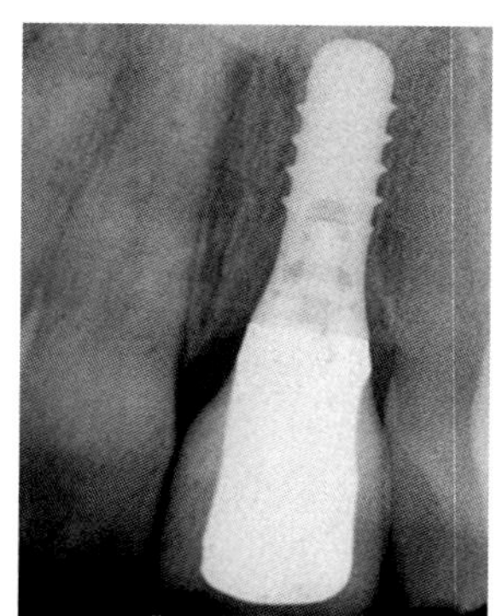

图8 修复体就位当时的放射线片

在进入修复程序之前，进行二期手术安装高愈合帽以便进行修复。可见理想的软组织形态和轮廓（图5）。由于种植体位置理想、软组织量充足、低位唇线，并且患者的美学期望值中等，因而不需要临时修复体成形过渡带，决定直接进行最终修复。

进入种植修复程序，制取种植体水平印模，灌制工作模型。将印模帽用螺丝固位于种植体上，拍摄根尖放射线片确定其准确就位。选用1.5mm高的八角基台（Straumann AG，Basel，Switzerland）和预制金基底，制作具有理想穿龈轮廓的螺丝固位的金属烤瓷修复体（图6）。

将最终基台拧紧到35N·cm，固定螺丝的扭力为15N·cm。开始时软组织发白，然后略微减小穿龈轮廓从而缓解此现象（图7），在10分钟内可以完全消退。邻面接触点与邻面牙槽嵴顶距离<5mm，根尖放射线片显示修复体准确就位（图8）。

最终的修复体需要表面略微进行上釉染色来平衡自然光条件下的修复体色泽。

修复完成18个月之后，最终修复体与邻牙及软组织协调一致（图9a，b）。

述评

此病例之所以未发生明显的并发症，是因为良好的术前评估与计划以及经验丰富的操作者对于治疗计划的精确执行。虽然本病例看似是一个简单病例，但是风险贯穿于整个治疗过程，同时应用了复杂的技术手段，所有这些都表明，此病例的外科分类为高度复杂类，而修复分类为复杂类。

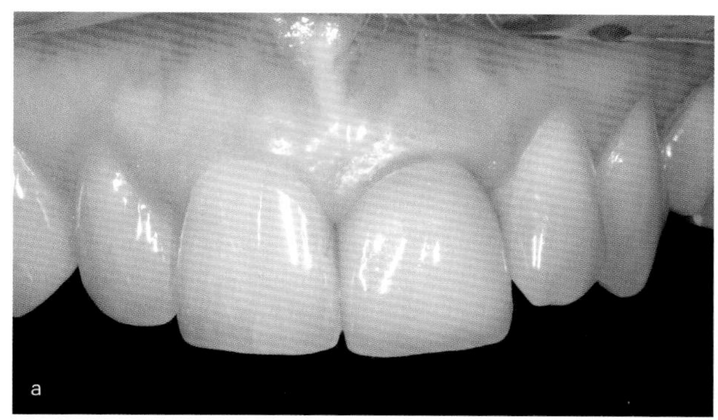

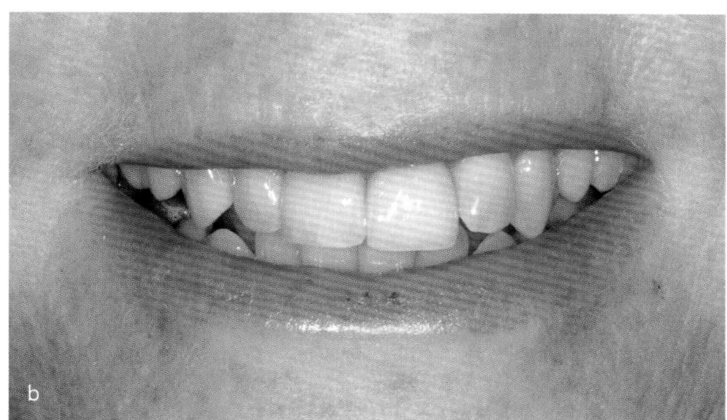

图9a，b　修复18个月后的临床表现

6.4　高度复杂类的美学病例：即刻种植与临时修复

F. Higginbottom, T. Wilson

35岁女性患者，中切牙无法保留，要求治疗。患者主诉十几岁时中切牙外伤根折，折断处形成纤维愈合，一直保持稳定。最终，原修复体失败。新的治疗计划为拔除患牙，种植修复。计划拔除患牙，但是检查发现患牙的唇侧牙槽嵴偏低，而龈缘位置与相邻的中切牙龈缘平齐。由此担心一旦患牙拔除，将导致软组织的明显变化。最终决定正畸助萌该牙，并在拔牙前保持1个月（图1a~c）。通过这种方法，希望该位点的骨及软组织与邻牙协调一致。

风险评估和治疗计划包括ERA、外科及修复SAC分类。表1~表3为具体评估表。

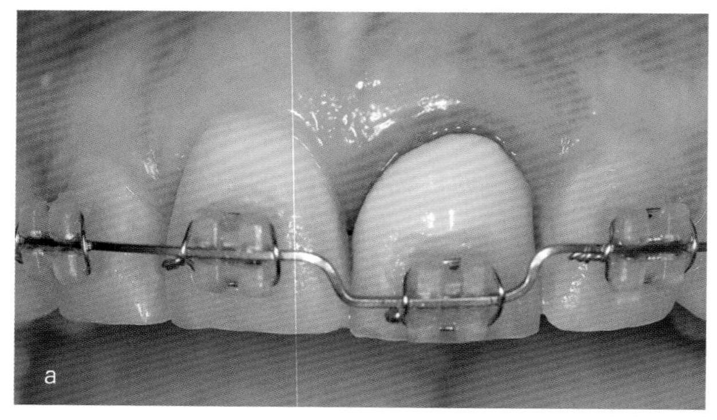

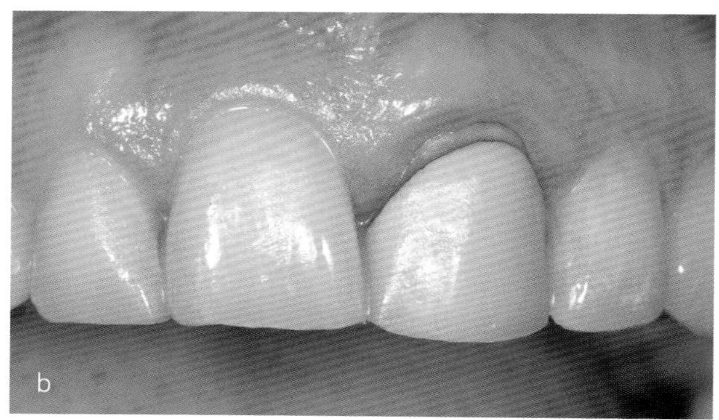

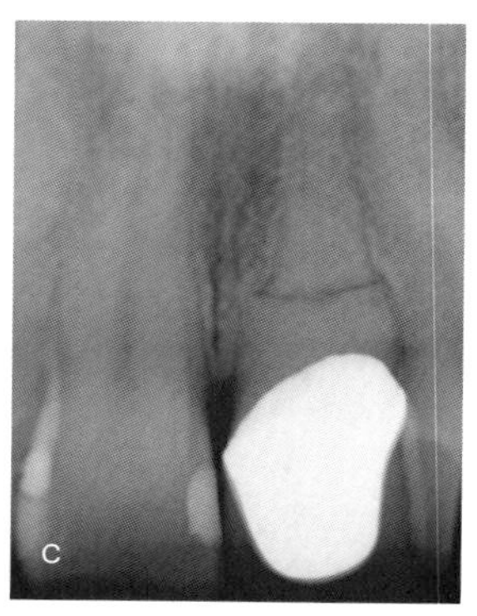

图1a~c　正畸助萌上颌左侧中切牙，增加牙槽嵴高度

表1　美学风险评估（ERA）表

美学风险因素	风险水平		
	低	中	高
健康状态	健康，免疫功能正常		免疫功能低下
吸烟	不吸烟	少量吸烟（<10支／天）	大量吸烟（>10支／天）
患者的美学期望值	低	中	高
唇线	低位	中位	高位
牙龈生物型	低弧线形，厚龈生物型	中弧线形，中厚龈生物型	高弧线形，薄龈生物型
牙冠形态	方圆形		尖圆形
位点感染情况	无	慢性	急性
邻面牙槽嵴高度	到接触点≤5mm	到接触点5 5～6 5mm	到接触点≥7mm
邻牙修复状态	无修复体		有修复体
缺牙间隙的宽度	单颗牙（≥7mm）	单颗牙（≤7mm）	2颗牙或2颗牙以上
软组织解剖	软组织完整		软组织缺损
牙槽嵴解剖	无骨缺损	水平向骨缺损	垂直向骨缺损

表2　外科SAC分类评估表

全身因素	评估	备注
全身禁忌证	无	
吸烟	无	
发育因素	无	
位点因素	**评估**	**备注**
骨量	充足	
解剖风险	低	
美学风险	中	
复杂程度	高	• 即刻种植和不翻瓣方法增加了治疗的复杂性
并发症风险	高	
负荷方案	即刻修复	• 种植体承担部分功能性负荷
SAC分类	高度复杂	

表3 修复SAC分类表

单颗前牙	备注	简单类	复杂类	高度复杂类
颌位关系	指覆殆覆盖及其对修复和美学效果的影响	安氏Ⅰ类和Ⅲ类	安氏Ⅱ类1分类和2分类	有严重的错殆，没有辅助性预先治疗就不能修复
近远中向距离（上颌中切牙）	对称是获得成功治疗结果的基础		对应对侧同名牙，对称+／-1mm	对应对侧同名牙，不对称>1mm
近远中向距离（上颌侧切牙和尖牙）		对应对侧同名牙，对称+/-1mm	对应对侧同名牙，不对称>1mm	
近远中距（下颌前牙）		对应对侧同名牙，对称+/-1mm	对应对侧同名牙，不对称>1mm	
负荷方案	至今，即刻修复和负荷程序缺乏科学文献证实	常规或早期		即刻
美学风险	基于ERA（第一卷）	低	中	高
副功能咬合	并发症风险是针对修复体，而非种植体的存留	不存在		存在
临时种植修复体	推荐使用临时修复体		修复体边缘位于龈缘根方<3mm	修复体边缘位于龈缘根方＞3mm

从以上的评估表可以得出，该病例为中等美学风险，外科及修复SAC分类均为高度复杂类。

拔除患牙，不翻瓣即刻（Ⅰ型）植入种植体（长度为12mm的标准美学种植体，Straumann AG，Basel，Switzerland）。种植体植入之后，存在水平向种植体周围边缘骨缺损间隙，进行软组织和硬组织及釉基质蛋白衍生物（Emdogain™；Straumann AG，Basel，Switzerland）移植。安放实心基台并用手力旋紧（图2a，b）。安装临时修复体，并使之脱离功能接触（图2c）。

种植体植入后经过12周的愈合，愈合无异常。进入修复程序，制取种植体水平印模，在实心基台上重新制作临时修复体（图3a，b）。在八角基台（Straumann AG，Basel，Switzerland）和个性化基底上制作最终金属烤瓷修复体（图4a，b）。

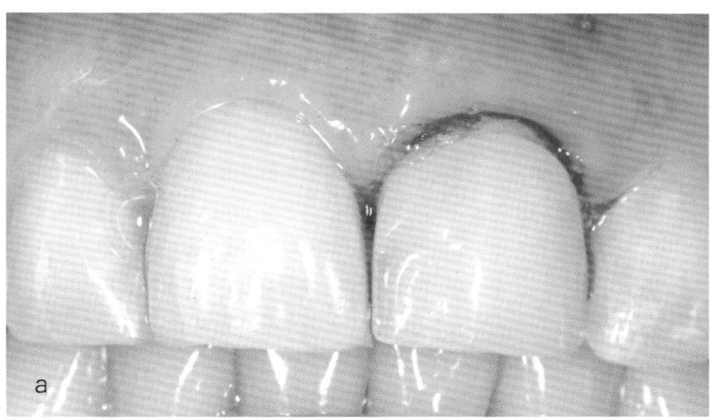
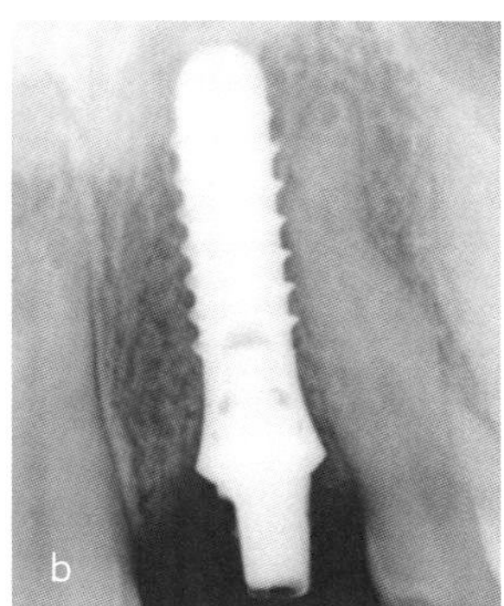

图2a~c　种植体植入后即刻戴入临时修复体和初期愈合之后

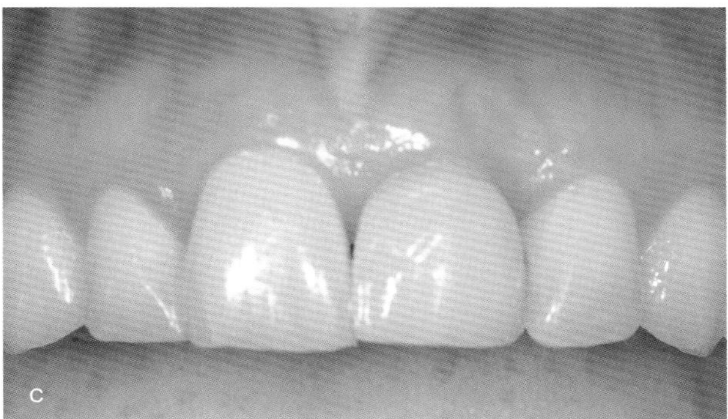

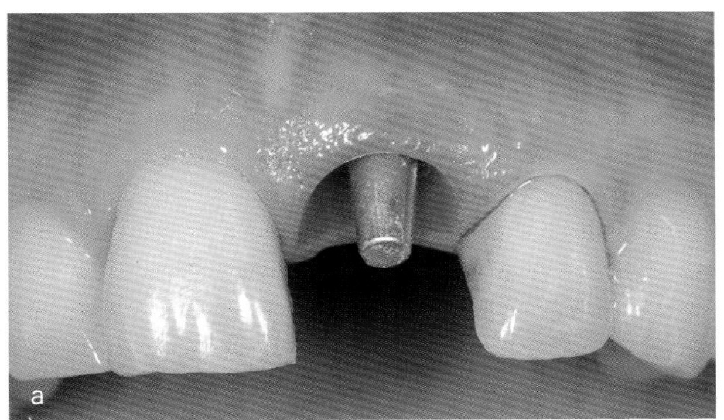
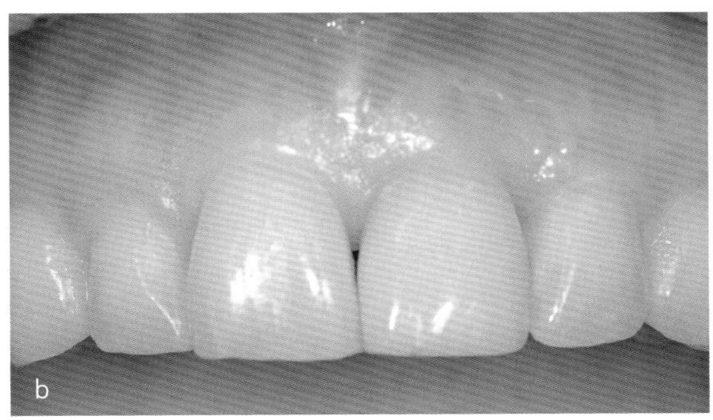

图3a，b　使用新临时修复体后形成的过渡带

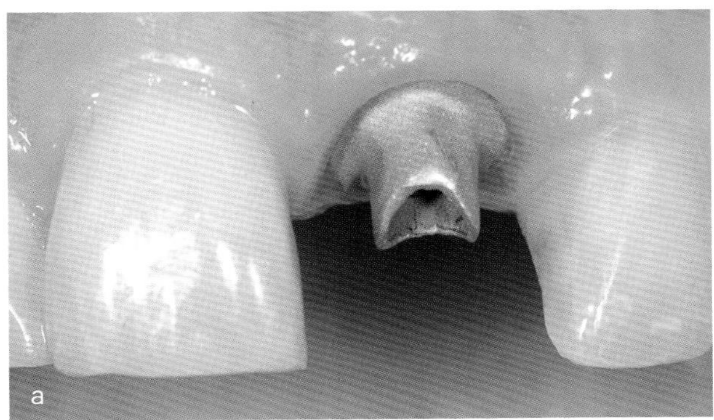
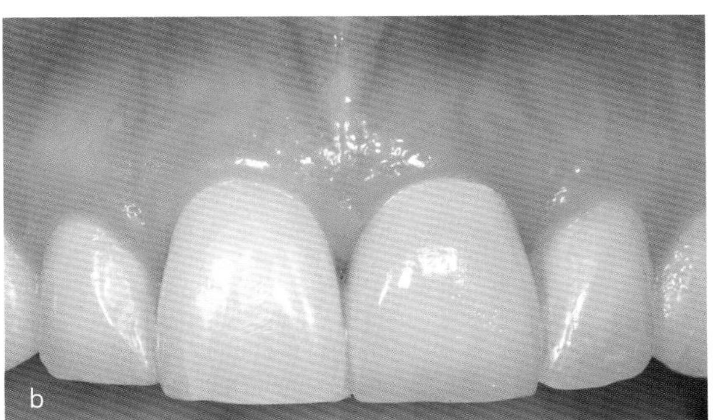

图4a，b　戴入个性化的中间基台和最终粘接固位修复体

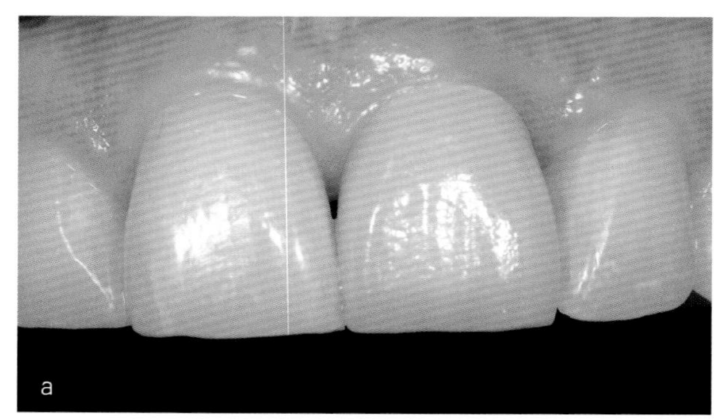

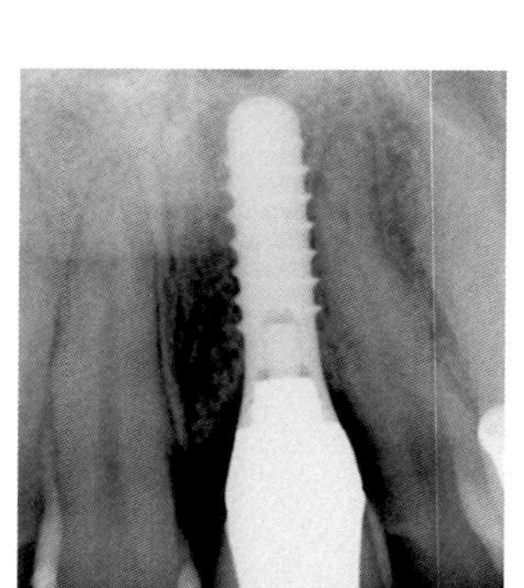

图5a，b　12个月后的临床效果及放射线片

12个月后随访，最终效果稳定（图5a，b）。

述评

本病例在治疗中应用的技术有着高度的复杂性，以及中度到高度并发症风险。所以外科和修复的SAC分类均为高度复杂类。尽管如此，经过仔细的评估和病例选择，同时应用精湛的技术和经验，仍然达到了成功的效果。

6.5 高度复杂类病例：牙列缺损

W. Martin, J. Ruskin

中年女性患者，主诉“对自己的笑容不满意，并且感觉每晚都要摘掉假牙很麻烦”。患者希望用固定方式来修复缺失的前牙。

患者的相关病史比较简单，外伤导致上颌双侧中切牙和侧切牙折断。直到牙根不能支持修复体之后，被迫拔掉。就诊时上颌切牙以可摘局部义齿修复，功能和美学效果尚可（图1）。患者大笑时呈高位唇线。

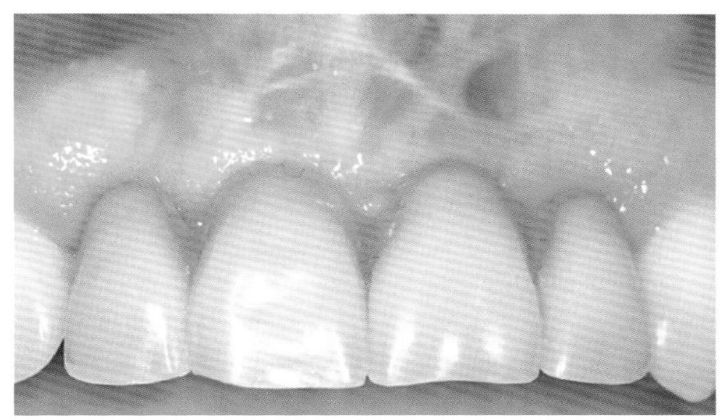

图1 可摘局部义齿唇侧观

患者无系统性疾病，不吸烟，无磨牙症，也无颞下颌关节疼痛病史。检查剩余牙列，咬合大致正常，牙及牙周支持组织状况良好。该患者牙周维护良好，牙面无菌斑，牙周无炎症。该患者目前于牙科领域从业，接受了牙科治疗方式的教育，因而寻求口腔种植的治疗方案。

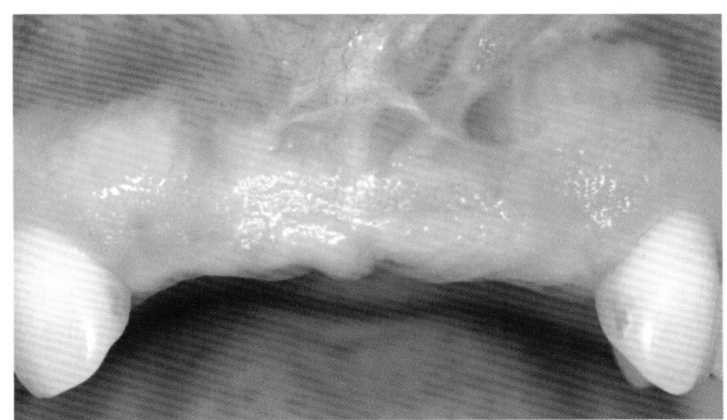

图2 上颌右侧侧切牙到对侧侧切牙缺牙区的唇侧观

评估前牙缺牙区的近远中向及殆龈距离，空间足以修复4颗切牙。上颌右侧侧切牙到对侧侧切牙位点的软组织高度位于设计的修复体软组织边缘的冠方，但是缺牙区牙槽嵴唇舌向宽度不足以支持修复体的理想穿龈轮廓（图2和图3）。

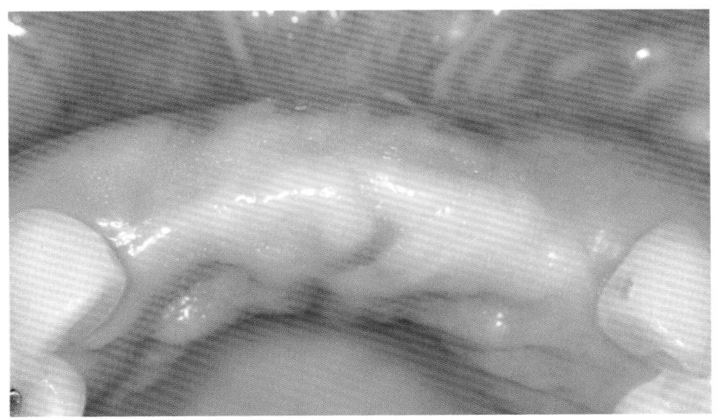

图3 上颌右侧侧切牙到对侧侧切牙缺牙区的殆面观

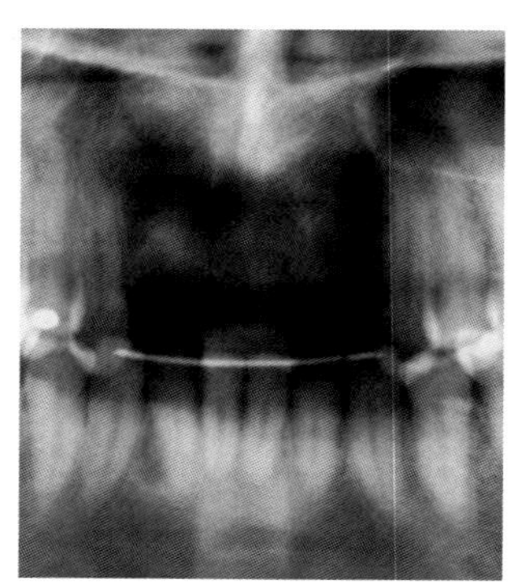

图4 前牙区的局部曲面体层放射线片

缺牙区的曲面体层放射线片证实缺牙区牙槽嵴高度充足，且相邻的上颌双侧尖牙牙周支持组织健康（图4）。由于上颌双侧侧切牙曾行根尖切除术，放射线片的相应区域呈透射影。表1～表3列出了与患者临床状况相关的修复与外科风险因素。

表1 美学风险评估（ERA）表

美学风险因素	风险水平		
	低	中	高
健康状态	健康，免疫功能正常		免疫功能低下
吸烟	不吸烟	少量吸烟（<10支／天）	大量吸烟（>10支/天）
患者的美学期望值	低	中	高
唇线	低位	中位	高位
牙龈生物型	低弧线形，厚龈生物型	中弧线形，中厚龈生物型	高弧线形，薄龈生物型
牙冠形态	方圆形		尖圆形
位点感染情况	无	慢性	急性
邻面牙槽嵴高度	到接触点≤5mm	到接触点5.5～6.5mm	到接触点≥7mm
邻牙修复状态	无修复体		有修复体
缺牙间隙的宽度	单颗牙（≥7mm）	单颗牙（≤7mm）	2颗牙或2颗牙以上
软组织解剖	软组织完整		软组织缺损
牙槽嵴解剖	无骨缺损	水平向骨缺损	垂直向骨缺损

表2 修复风险因素

美学风险因素	风险水平		
	低	中	高
口腔环境			
口腔健康状况	无活动性疾病		有活动性疾病
邻牙状况	有修复体		无修复体
缺牙原因	龋病/创伤		牙周病或副功能咬合
修复空间			
殆龈距离	修复空间充足	修复空间受限，但不影响修复	需要辅助性治疗，以获得充足的修复空间
近远中向距离	修复缺失牙的空间充足	需要减径或减数	需要辅助性治疗，以获得满意效果
修复范围	单颗牙	连续多颗牙	全牙列
种植体周围的组织量与特点	不需要义龈修复		为了美学和发育，需要义龈修复
咬合			
殆型	前牙引导		无引导
殆型相关性	不参与		修复体参与引导
副功能咬合	不存在		存在
临时修复体			
种植体愈合期间	不需要	可摘式	固定式
临时种植修复体	不需要	修复体边缘位于龈缘根方<3mm	修复体边缘位于龈缘根方>3mm
负荷方案	常规或早期		即刻
材料/制作	树脂±金属加强	金属烤瓷	
维护需要	低	中	高

表3 外科SAC分类

全身因素	评估	备注
全身禁忌证	无	
吸烟	无	
发育因素	无	
位点因素	**评估**	**备注**
骨量	不足	• 分阶段水平向骨增量，使用自体皮质-松质骨块
解剖风险	低	
美学风险	高	• 基于ERA
复杂程度	高	• 即刻种植和不翻瓣方法增加了治疗的复杂性
并发症风险	高	• 分阶段方案植入种植体 • 骨移植的高手术并发症风险，以及供区并发症 • 并发症会显著影响治疗效果
负荷方案	常规或早期	
SAC分类	高度复杂	

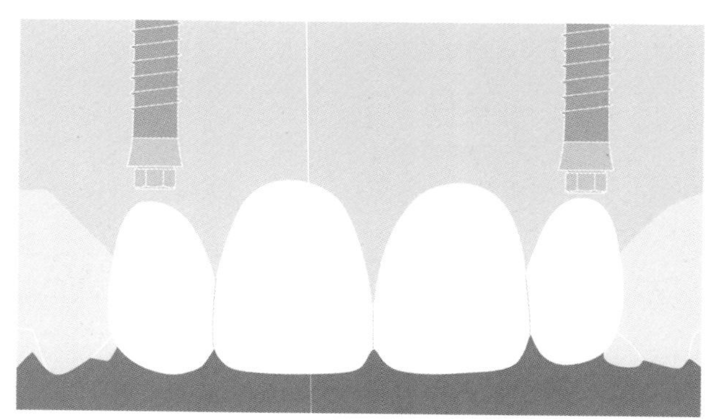

图5 上颌双侧中切牙位点植入种植体，支持四单位固定修复体

向患者介绍了几种固定修复治疗方案。因患者不希望对自己的牙齿进行牙体预备而否决了上颌双侧尖牙支持的固定修复。提供给患者数种种植治疗方案，这些方案均包括种植体植入前的水平向牙槽嵴增量。通常来说，相邻种植体修复多颗牙连续缺失时，具有高美学风险，因为不能控制或预计种植体之间的种植体周围组织（软组织和硬组织）的生物学表现。

在该缺牙区设计种植体植入位置时，可选择多种方案，每种方案各具优缺点（图5～图7）。经过与患者详尽的讨论每种治疗方案的风险之后，患者选择了对每颗缺失牙都进行单独种植修复的方案。该治疗方案包括在上颌前牙的4个位点都植入种植体。目前，植入如此多的种植体，将选择可以维持牙槽嵴高度的骨水平种植体，同时增加对穿龈轮廓的控制能力（图8）。

评估该患者的总体治疗计划，难度级别高，外科及修复SAC分类均为高度复杂类。参考多颗前牙连续缺失的修复SAC分类，尽管有充足的龈殆距离与理想的殆关系，患者仍承担着高美学风险。

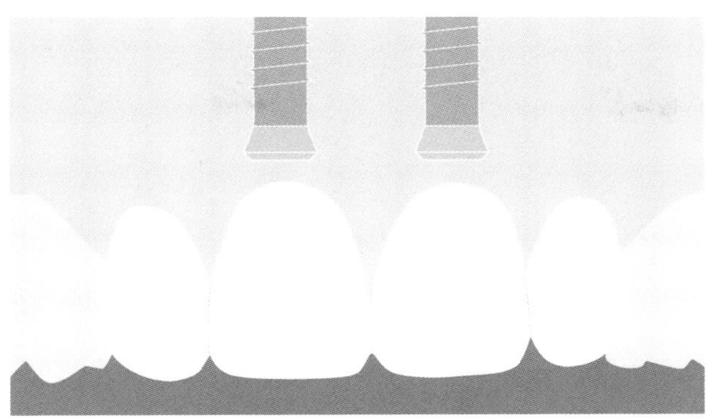

图6　上颌双侧中切牙位点植入种植体，支持带远中悬臂的四单位固定修复体

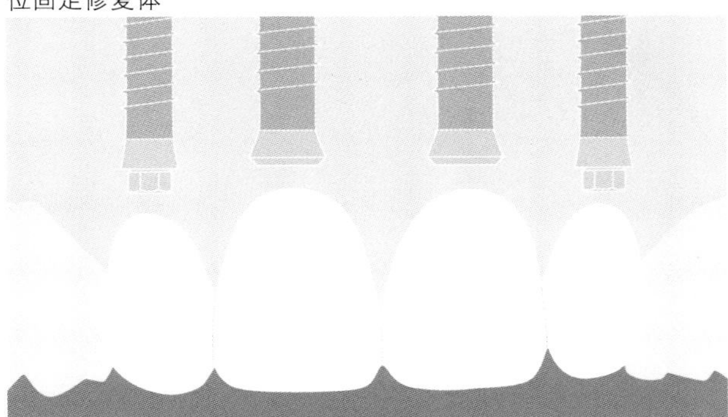

图7　4个上颌切牙位点植入4颗种植体，进行独立修复

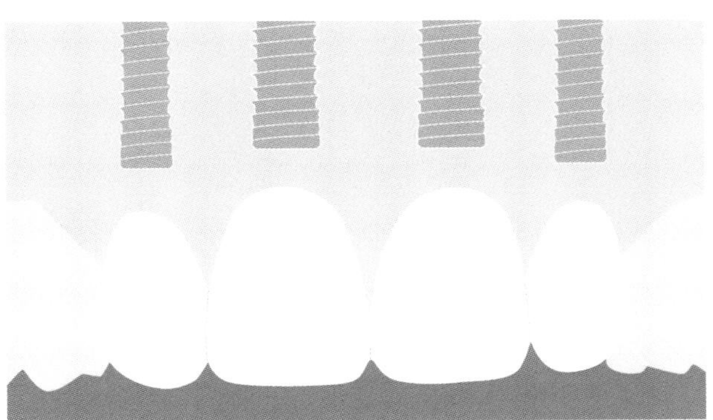

图8　4个上颌切牙位点植入4颗骨水平种植体，进行独立修复

表4 上颌修复的SAC分类表

多颗前牙连续缺失	备注	简单类	复杂类	高度复杂类
美学风险	基于ERA（第一卷）	低	中	高
颌位关系	指覆𬌗覆盖及其对修复和美学效果的影响	安氏Ⅰ类和Ⅲ类	安氏Ⅱ类1和2分类	由于严重的错𬌗，没有辅助性预先治疗就难以修复
近远中向距离		种植修复缺失牙间距充足	种植修复所有缺失牙间距不足	为修复所有缺失牙，必须进行辅助性治疗
𬌗／咬合		协调	不协调，但无须矫正	必须改变现在的咬合关系
愈合期的过渡义齿		可摘式	固定式	
临时种植修复	推荐临时修复体		修复体边缘在龈缘根方<3mm	修复体边缘在龈缘根方>3mm
副功能咬合	并发症风险是针对修复体，而非种植体存留	不存在		存在
负荷方案	至今，即刻修复和负荷程序缺乏科学文献证实			即刻

在此分类中的各种影响因素中，除了种植体肩台位于龈下超过3mm以外，其余均不增加额外的风险（表4）。如果不进行骨增量，骨量不足以在理想的修复位置植入种植体。考虑到解剖风险、复杂性及并发症风险，该类治疗属于中等级别。

治疗阶段Ⅰ：治疗重点是水平向牙槽嵴骨缺损。应用同种异体骨与可吸收性膜进行外置法植骨，愈合6个月（图9和图10）。在愈合期内，利用临时可摘局部义齿恢复美观与功能。需要注意，愈合期内的植骨位点不能承担任何压力。

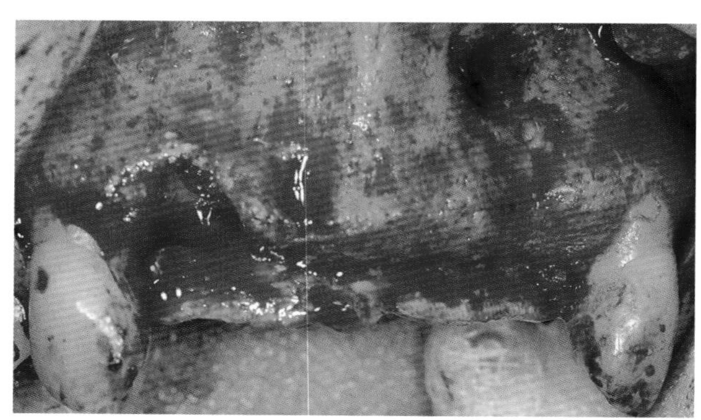

图9 进行同种异体骨代用材料移植前牙槽嵴骨缺损的唇侧观

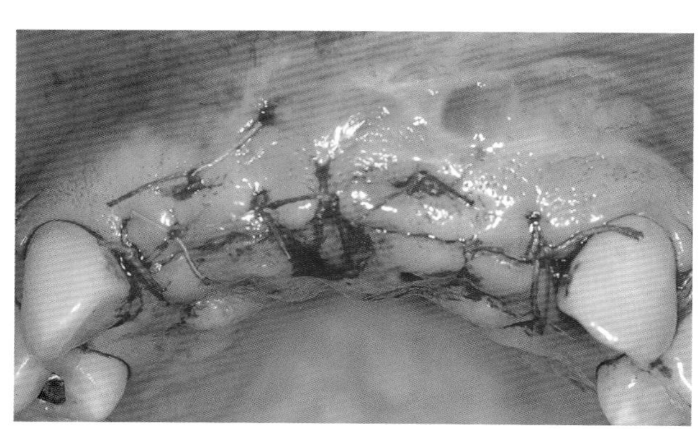

图10 植骨术时完成缝合的𬌗面观

治疗阶段Ⅱ： 包括制作诊断蜡型、导板及在修复导向下将4颗种植体植入合适的位置（图11～图13）。种植体采取潜入式愈合方式，为修复阶段的操作提供最多的软组织量。

治疗阶段Ⅲ： 在此阶段，治疗非常复杂。经过6周愈合之后，于牙槽嵴顶切开，暴露种植体，同时用临时修复体修复。要特别注意通过刺激龈乳头的形成，产生邻面外形轮廓。经过8周愈合之后，仍然存在邻面组织缺损（图14）。根尖放射线片显示了种植体的邻面牙槽嵴高度（图15）。

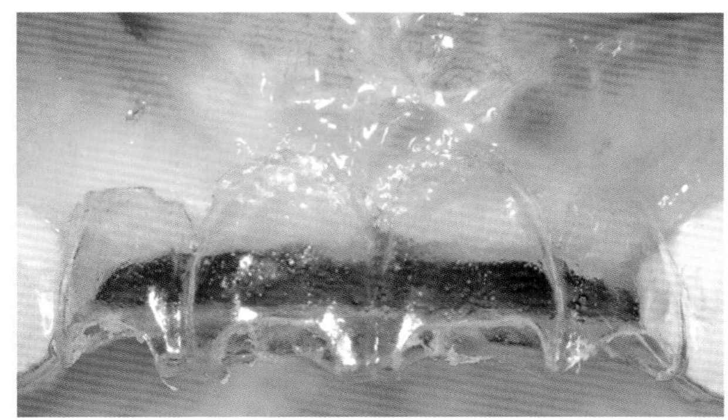

图11　标记垂直深度的外科导板就位后的唇侧观

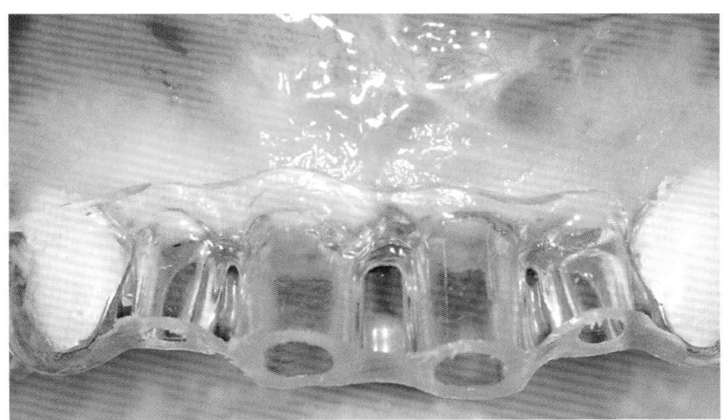

图12　引导种植体轴向的套管式外科导板就位后的唇侧观

图13　标记垂直深度的外科导板显示种植体植入了理想位置

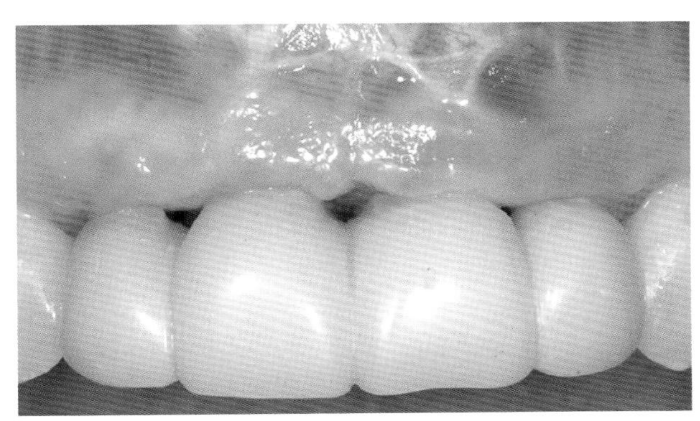

图14　临时修复体就位后的唇侧观，显示邻面组织缺损

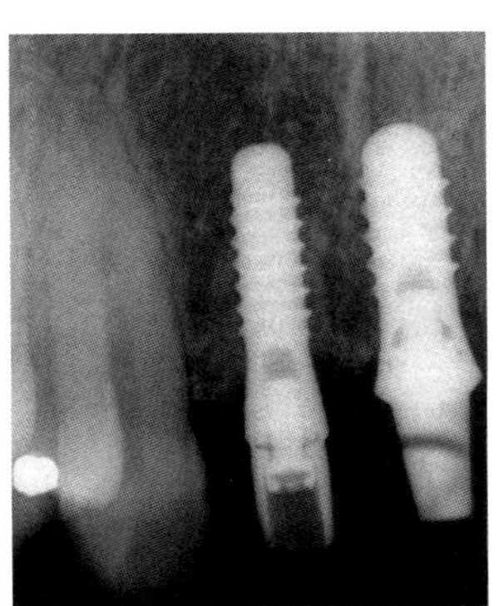

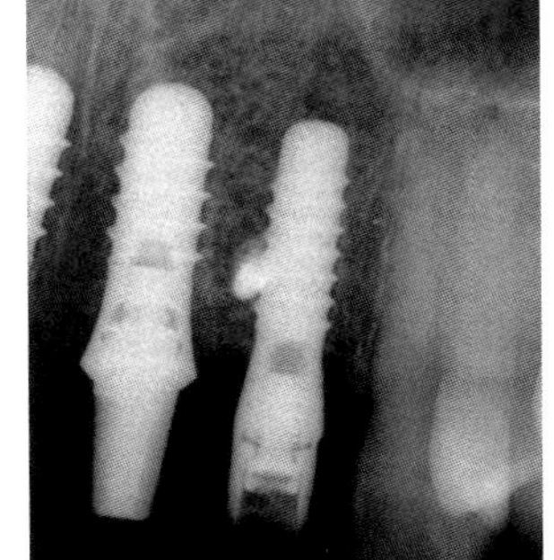

图15　上颌切牙位点种植体的根尖放射线片

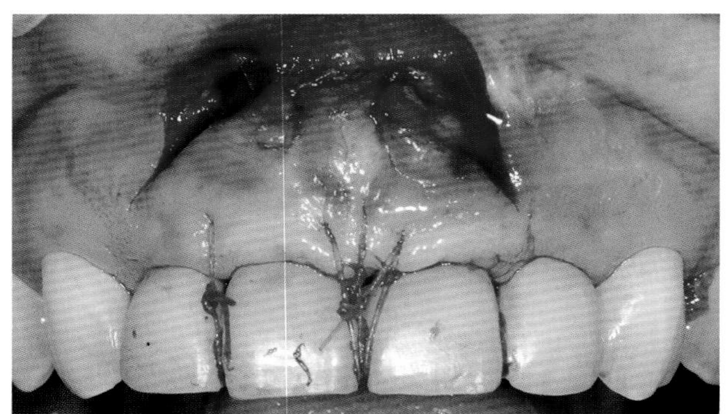
图16 半月形冠向复位瓣术后观

比较临时修复体的牙冠比例，仔细评估组织缺损的临床表现，提示应该考虑增加两个手术恢复美学效果。第一步为结缔组织移植支持的半月形冠向复位瓣。这个程序是将软组织冠向移位，消除邻面组织缺损（图16和图17）。在4周愈合期内，调改临时修复体，形成理想的穿龈轮廓（图18）。

再次评估之前，临时修复体使用了8周时间。在随后的复诊中，评估了患者的笑线与牙冠比例，需要增加牙冠长度以形成协调的笑线。必须注意，这些结果均依赖于成功的冠向复位瓣手术。在种植体周围黏膜的唇侧边缘，冠方的组织增量效果显著。第二次手术程序是应用外科牙龈成形术结合临时修复体的修改来定位龈缘位置（图19）。经过4周愈合之后，对临时修复体再次评估，可以制作最终修复体（图20）。

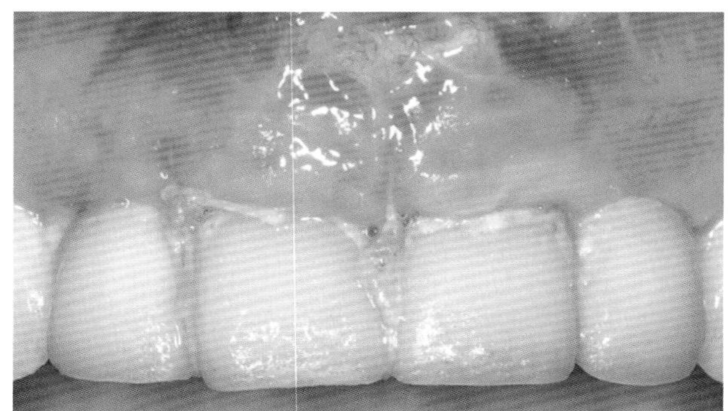
图17 手术1周后的唇侧观

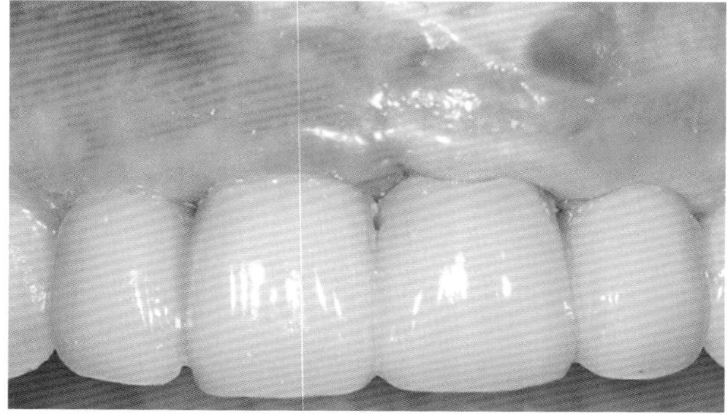
图18 临时修复体修改后的唇侧观

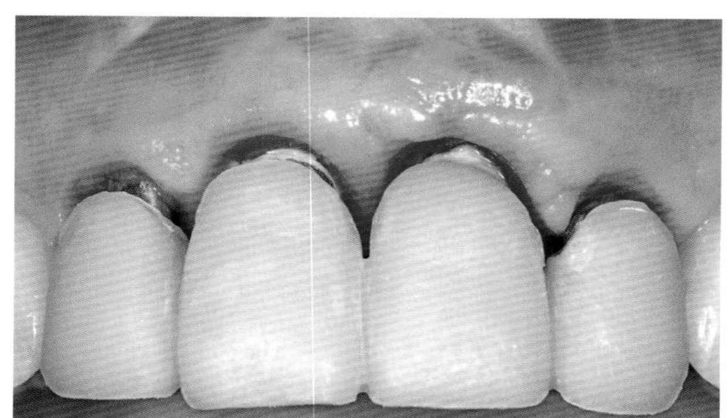
图19 牙龈成形术后临时修复体未完全就位时的唇侧观

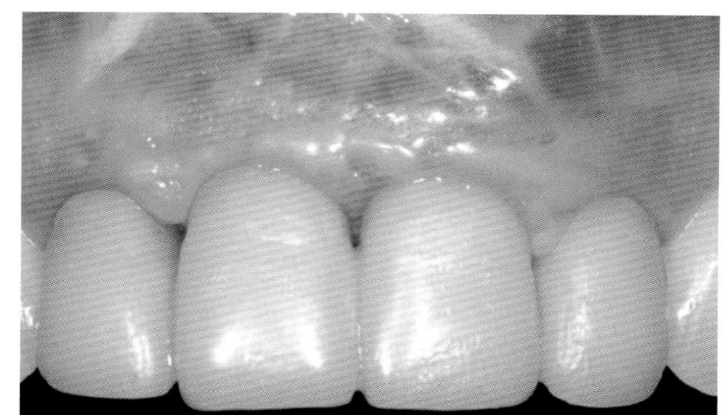
图20 愈合4周之后，临时修复体的唇侧观

治疗阶段Ⅳ：此阶段开始于制取终印模。制作个性化瓷基台形成穿龈轮廓，联合应用二氧化锆全瓷修复体。戴入修复体过程中，可见临时修复体形成的过渡带（图21）。以35N·cm的扭矩旋紧个性化基台，用棉球与氧化锌暂封材料（Cavit，3M ESPE，St. Paul，MN，USA）封闭螺丝通道。用永久性改良树脂粘接剂粘接修复体（图22和图23）。6个月的随访呈现良好的软组织外形与可接受的美学效果（图24～图27）。

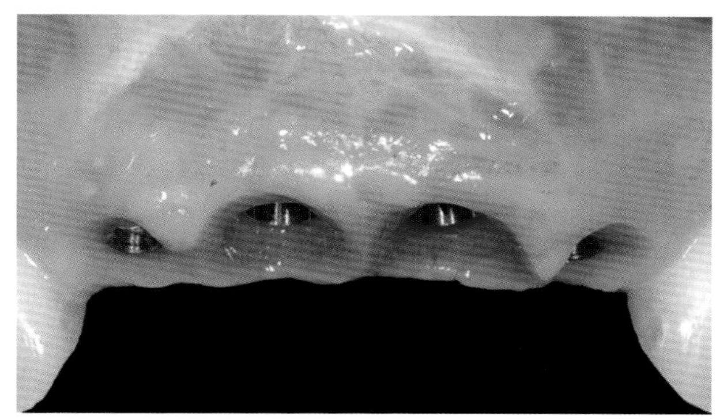

图21 上颌切牙位点种植体周围过渡带的唇侧观

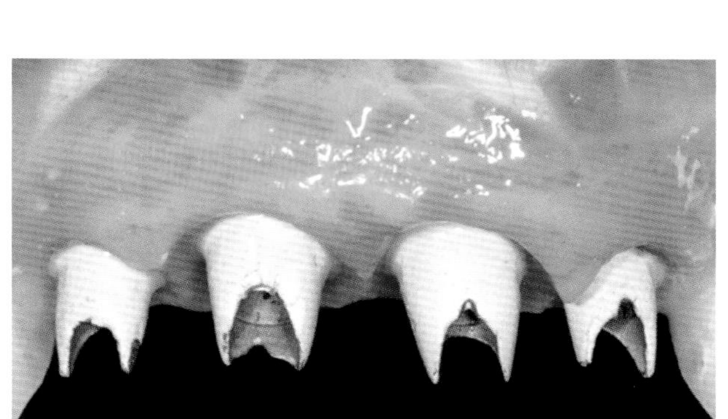

图22 个性化基台的唇侧观

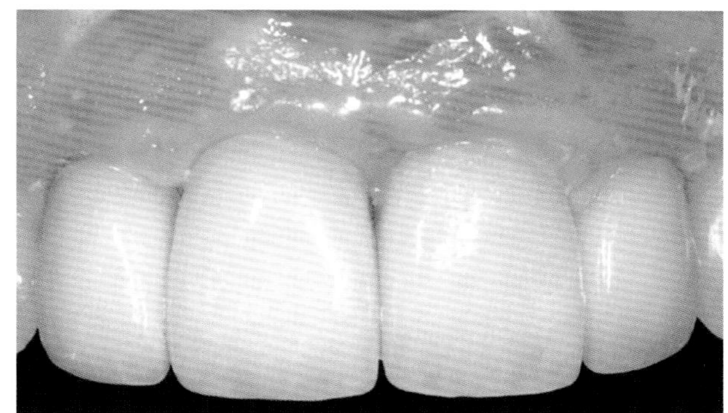

图23 修复体就位后的唇侧观

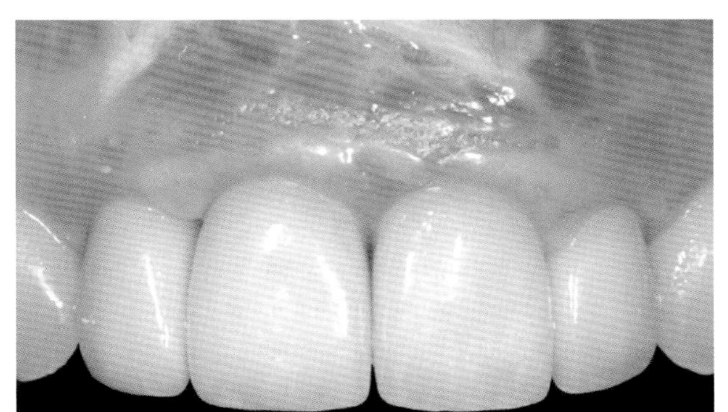

图24 修复完成6个月后的唇侧观

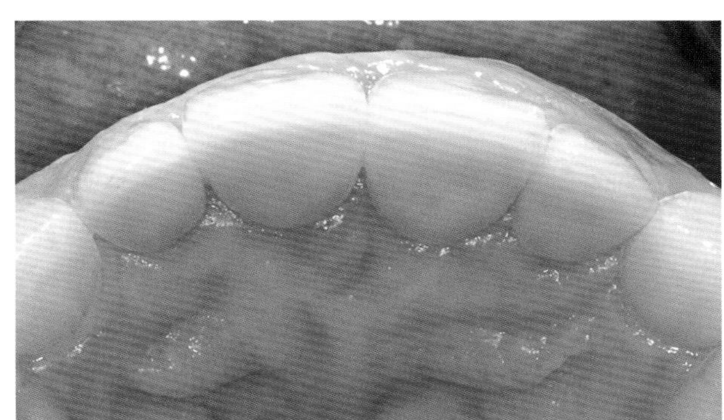

图25 6个月后复诊时的殆面观

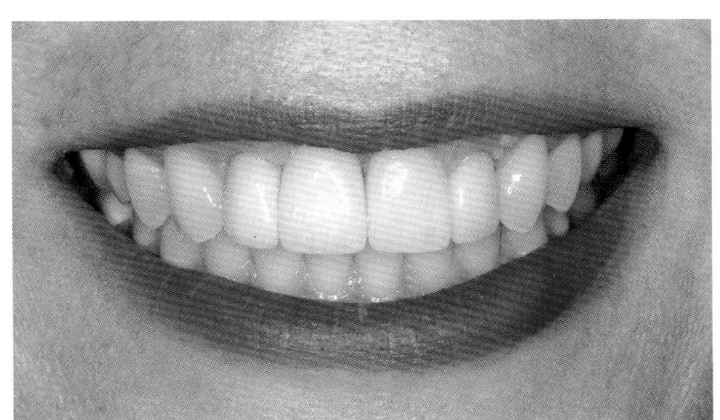

图26 6个月后复诊时的微笑像

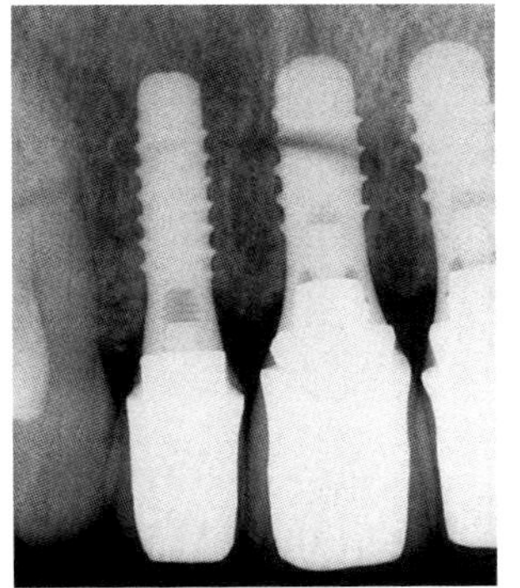

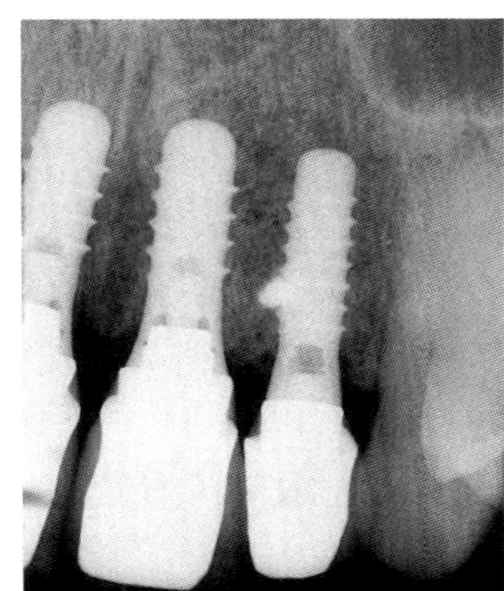

图27 6个月后复诊时的根尖放射线片

Dr. N. DeTure与Mr. M. Jim为此病例的治疗团队成员，在此感谢他们为此病例的成功效果所做的杰出贡献。

述评

对于高美学需求与复杂临床状况并存的这一病例，治疗过程强调了诊断与制订治疗计划。尽管治疗计划、外科与修复程序均一丝不苟，但是在治疗过程中的改变也是必需的，从而使医患双方都满意。这些改变多数是因为治疗过程中遇到的新情况。SAC分类帮助我们确立了此病例的初始复杂性，我们必须知道，种植治疗是一个动态发展的过程，整个治疗过程中，我们需要随时对治疗的复杂性进行再评估。此病例是一个很好的实例，其最终效果依赖于中间步骤是否成功，而在治疗计划阶段并不能准确预期。由于不确定性和治疗复杂性以及并发症风险，此病例被归为高度复杂类。

6.6 高度复杂类病例：牙列缺失

D. Morton, Z. Rashid, A. Boeckler, H. Hayashi

老年男性患者，主诉牙齿松动伴疼痛。此外，患者非常在意美观效果与咀嚼功能的下降。患者的全身病史简单，把口腔现状归因于当地不够专业的口腔医疗保健，而不是口腔卫生维护不佳。患者牙列缺损（图1a~e），余留牙的𬌗平面不协调、牙齿移位、龋齿、菌斑控制情况欠佳，患有慢性重度牙周炎。患者只能耐受小基托的可摘局部义齿。放射线检查显示严重的骨丧失，余留牙状态不佳（图2）。

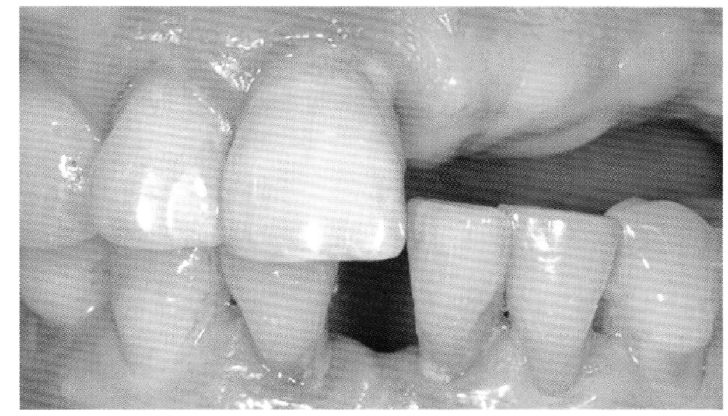

图1a 治疗前的前牙唇侧观

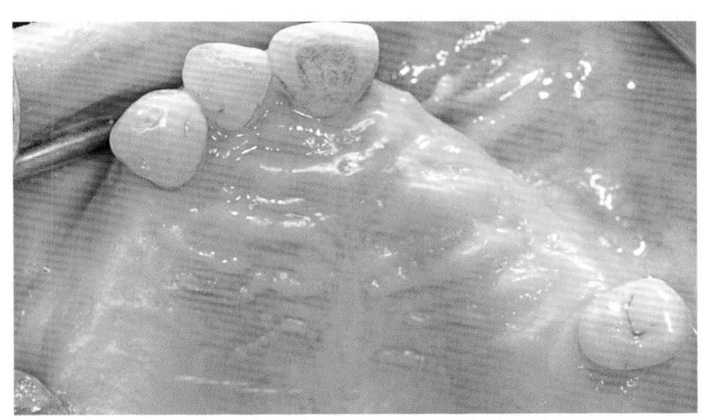

图1b 治疗前的上颌𬌗面观

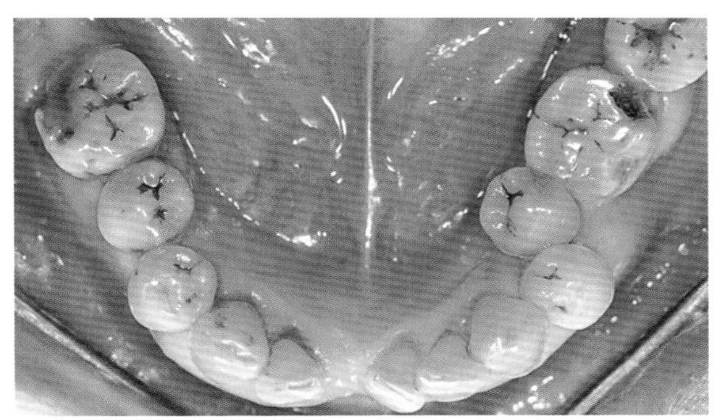

图1c 治疗前的下颌𬌗面观

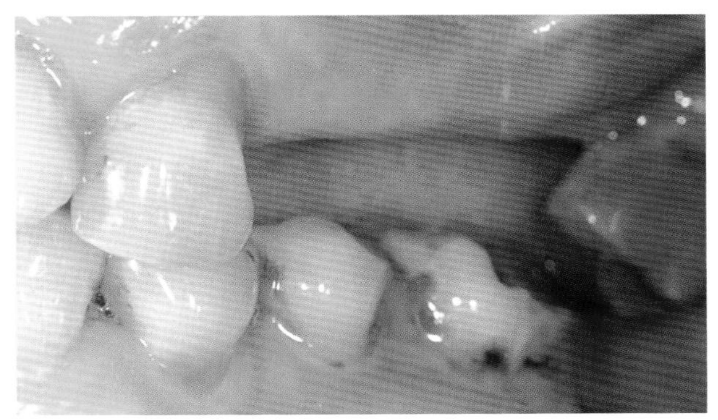

图1d 治疗前的右侧观

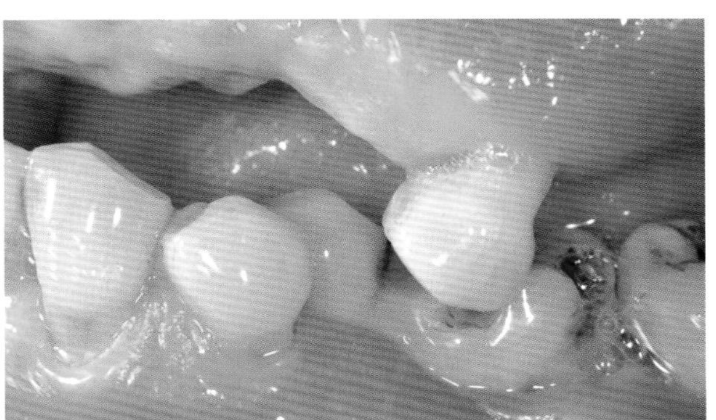

图1e 治疗前的左侧观

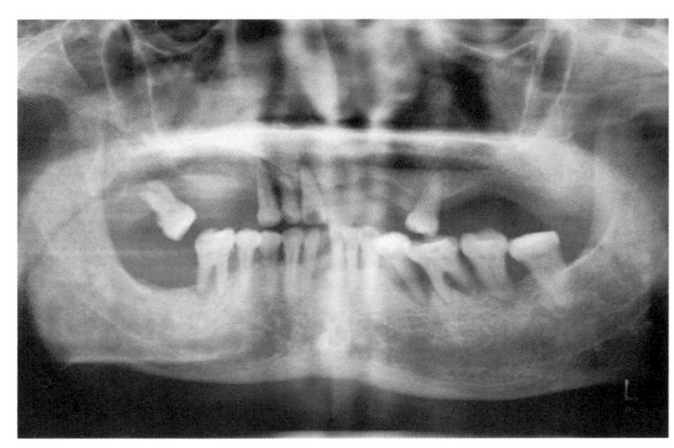

图2 治疗前的曲面体层放射线片

患者无系统性疾病，不吸烟，患有磨牙症，但咀嚼肌群与颞下颌关节无疼痛。患者主诉为牙齿松动伴疼痛，美学及功能受限。患者具有理性治疗期望。

向患者提供了不同的治疗方案。这些方案包括可摘总义齿，种植体固位式覆盖义齿，以及金属烤塑固定修复体。患者对可摘义齿不满意，选择了种植体支持式固定修复治疗。

第一阶段的治疗包括拔除余留牙，制作临时性上颌和下颌可摘总义齿。在种植体植入前，留出4个月的软组织和硬组织的愈合时间。愈合期之后，患者表达了对可摘义齿的强烈不满，并且抱怨口内的余留空间狭小。表1～表5为患者的风险评估表。

表1 美学风险评估（ERA）表

美学风险因素	风险水平		
	低	中	高
健康状态	健康，免疫功能正常		免疫功能低下
吸烟	不吸烟	少量吸烟（<10支／天）	大量吸烟（>10支／天）
患者的美学期望值	低	中	高
唇线	低位	中位	高位
牙龈生物型	低弧线形，厚龈生物型	中弧线形，中厚龈生物型	高弧线形，薄龈生物型
牙冠形态	方圆形		尖圆形
位点感染情况	无	慢性	急性
邻面牙槽嵴高度	到接触点≤5mm	到接触点5.5～6.5mm	到接触点≥7mm
邻牙修复状态	无修复体		有修复体
缺牙间隙的宽度	单颗牙（≥7mm）	单颗牙（≤7mm）	2颗牙或2颗牙以上
软组织解剖	软组织完整		软组织缺损
牙槽嵴解剖	无骨缺损	水平向骨缺损	垂直向骨缺损

表2　外科SAC评估

全身因素	评估	备注
全身禁忌证	无	
吸烟	无	
发育因素	无	
位点因素	**评估**	**备注**
骨量	充足	
解剖风险	高	• 累及上颌窦和/或下牙槽神经
美学风险	中	
复杂程度	高	• 闭合式上颌窦底提升同期种植体植入，复杂程度高
并发症风险	高	• 上颌窦底膜穿孔的风险
负荷方案	早期	• 种植体植入6～8周后修复
SAC分类	高度复杂	

表3 修复风险因素

美学风险因素	风险水平		
	低	中	高
口腔环境			
口腔健康状况	无活动性疾病		有活动性疾病
邻牙状况	有修复体		无修复体
缺牙原因	龋病／创伤		牙周病或副功能咬合
修复空间			
殆间距离	修复空间充足	修复空间受限，但不影响修复	需要辅助性治疗，以获得充足的修复空间
近远中向距离	修复缺失牙的空间充足	需要减径或减数	需要辅助性治疗，以获得满意效果
修复范围	单颗牙	连续多颗牙	全牙列
种植体周围的组织量与特点	不需要义龈修复		为了美学和发育，需要义龈修复
咬合			
殆型	前牙引导		无引导
殆型相关性	不参与		修复体参与引导
副功能咬合	不存在		存在
临时修复体			
种植体愈合期间	不需要	可摘式	固定式
临时种植修复体	不需要	修复体边缘位于龈缘根方<3mm	修复体边缘位于龈缘根方>3mm
负荷方案	常规或早期		即刻
材料／制作	树脂±金属加强	金属烤瓷	
维护需要	低	中	高

表4　上颌修复的SAC分类表

单颗前牙	备注	简单类	复杂类	高度复杂类
颌间距离	指从预计修复体边缘到对殆之间的距离。备注：复合修复体需要更大的空间		平均	受限
入路			充分	受限
负荷方案	至今，即刻修复和负荷程序缺乏科学文献证实		常规／早期	即刻
美学风险	基于ERA（第一卷）		低	中／高
愈合期的过渡义齿			可摘式	固定式
副功能咬合	并发症风险是针对修复体，而非种植体存留		不存在	存在
殆型			前牙引导	无前牙引导

表5　下颌修复的SAC分类表

单颗前牙	备注	简单类	复杂类	高度复杂类
颌间距离	指从预计修复体边缘到对殆之间的距离。备注：复合修复体需要更大的空间		平均	受限
负荷方案	至今，即刻修复和负荷程序缺乏科学文献证实		常规／早期	即刻
美学风险	基于ERA（第一卷）		低	中/高
愈合期的过渡义齿			可摘式	固定式
副功能咬合	并发症风险是针对修复体，而非种植体存留		不存在	存在
殆型			前牙引导	无前牙引导

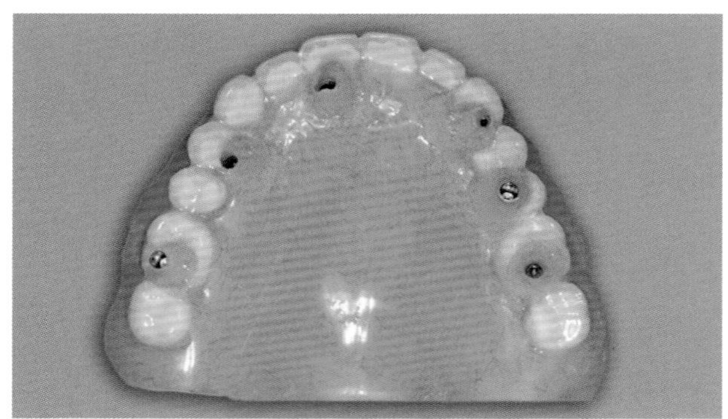

图3a　上颌义齿作为导板

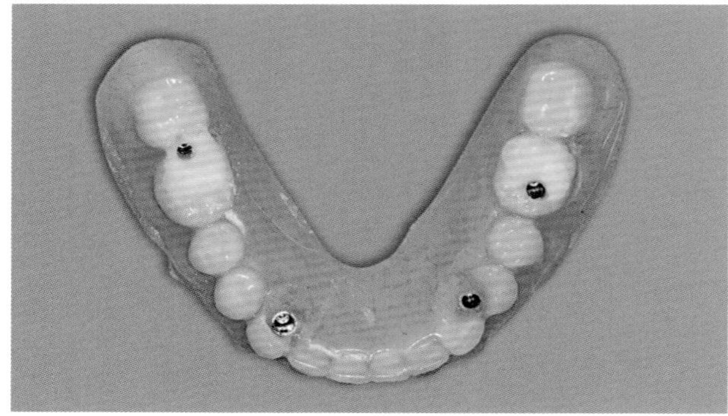

图3b　下颌义齿作为导板

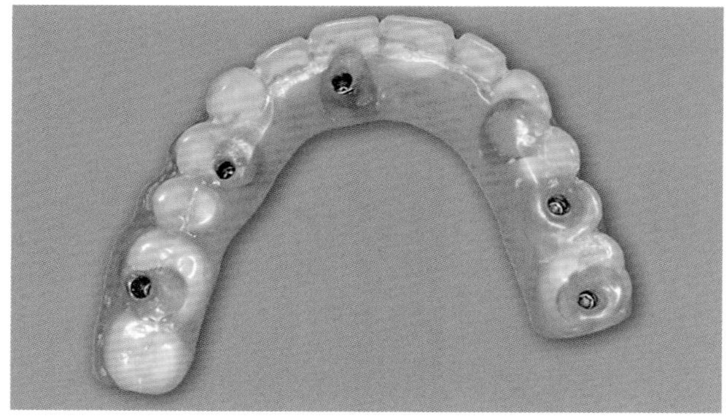

图4a　上颌临时修复体

SAC分类

评估该患者的总体治疗计划，难度较高，外科及修复SAC分类均为高度复杂类。上颌和下颌的种植体计划植入区的骨量都很充足。然而，一致认为上颌和下颌的固定修复，特别是上颌的外科分类应为高度复杂类。除必须保证按计划位置植入种植体外，同时还需要特别关注颌间距离。

从临床与技术角度而言，全牙弓固定修复体复杂程度的修复分类应归于高度复杂类。此外，最终修复体必须能够抵抗患者夜磨牙产生的力量。修复空间受限以及患者不确定的修复体维护能力是可能出现的额外并发症。因此，修复分类为高度复杂类。

根据治疗设计用总义齿复制的导板定位种植体的位置。为了使患者更好地适应固定修复，利用患者目前的总义齿引导种植体的植入（图3a，b），并修改成丙烯酸树脂的临时固定修复体（图4a，b）。临时固定修复体可以使医生和患者对预期的美学与功能效果进行评价。并发症包括颌间距离不足，以及患者对修复体的维护能力。

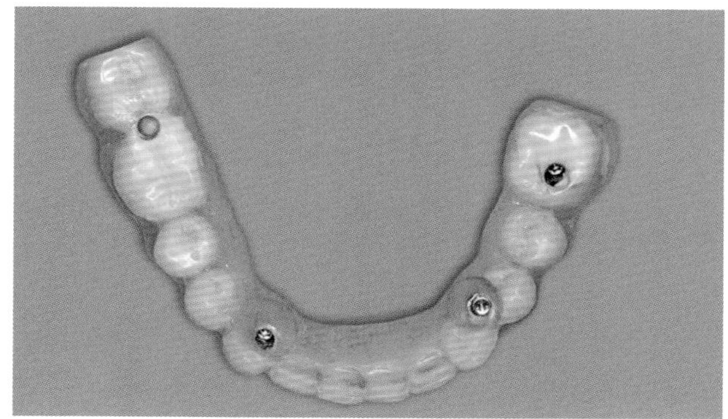

图4b　下颌临时修复体

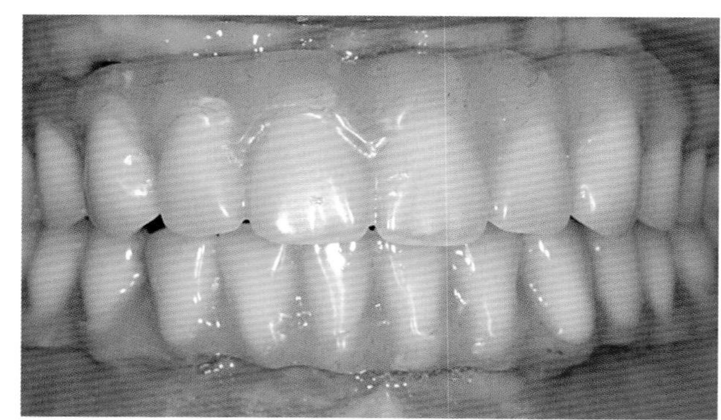

图4c　临时固定修复体戴入之后的唇侧观

最终治疗

尽管担心不能达到最理想的效果，仍然制作了最终的金属烤塑固定修复体。利用印模帽与八角定位柱（Straumann AG，Basel，Switzerland）制取种植体水平印模（图5a，b）。用Ⅳ型硬石膏灌注模型，上𬌗架。在患者口内试戴修复体，从而确定垂直距离以及美学效果（图6）。

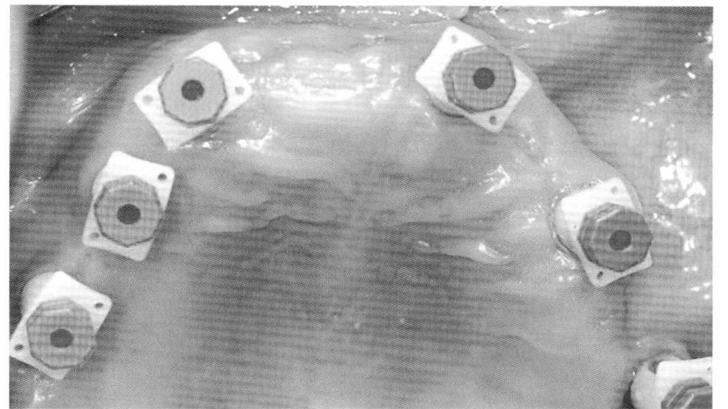
图5a　上颌牙弓

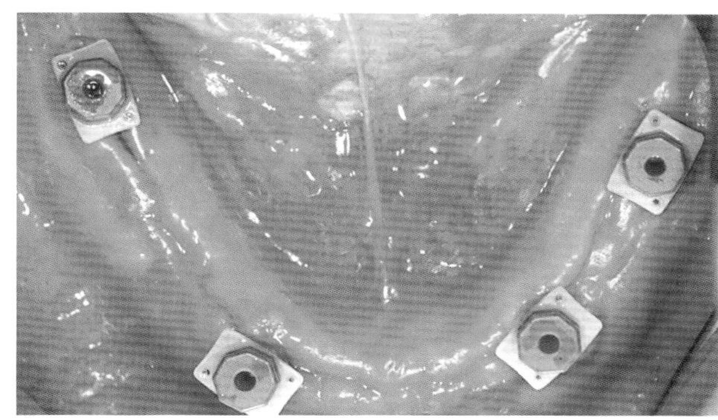
图5b　下颌牙弓

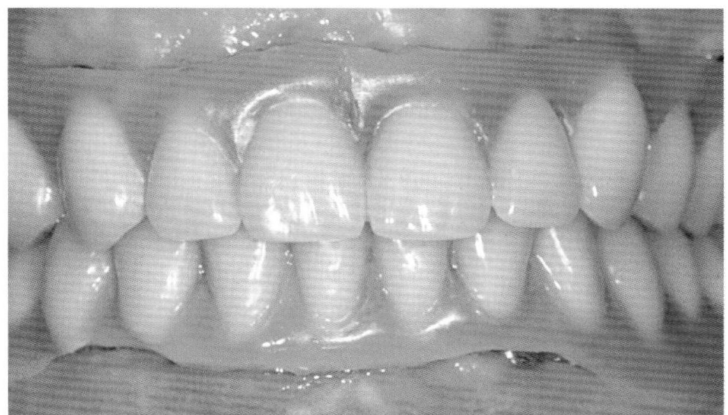
图6　试戴修复的唇侧观

患者对试戴的修复体满意后，加工制作金属支架并试戴，确定就位是否合适（图7a，b）。

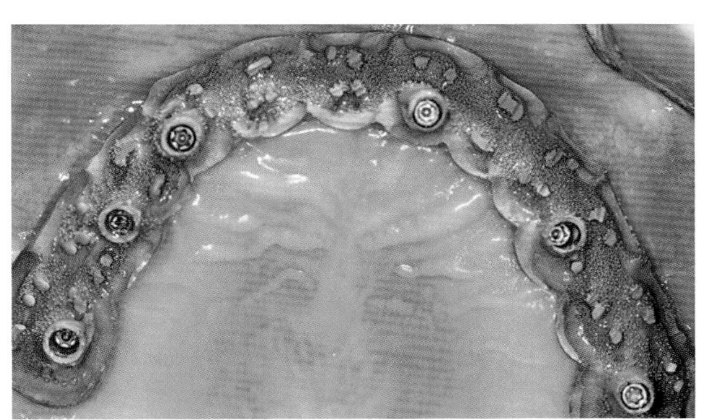
图7a　上颌金属支架

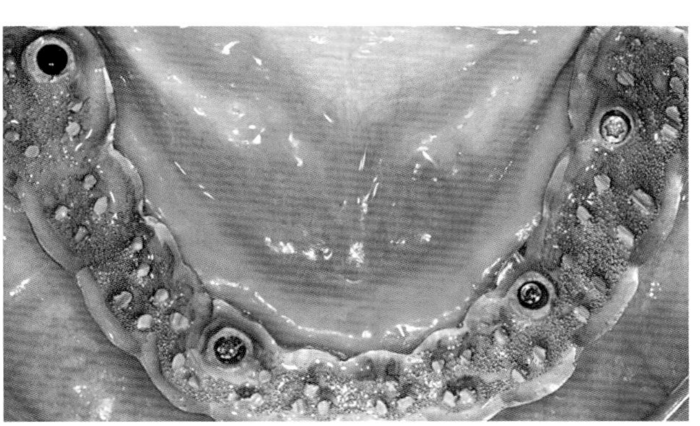
图7b　下颌金属支架

尽管努力避免，但是上颌和下颌支架的组织仍面呈现凹面（图8a，b）。其原因是颌间距离有限。告知患者保持口腔卫生。

在支架上用树脂以及人工牙制作最终修复体。患者对美学及功能效果基本满意（图9a~d）。

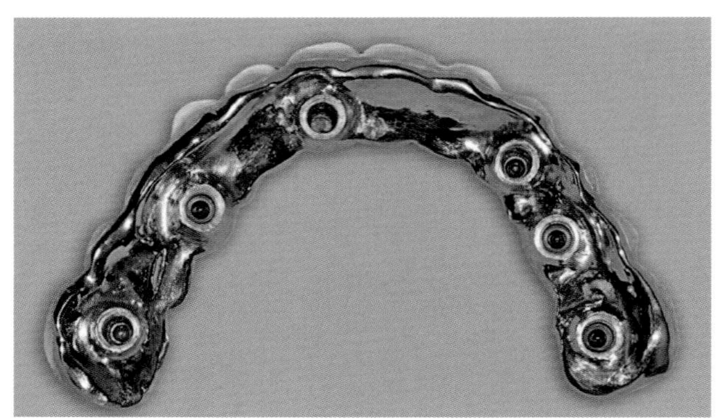

图8a 上颌组织面

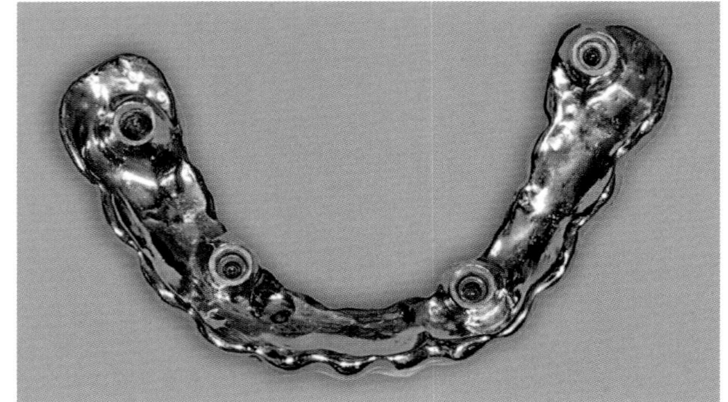

图8b 下颌组织面

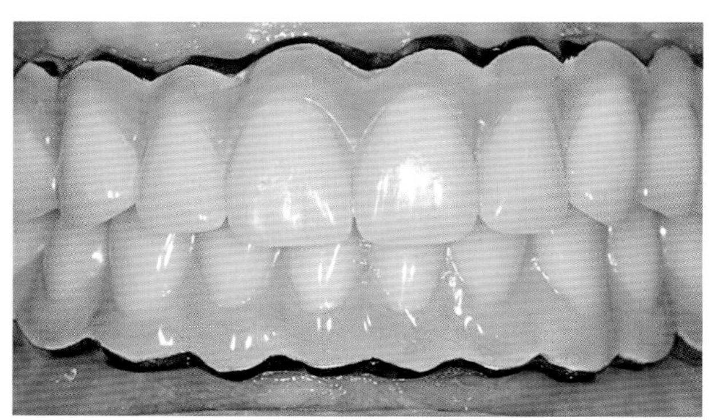

图9a 最终的金属烤塑修复体

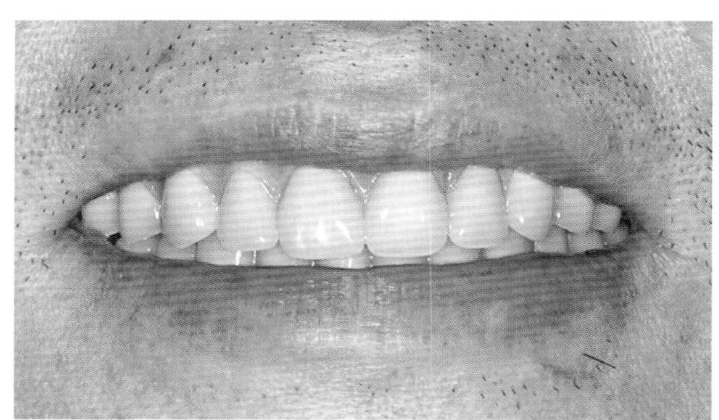

图9b 正面观

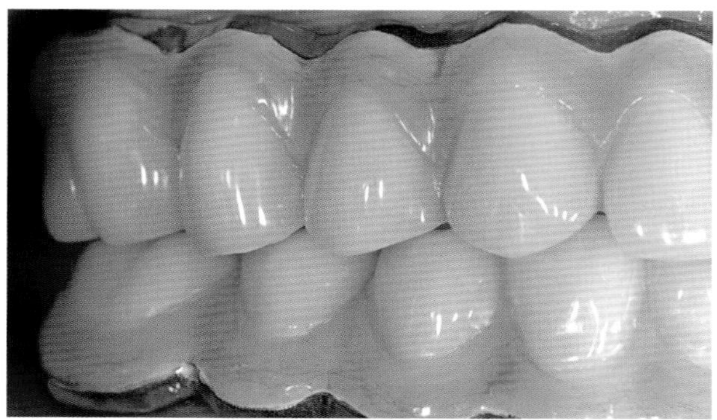

图9c 右侧观

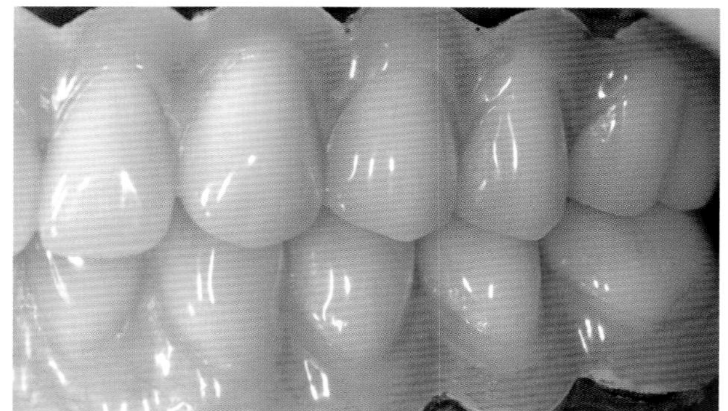

图9d 左侧观

随后的几个月里，修复体出现了一些并发症，包括修复体上的义齿折断、口腔卫生维护困难以及息止𬌗间隙不足导致的不舒适。虽然已经预计到这些并发症并进行了相应处理，但是并发症的数量之多，使得患者和医生都很沮丧。

对于此种类型的修复，这些并发症并不罕见。修复空间不仅是修复牙齿美观与功能的需要，而且为金属支架以及树脂提供充足的空间。随后，与患者详细沟通，决定用金属烤瓷修复体替代原来的修复体。

此种修复方案所要求的修复空间较小，并且由于垂直向修复体高度减少，患者重新获得了息止𬌗间隙，所以感觉会更加舒适。此外，金属支架将扩展到后牙𬌗面部分，增加了强度和耐用性，并且进一步改善了上下颌之间的关系。最后，改良盖嵴式的桥体设计减少了盖嵴部分，使得患者的口腔卫生维护更加容易。

按照设计的美学效果，再次用树脂制作义齿，确定患者是否满意（图10）。灌制模型制作上颌和下颌过渡修复体，并将模型上𬌗架。

在上颌工作模型上安装塑料的基台替代体，从而保证制作螺丝固位修复体所需要的恰当的倾斜度。在临时修复体上翻制真空模板，确定基台选择（图11a，b）。

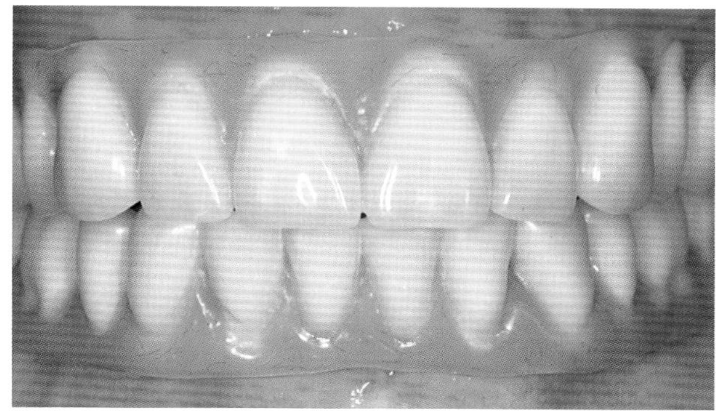

图10　试戴义齿的唇侧观

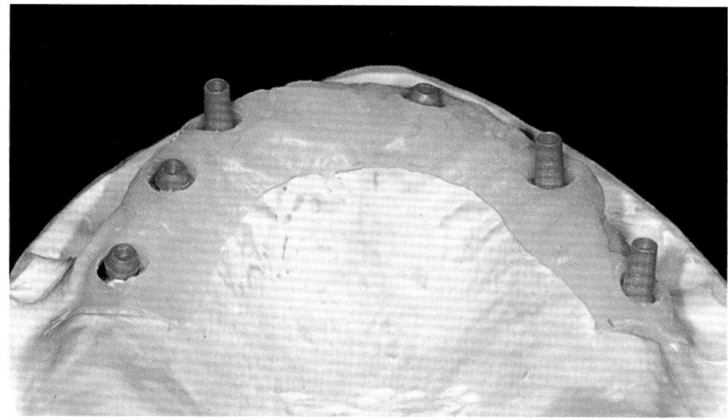

图11a　塑料基台替代体

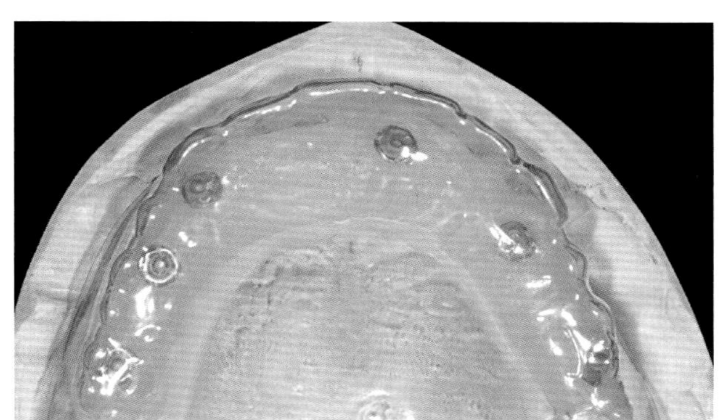

图11b　真空模板

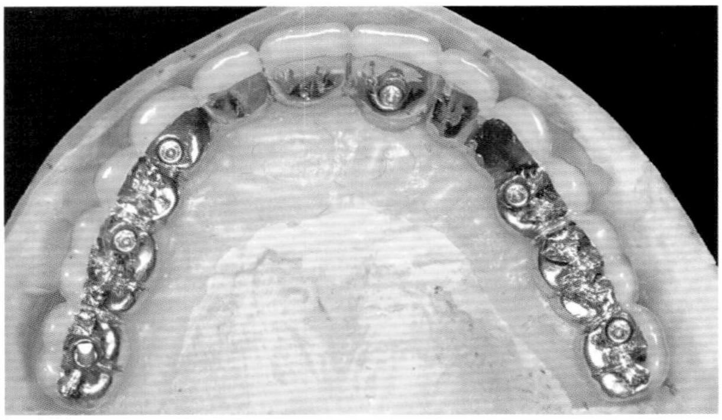

图12a 上颌金属烤瓷修复体

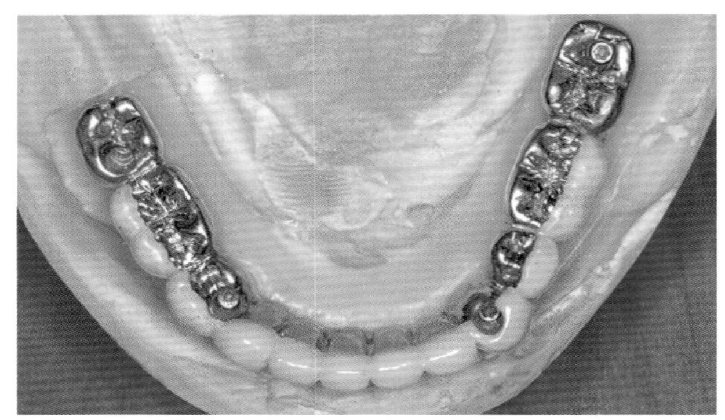
图12b 下颌金属烤瓷修复体

最终金属烤瓷修复体制作完成。修复体的穿龈轮廓合适，并且易于维持。考虑到修复空间与耐用性因素，修复体制作为金属殆面（图12a，b）。所有义齿颊尖烤瓷，以保证美学效果（图13a，b）。金属殆面减少了患者副功能习惯造成的破坏。

患者近1年多的复诊均不需要做复杂的处理。到目前为止，金属烤瓷修复体仍旧结实耐用。患者的口腔卫生维护状况得到了改善，从美学与舒适角度而言，患者对修复体非常满意。12个月后的放射线片显示种植体周围组织健康、骨结合良好，修复体准确就位（图14）。

外科程序：Dr. J. Green. Director，Oral and Maxillofacial Residency Program. University of Florida Department of Oral and Maxillofacial Surgery and Diagnostic Sciences.

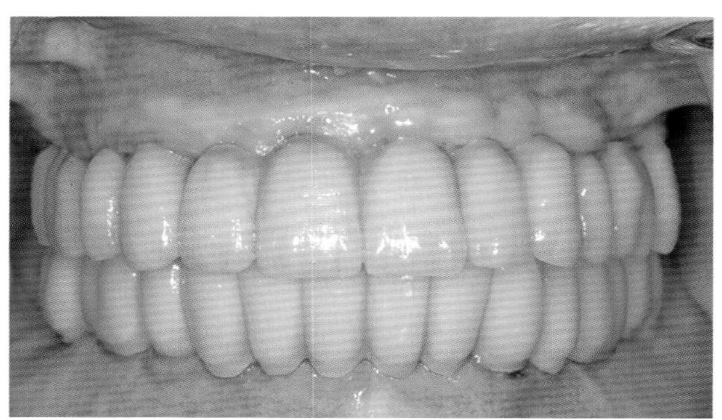
图13a 最终修复后的唇侧观

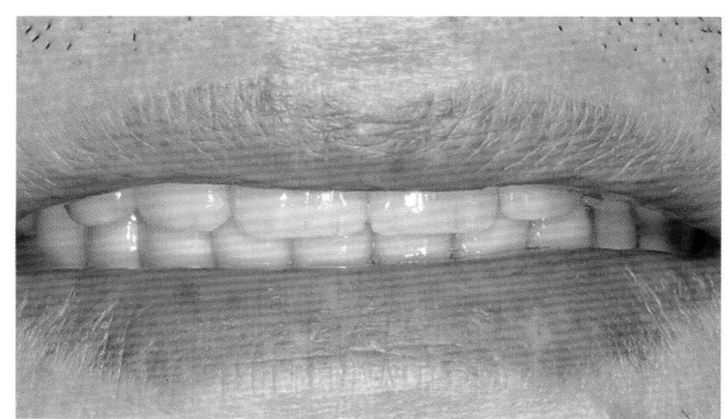
图13b 最终修复后的正面像

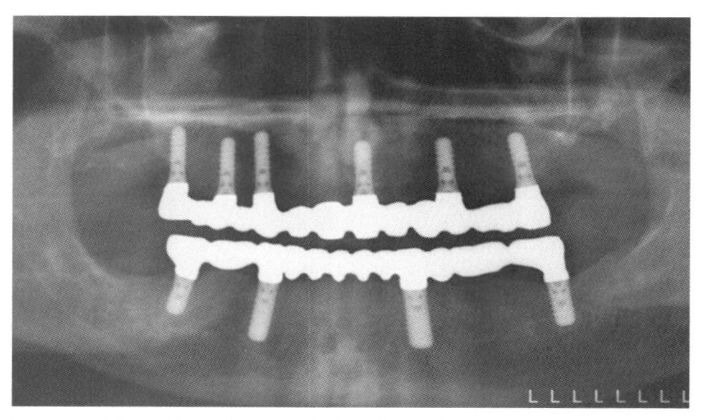
图14 修复体戴入1年之后的曲面体层放射线片

述评

此患者的治疗是复杂的，治疗全程需要一丝不苟地计划，而治疗过程中需要改变治疗方案。这主要是根据评估与制订治疗计划阶段的诊断情况得出。必须注意，治疗高度复杂类患者时，效果欠佳的可能性和改变治疗方案的必要性都增加了。

6.7 总结

本章通过病例展示了SAC分类在牙种植实践中的应用。病例说明了分类的灵活性以及在治疗过程中分类随着情况的变化而演变的能力。

SAC分类是一个有用的工具，它协助不同经验水平的种植医生选择病例与制订治疗计划。但事无绝对，与其说它是细致评估与治疗计划的代替，不如说是对评估与治疗计划的增强。此外，该分类还是一个有用的临床评估速记，并方便熟悉此分类的种植医生之间进行交流。

7 结　论

A. Dawson, S. Chen

牙种植的临床效果受到4项相互关联的因素影响（图1）：患者、医生、生物材料以及治疗方案（Buser和Chen，2008）。据此，医生是达到预期效果和降低患者风险的中心角色。开始，医生要负责评估与诊断患者的临床状况以及是否适合治疗。然后，医生必须给患者选择最适合的生物材料，并且推荐最适合的治疗方案。最后，医生必须以合适的标准实施治疗程序。应告知患者治疗计划的难度级别。基于以上目的，推荐应用SAC分类。

为帮助医生在临床操作中应用SAC分类，对常见病例制定了标准分类。然后，以临床病例的问题为中心，以其特殊因素修正标准分类。SAC分类是一个动态工具，可随治疗过程中的情况改变而变化。

SAC分类可以为不同水平的医生提供帮助。它提供了记录难度和风险级别的框架。医生可以利用这些信息与患者交流，并形成患者知情同意的基础。对于经验不足的种植医生，该分类有助于选择与其经验及能力相符的病例。对于经验丰富的种植医生，该分类可以作为检查表，辅助鉴定及控制风险。

最后，SAC分类的结构十分健全，使其能够适应牙种植学的科学证据、工艺以及技术的进步。SAC分类的结构和规则使其可以随牙种植学一起成长，从而一直方便医生、教师和患者。

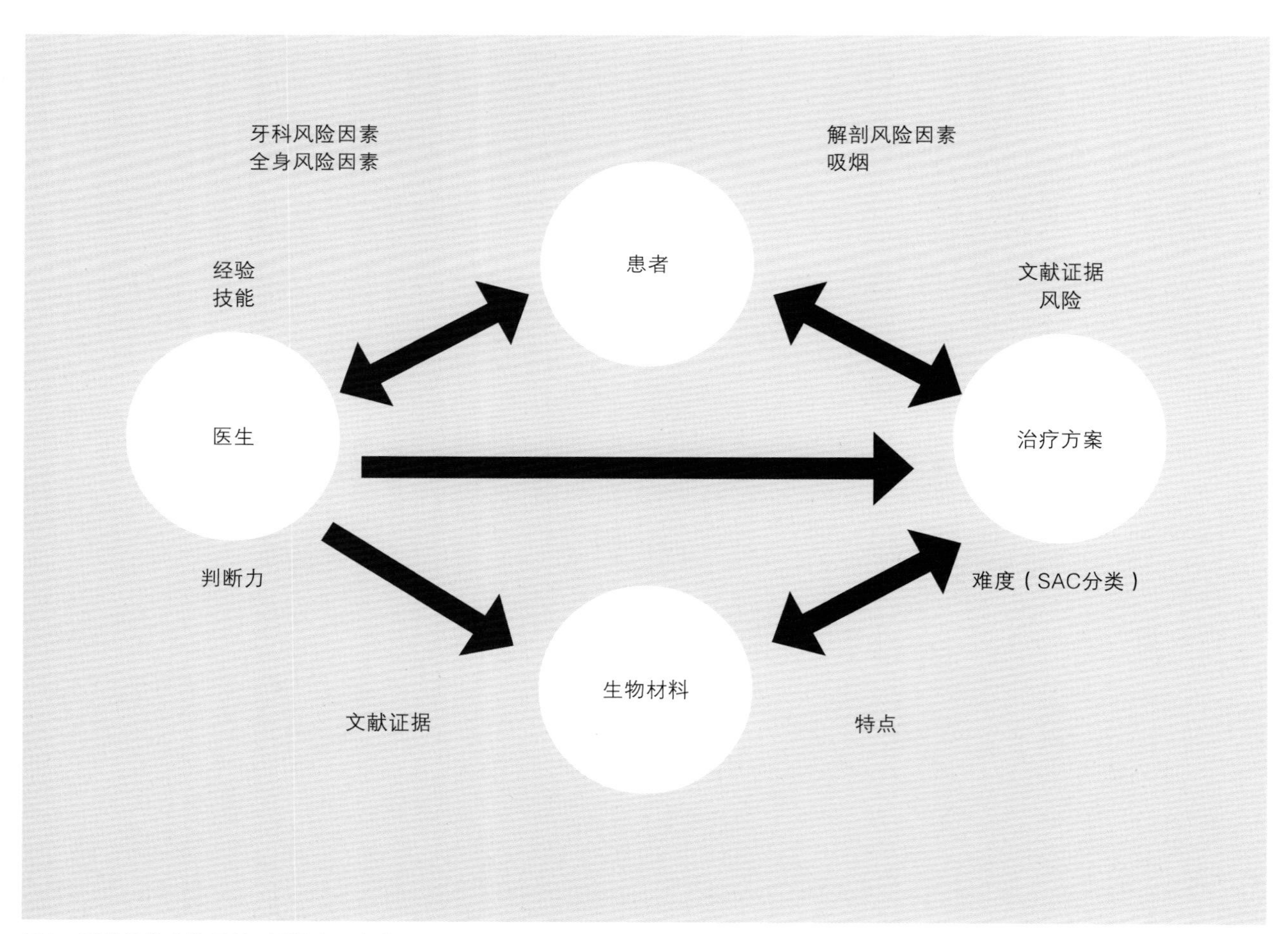

图1　牙种植治疗效果的4项影响因素（Buser和Chen，2008）

8 参考文献

Baelum, V. and Ellegaard, B. (2004) Implant survival in periodontally compromised patients. J Periodontol 75: 1404-12.

Behrents, R. G. (1985) Growth in the aging craniofacial skeleton. In Craniofacial growth series; monograph 17, pp. 69-128. Ann Arbor, Mich.: University of Michigan.

Belser, U., Buser, D. and Higginbottom, F. (2004) Consensus statements and recommended clinical procedures regarding esthetics in implant dentistry. Int J Oral Maxillofac Implants 19 Suppl: 73-4.

Belser, U., Buser, D., Hess, D., Schmid, B., Bernard, J. P. and Lang, N. P. (1998) Aesthetic implant restorations in partially edentulous patients-a critical appraisal. Periodontol 2000 17: 132-50.

Block, M. S. and Kent, J. N. (1990) Factors associated with soft and hard tissue compromise of endosseous implants. J Oral Maxillofac Surg 48: 1153-60.

Botticelli, D., Berglundh, T. and Lindhe, J. (2004) Hard tissue alterations following immediate implant placement in extraction sites. J Clin Periodontol 31: 820-28.

Brägger,U., Aeschlimann, S., Burgin, W., Hämmerle, C. H. and Lang, N. P. (2001) Biological and technical complications and failures with fixed partial dentures(FPD) on implants and teeth after four to five years of function. Clin Oral Implants Res 12: 26-34.

Bridger, D. V. and Nicholls, J. I. (1 981) Distortion of ceramometal fixed partial dentures during the firing cycle. J Prosthet Dent 45: 507-14.

Berglundh T, Persson L. and Klinge B. (2002) A system-atic review of the incidence of biological and technical complications in implant dentistry reported in prospective longitudinal studies of at least 5 years. J Clin Periodontol. 29 Suppl 3: 197-212.

Buser D. and Chen S. (2008) Factors influencing the treatment outcomes of implants in post-extraction sites. In: ITI Treatment Guide V01. 3: Implant placement in post-extraction sites. Treatment options, eds. D. Buser et a1., pp 18-28. Berlin: Quintessence Publishing Co., Ltd.

Buser D., Martin, W. and Belser, U. C. (2004) Optimizing esthetics for implant restorations in the anterior maxilla: anatomic and su rgical considerations. Int J Oral Maxillofac Implants 1 9 Suppl: 43-61.

Buser D., von Arx, T, ten Bruggenkate, C. and WeingaK, D.(2000) Basic surgical principles with ITI implants. Clin Oral Implants Res 1 1 Suppl 1: 59-68.

Buser D., von Arx, T(2000) Surgical procedures in partially edentulous patients with ITI implants. Clin Oral Implants Res 1 1 Suppl: 83-100.

Chen S. and Buser D. (2008) Implants in post-extractions sites-A literature update. In: ITI Treatment Guide V0l. 3: Implant placement in post-extraction sites. Treatment options. eds. D. Buser et al., pp18-28. Berlin: Quintes- sence Publishing Co., Ltd.

Chen S., Darby, I. B. and Reynolds, E. C. (2007) A prospective clinical study of non-submerged immediate implants: clinical outcomes and esthetic results. Clin Oral Implants Res 18: 552-62.

Choquet, V., Hermans, M., Adriaenssens, P., Daelemans, P., Tarnow, D. P. and Malevez, C. (2001) Clinical and radiographic evaluation of the papilla level adjacent to single-tooth dental implants. A retrospective study in the maxillary anterior region. J Periodontol 72: 1364-71.

Cochran, D. L., Morton, D. and Weber, H. P. (2004) Consensus statements and recommended clinical procedures regarding loading protocols for endosseous dental implants. Int J Oral Maxillofac Implants 19 Suppl: 109-13.

Evans, C. J. D. and Chen, S. T. (2008) Esthetic outcomes of immediate implant placements. Clin Oral Implants Res 19: 73-80.

Feine, J. S., Carlsson, G. E., Awad, M. A., Chehade, A., Duncan, W. J., Gizani, S., Head, T., Lund, J. P., MacEntee, M., Mericske-Stern, R., Mojon, P., Morais, J., Naert, I., Payne, A. G., Pen rod, J., Stoker, G. T., Tawsesmith, A., Taylor, T. D., Thomason, J. M., Thomson, W. M. and Wismeijer, D. (2002) The McGill consensus statement on overdentures. Mandibular two-implant overdentures as first choice standard of care for edentulous patients. Montreal, Quebec, May 24-25. 2002. Int J Oral Maxillofac Implants 17: 601-2.

Ferreira, S. D., Silva, G. L., Cortelli, J. R., Costa, J. E. and Costa, F. O. (2006) Prevalence and risk variables for peri-implant disease in Brazilian subjects. J Clin Periodontol 33: 929-35.

Fugazzotto, P. A. (2002) Implant placement in maxillary first premolar fresh extraction sockets: description of techniaue and report of P relimina ry results. J Periodontol 73: 669-74.

Fugazzotto, P.A. (2006) Implant placement at the time of maxillary molar extraction: technique and report of pre-liminary results of 83 sites. J Periodontol 77: 302-9.

Hammerle C. H., Chen S.T. and Wilson T.G.(2004) Consensus statements and recommended clinical procedures regarding the placement of implants in extraction sockets. Int J Oral Maxillofac Implants 19 Suppl: 26-8.

Ibanez J. C., Tahhan M. J., Zamar J. A., Menendez A. B., Juaneda A. M., Zamar N. J. and Monqaut J. L. (2005) Immediate occlusal loading of double acid-etched surface titanium implants in 41 consecutive full-arch cases in the mandible and maxilla: 6-to 74-month results. J Periodontol. 76: 1972-81.

Johansson, G., Palmqvist, S. and Svenson, B. (1994) Effects of early placement of a single tooth implant. A case report. Clin Oral Implants Res 5: 48-51.

Kan, J.Y., Rungcharassaeng, K., Umezu, K. and Kois, J. C.(2003) Dimensions of peri-implant mucosa: an evaluation of maxillary anterior single implants in humans. J Periodontol 74: 557-62.

Karl M., Wichmann M. G., Winter W., Graef F., Taylor T. D. and Heckmann S. M.(1008) Influence of fixation mode and suDerstructure span upon strain development of implant fixed partial dentures. J Prosthodont. 17: 3-8.

Karoussis, I.K., Salvi, G.E., Heitz-Mayfield, L.J., Bragger, U., Hammerle, C.H. and Lang, N.P.(2003) Long-term implant prognosis in patients with and without a history of chronic periodontitis: a 10-year prospective cohort study of the ITI Dental Implant System. Clin Oral Implants Res 14: 329-39.

Keith S. E., Miller B. H., Woody R. D. and Higginbotton F. L.(1999) Marginal discrepancy of screw-retained and cemented metal-ceramic crowns on implant abutments. Int J Oral Maxillofac Implants 14: 369-78.

Koch, G., Bergendal, T., Kvint, S. and Johansson, U. B.(1996) Consensus conference on oral implants in young patients. Graphic Systems, Gothenburg, Sweden.

Kois, J. C. (2001) Predictable single tooth peri-implant esthetics: five diagnostic keys. Compend Contin Educ Dent 22: 199-206; quiz 208.

Martin, W. C., Morton, D. and Buser, D.(2007) Diagnostic factors for esthetic risk assessment. 1n ITI Treatment Guide Vol 1: Implant therapy in the esthetic zone-single-tooth replacements. eds. D. Buser et al. , PP. 11-20. Berlin: Quintessence Publishing Co., Ltd.

Moy, P K., Medina, D., Shetty, V and Aghaloo, T. L.(2005) Dental implant failure rates and associated risk factors. Int J Oral Maxillofac Implants 20: 569-77.

Muller, H. P. and Eger, T. (1997) Gingival phenotypes in young male adults. J Clin Periodontol 24: 65-71.

Oesterle, L. J., Cronin, R. J., Jr.(2000) Adult growth, aging, and the single-tooth implant. Int J Oral Maxillofac Implants 15: 252-60.

Oesterle, L. J., Cronin, R. J., Jr. and Ranly, D. M. (1993) Maxillary implants and the growing patient. Int J Oral Maxillofac Implants 8: 377-87.

Olsson, M., Lindhe, J. and Marinello, C. P. (1993) On the relationship between crown fOrm and clinical features of the gingiva in adolescents. J Clin Periodontol 20: 570-7.

Op Heij, D. G., Opdebeeck, H., van Steenberghe, D., Kokich, V. G., Belser, U. and Quirynen, M. (2006) Facial development, continuous tooth eruption, and mesial drift as compromising factors for implant placement. Int J Oral Maxillofac Implants 21: 867-78.

Op Heij, D. G., Opdebeeck, H., van Steenberghe, D. and Quirynen, M. (2003) Age as compromising factor for implant insertion. Periodontol 2000 33: 172-84.

Ortorp A, and Jemt, T. (2006) Clinical experiences with laser-welded titanium frameworks supported by implants in the edentulous mandible: a 10-year follow-up study. Clin Implant Dent Relat Res 8: 198-209.

Paolantonio, M., Dolci, M., Scarano, A., d'Archivio, D., di Placido, G., Tumini, V. and Piattelli, A. (2001) Immediate implantation in fresh extraction sockets. A controlled clinical and histological study in man. J Periodontol 72: 1560-71.

Sailer, H. F. and Pajarola, G. F. (1999) Oral surgery for the general dentist., Stuttgart, Thieme Medical publishers.

Schropp, L., Wenzel, A., Kostopolous, L. and Karring, T.(2003) Bone healing and soft tissue contour changes following single—tooth extraction: A clinical and radio-graphic 12-month prospective study. Int J Periodont Rest Dent 23: 313-23.

Strietzel, F. P., Reichart, R A., Kale, A., Kulkami, M., Wegner, B. and Kuchler, I. (2007) Smoking interferes with the prognosis of dental implant treatment: a systematic review and meta-analysis. J Clin Periodontol 34: 523-44.

Summers, R. B. (1994) A new concept in maxillary implant surgery: The osteotome technique. Compendium of Continuing Education in Dentistry 15: 152-158.

Schwartz-Arad, D. and Samet, N. (1999) Single tooth replacement of missing molars: a retrospective study of 78 implants. J Periodontol 70: 449-54.

Tarnow, D., Elian, N., Fletcher, P., FrOum, S., Magner, A., Cho, S. C., Salama, M., Salama, H. and Garber, D. A.(2003) Vertical distance from the crest of bone to the height of the interproximal papilla between adjacent implants. J Periodontol 74: 1785-8.

Tarnow, D. P., Cho, S. C. and Wallace, S. S. (2000) The effect of inter-implant distance on the height of inter-implant bone crest. J Periodontol 71: 546-9.

Tatum, O. H. J. (1 986) Maxillary and sinus implant reconstruction. Dent Clin North Am 30: 307-218.

Thilander, B., Odman, J., Grondahl, K. and Lekholm, U. (1992) Aspects of osseointegrated implants inserted in growing jaws: A biometric and radiographic study in the young pig. Eur J Orthod 14: 99-109.

Westwood, R. M. and Duncan, J. M. (1996) Implants in adolescents: a literature review and case reports. Int J Oral Maxillofac Implants 11: 750-5.

Zervas, P. J., Papazoglou, E., Beck F. M. and Carr, A. B.(1999) Distortion of three-unit implant frameworks during casting, soldering, and simulated porcelain firings. J Prosthodont 8: 171-9.

9 译后补记

宿玉成

本系列丛书为世界上著名口腔种植专家所组成的国际口腔种植学会（ITI）教育委员会的共识性论著。本系列丛书中的某些名词，或是由本系列丛书提出的，或是先前已经存在的，但国际口腔种植学会（ITI）教育委员会基于口腔种植的临床实践已经形成了专有解释或专门概念。其中有些名词在出现的同时给予了详细的解释，有些则没有解释。为了方便读者对本系列丛书的理解和对应以前用中文建立的概念，有利于口腔种植的研究和临床实践，译者对后者进行补记。

1. 国际口腔种植学会（ITI）

2008年1月13日国际口腔种植学会（ITI）在北京召开了国际口腔种植学会（ITI）中国分会筹备会议，中国大陆的7名国际口腔种植学会（ITI）专家组成员全部与会，会议上共同决定将“International Team for Implantology”中译为“国际口腔种植学会（ITI）”。

2. 国际口腔种植学会（ITI）共识研讨会

译者将“The First ITI Consensus Conference”译为“国际口腔种植学会（ITI）第一次共识研讨会”，其余各次以此类推。

3. 口腔种植学和牙种植学

国内将缺失牙种植修复这一口腔医学领域称为“口腔种植学”。由于本系列丛书始终使用英文“implant dentistry”，所以根据“信、达、雅”的翻译原则，本系列丛书仍然将其译为“牙种植学”，只是在书名、译者序和译后补记中使用“口腔种植”字样。

4. 前上颌

前上颌（anterior maxilla）在解剖学上是指上颌两侧尖牙之间的解剖学区域，其独特的解剖特点对美学种植修复具有重要意义。因此，“前上颌”开始作为一个独立的解剖学名词出现，而不是上颌前部。

5. 美学牙种植

美学牙种植学（esthetic implant dentistry），或美学种植（esthetic implant）是基于美学区（esthetic zone）范围内的牙种植概念。美学牙种植目前有两层含义：（1）美学区的牙种植，尤其是在前上颌的牙种植；（2）所期望的种植治疗效果除了保持长期的功能以外，还要获得长期稳定的美学效果，使种植修复体具备类似于天然牙从颌骨内自然长出的感觉，包括种植体周围软组织形态、修复体的穿龈轮廓以及修复体冠部的外形轮廓、色泽和光学特性等。

6. 穿龈轮廓

穿龈轮廓（emergence profile）是指牙或修复体的唇面或颊面轴向轮廓，从上皮性龈沟底向软组织边缘延伸，至外形高点。（主要参考文献：W. R. Laney, Glossary of Oral and Maxillofacial Implant. Berlin: Quintessence, 2007: 50）

7. 弧线形/弧形

尽管英文“scalloped”的中文描述为“扇边/扇边样”“扇贝/扇贝样”或“弧线/弧线形/弧线型”等，但在英文将这个词引入牙龈生物型和种植窝预备时取“弧线”之意，所以在本系列丛书中用形容词“弧线形/弧形”（scalloped）描述以下两种情况：（1）弧线形牙龈生物型，指牙龈唇/颊侧软组织边缘走行；（2）种植窝预备时的弧形处理。

8. 初始骨接触和继发骨接触

这是描述种植体稳定性的两个重要概念。在以往的中文文献中将“primary bone contact 和 secondary bone contact”翻译为“初级骨接触（或初期骨接触）和次级骨接触”。因为“primary bone contact”所表达的是在种植体植入过程中或植入完成时的骨与种植体表面（或界面）的即刻接触，属于机械性接触；“secondary bone contact”所表达的是在种植体植入后的愈合过程中新骨在种植体表面的沉积或改建后新形成的骨-种植体接触（界面），即骨结合。因此，中译本中分别将“primary bone contact”和“secondary bone contact”翻译为“初始骨接触”和“继发骨接触”。

9. 牙列缺损和单颗牙缺失

本来，牙列缺损包括了单颗牙缺失。但是，在种植修复中单颗牙缺失和连续多颗牙缺失有显著不同的特点，所以原著中将其分别讨论。

10. 固定修复体

在本系列丛书中译本中将“fixed dental prosthesis”译为“固定修复体”。原文中“固定修复体”包括了将多颗种植体连在一起共同支持的联冠、桥体和悬臂桥等。单颗种植体独立支持修复体时，或称之为“固定修复体”，或称之为“冠”。

11. 咔嗒印模帽

在本系列丛书译本中将“snap-on impression cap”译为“咔嗒印模帽”，而非“卡抱式印模帽”或“卡紧式印模帽”。原因是原文中的“snap-on impression cap”不但有印模帽的“卡抱或卡紧”之意，并强调作者使用的印模帽在准确就位于种植体肩台时，会发出“咔嗒”响声，由此提醒医生印模帽是否准确就位。

12. “SAC分类”以及“S”“A”和“C”的中文翻译

SAC分类并非由国际口腔种植学会（ITI）首次提出，开始也不是牙种植学的一个概念。开始是Sailer和Pajarola在口腔外科图谱（Sailer和Pajarola，1999）中首次提出，用于描述外科手术的难度分类，比如难度不同的第三磨牙拔出，分类为“S：simple，A：advanced，C：complex”。2003年国际口腔种植学会（ITI）共识研讨会上，采纳了这种病例分类方法，并依照学术尊重的惯例保留了分类中使用的英文单词，发表于国际口腔种植学会（ITI）共识研讨会的会议纪要。国际口腔种植学会（ITI）2006年决定稍微修改原始分类的英文单词，将“simple”改为“straightforward”。

SAC分类评价病例和治疗程度的治疗难度及风险，并可作为医生病例选择及治疗设计的指导原则，包括的内容并不单一，目前国际口腔种植学会（ITI）教育委员会没有给出描述性定义。所以，本系列丛书翻译组未能给出中文定义，继续将“SAC classification”中译为“SAC分类”。

“S”“A”和“C”的中文翻译过程中，未能找到更加准确的三级比较级中文单词，按照与医学描述术语尽量贴切的惯例，中译为“S”（Straightforward）：简单；“A”（advanced）：复杂；“C”（complex）：高度复杂。

13. 修正因素

由于牙种植临床效果判定有别于其他治疗技术，影响病例和治疗程序分类的因素在不同的病例、不同的治疗程序和方案中，所起的作用和风险程度显著不同，原著中将这些因素定义为“modifying factors”。同一种“modifying factor”在不同临床状态下可以修改SAC标准分类，所以将“modifying factors”中译为“修正因素”。

14. 拔牙位点种植

事实上，基于种植修复的角度，拟种植位点在患者就诊时划分为3种情况：（1）牙齿缺失已有相当的时间，拔牙窝已经完成软组织和骨组织愈合；（2）已经是缺牙状态，是牙缺失4个月以内的牙槽窝，未完成软组织和/或骨组织愈合；（3）牙齿或牙根还位于牙槽窝，但是已经没有保留的价值，必须拔除。

在牙种植技术的早期，选择第一种临床状态为种植适应证。但是，伴随口腔种植技术的进步以及患者和医生对种植修复技术的信赖，开始寻求在第二种和第三种临床状态时如何选择种植体植入时机。因此，需要专业术语描述和定义这3种临床状态。在开始，用“拔牙窝内种植（implants in extraction sockets）”描述第二种和第三种临床状态的种植体植入，但是并不恰当。2008年之后，国际口腔种植学会（ITI）使用“implant placement in post-extraction sites”，本系列丛书译为“拔牙位点种植，或拔牙位点种植体植入”。用“拔牙位点”代替“拔牙窝”表述牙齿已经拔除，但并未完成牙槽窝愈合的临床状态更为贴切。

15. 软组织水平种植体和骨水平种植体

伴随种植体设计的不断优化，目前从种植体修复平台的角度，将种植体分为“软组织水平种植体（tissue level implant）”和“骨水平种植体（bone level implant）”。

16. 总义齿

按照以往中文习惯，全口义齿（complete denture）既表达修复上颌与下颌牙列同时缺失的上颌和下颌义齿，也代表修复上颌或下颌单一牙列缺失的义齿。为避免叙述的混乱和对原文的误解，“总义齿”与“complete denture”相对应。由此，“maxillary complete denture” 中译为“上颌总义齿”，“mandible complete denture”中译为“下颌总义齿”。

17. 皮卡印模和皮卡技术

关于“pick-up technique” 的中文翻译，译者先后与冯海兰教授（北京大学）、张磊主任医师（北京大学）和耿威副教授（首都医科大学）以及北京口腔种植培训学院（BITC）的专家们进行了多次探讨，在此记述。

“pick-up impression” 和“pick-up technique”，偶见于传统修复的文献，但常见于种植文献中。迄今为止，并未见到“pick-up”在医学上的中文翻译，但在其他领域已经有公认的中文译法，“pick-up car”被译为“皮卡车”，与种植治疗中的“pick-up”的含义类似，都表示“承载”某物之意。因此将“pick-up impression”和“pick-up technique”分别中译为“皮卡印模”和“皮卡技术”。皮卡印模和皮卡技术为不同的概念，并且存在较大差别。

（1）皮卡印模，即用于印模帽印模的技术。印模帽有两种基本类型，一种是螺丝固位的印模帽，使用开窗式印模托盘，或归类为开窗式托盘印模；另一种是使用塑料的卡抱式印模帽（咔嗒印模帽，snap-fit coping或snap-on coping），使用非开窗式印模托盘，或归类为非开窗式托盘印模。（主要参考文献：Heeje Lee, Joseph S. So, J. L. Hochstedler, Carlo Ercoli. The of Implant Impressions: A Systematic Review. J Prosthet Dent 2008; 100: 285-291）

（2）皮卡印模，用于基底印模的技术。制取印模之前，将修复体基底或上部结构安放在基台上，从口腔内取下的印模包含了修复体基底或上部结构。（主要参考文献：W. R. Laney. Glossary of Oral and Maxillofacial Implants. Quintessence. 2007, P125; A. Sethi, T. Kaus. Practical Implant Dentistry. Quintessence. 2005, P102）

（3）皮卡技术，基于临时模板制作种植体支持式修复体的即刻负荷技术。该技术要点包括： 外科模板引导下的种植体植入；种植体数目6~8颗；术前预成的临时模板从口内直接获取临时基台；避免了术中印模和直接重衬；执行术前设计的人工牙位置和𬌗位关系；当天戴入临时修复体。（主要参考文献：D. Wismeijer, D. Buser, U. Belser. ITI Treatment Guide. Quintessence. 2010, P177-183; G. O. Gallucci, J-P. Bernard, M. Bertosa, U. C. Belser. Immediate Loading with Fixed Screw-retained Provisional Restorations in Edentulous Jaws: The Pickup Technique. Int J Oral Maxillofac Implants 2004; 19: 524-533）

18. 自固位附着体

将“locator abutment”中译为“自固位附着体”。在阳型（安放于种植体上）和阴型（安放于义齿内）之间存在自锁式固位设计，因此翻译为自固位附着体。

19. 多基基台

将“multi-base abutment”中译为“多基基台”。

20. 种植体前后间距

“anteroposterior（AP）spread”，为种植/修复中常见的概念，在种植中将其翻译为“（种植体）前后间距”或“AP 间距”，为两侧远端种植体后缘连线至最前方种植体之间的垂直距离。

21. 上颌窦底提升

“上颌窦底提升”的基本含义是应用外科方法提高上颌窦底的高度，以应对因上颌窦气化所导致的窦底骨高度降低。尽管在以往的英文文献中，表达为“sinus lift”“sinus bone graft”“sinus floor elevation”“sinus floor augmentation”“inlay-type maxillary ridge augmentation”，但在近期文献，尤其在本系列丛书英文版统一使用了“sinus floor elevation”。

同样，在以往的中文文献中对“sinus floor elevation”有不同的表达，例如“上颌窦提升”“上颌窦底提升”“上颌窦底骨增量”“上颌窦内植骨”等，但在本系列丛书的中译本，译者统一使用“上颌窦底提升”这一术语。

22. 穿牙槽嵴上颌窦底提升

通过牙槽嵴入路提高上颌窦底的高度，在以往的英文文献中使用了“classic method”和“summers method”等术语，在中文文献中使用了“上颌窦底内提升”“闭合式上颌窦底提升”和“穿牙槽嵴顶技术”等。但在本系列丛书英文版统一表达为“transcrestal SFE（sinus floor elevation）”和“transcrestal technique”；在本系列丛书的中译本，译者统一中译为“穿牙槽嵴上颌窦底提升”和“穿牙槽嵴技术”。

23. 侧壁开窗上颌窦底提升

通过上颌窦外侧骨壁开窗入路提高上颌窦底的高度，在中文文献中使用了“上颌窦底外提升”和“经侧壁开窗技术”等。但在本系列丛书英文版统一表达为“lateral window SFE（sinus floor elevation）”和“lateral window technique”；在本系列丛书的中译本，译者统一中译为“侧壁开窗上颌窦底提升”和“侧壁开窗技术”。

24. 上颌窦底提升同期或分阶段种植

上颌窦底提升的同一次手术中植入种植体，或上颌窦底提升愈合之后的第二次手术中植入种植体。在本系列丛书的英文版称之为“simultaneous SFE（sinus floor elevation）”或“staged SFE（sinus floor elevation）”；在本系列丛书的中译本，译者分别中译为“上颌窦底提升同期种植”或“上颌窦底提升分阶段种植”。

25. 连续多颗牙缺失和相邻牙齿缺失

牙种植学中，牙缺失可以分类为牙列缺失和牙列缺损。依据种植治疗的功能和美学效果的长期稳定，国际口腔种植学会（ITI）将牙列缺损分为单颗牙缺失和连续多颗牙缺失，或称之为单颗牙缺失位点和连续多颗牙缺失位点。“国际口腔种植学会（ITI）口腔种植临床指南”系列丛书中，“连续多颗牙缺失”的英文表达为“extended edentulous”和“adjacent missing teeth”。

26. 机械并发症、工艺并发症

本系列丛书中详细讨论了“mechanical and technical complications”。在以往的中文种植文献中，习惯性地将“technical complications”翻译为“技术并发症”。但是基于Salvi and Brägger（2009）的定义“Mechanical risk: Risk of a complication or failure of a prefabricated component caused by mechanical forces. Technical risk: Risk of a complication or failure of the laboratory-fabricated suprastructure or its materials”，本系列丛书将“mechanical complications”中译为“机械并发症”，将“technical complications”中译为“工艺并发症”。

机械并发症与工艺并发症合称为硬件并发症。

27. 透明压膜保持器

关于“Essix retainer”，目前并没有统一的中文译名。本文借鉴口腔种植学中关于“Essix retainer”的中文解释，在本系列丛书中将其中译为“透明压膜保持器”。

28. 牙位记录

本系列丛书原著采用的牙位编码系统为世界牙科联盟（FDI World Dental Federation）的二位数系统，中译版的“本系列丛书说明”，也遵循原著将相关语句翻译为“本系列丛书使用了世界牙科联盟（FDI World Dental Federation）的牙位编码系统”。

但是在正文中，为更加符合中文读者的阅读习惯（国内以象限标记法更为常见），并避免阅读过程中发生理解错误，遂将单个牙位的记录均用汉字直接描述（例如，“15”译为“上颌右侧第二前磨牙”）。

此外，因为在本“临床指南”系列丛书中频繁使用阿拉伯数字标记牙位，容易与种植治疗中所描述的数字数据相混淆，也是汉译采用汉字直述的另一个原因。

少量涉及固定修复体的描述，为简洁、遵循原著，其牙位表示方法如下：天然牙位采用FDI二位数系统，缺失牙用x表示，如该位点为种植体，则在FDI牙位的二位数前面增加字母“i”（i为英文implant的首字母），一组固定修复体内的各牙位之间用“-”连接。例如：使用下颌右侧第一前磨牙天然牙与下颌右侧第二磨牙种植体混合支持以修复缺失的下颌右侧第二前磨牙与第一磨牙，则表示为“i47-x-x-44”。